城市绿地对人类健康的促进作用研究

常 青 王娅楠 著

科 学 出 版 社

北 京

内 容 简 介

本书围绕"从城市绿地到人类健康"这一主线，以公园绿地这一典型绿地类型为例，面向规划设计实践需求，系统梳理了城市绿地健康效益相关研究进展，提出了多尺度下城市绿地健康效益级联框架，并构建了公园绿地对居民健康促进路径的概念模型。在此基础上，以北京市中心城区为研究区，基于多源数据、空间定量分析与统计学方法，验证和量化了公园绿地对居民健康的促进作用及路径，并总结了面向居民健康促进的公园绿地规划设计流程与指标。本书在一定程度上拓展了风景园林、景观生态与公众健康的交叉研究范畴，深化了城市绿地景观格局与社会–生态过程耦合研究，可为新时代健康人居环境建设和城市更新实践中公园绿地规划设计提供科学依据。

本书可作为城乡人居环境科学、城市生态学、景观生态学等相关领域研究人员、高等院校师生及规划设计从业者学习、研究的参考资料。

审图号：京 S（2024）034 号

图书在版编目（CIP）数据

城市绿地对人类健康的促进路径研究／常青，王娅楠著 . -- 北京：科学出版社，2024. 9. -- ISBN 978-7-03-079480-2

Ⅰ. TU985. 1；R193

中国国家版本馆 CIP 数据核字第 2024YF8029 号

责任编辑：林　剑／责任校对：樊雅琼
责任印制：赵　博／封面设计：无极书装

科学出版社 出版

北京东黄城根北街 16 号
邮政编码：100717
http://www.sciencep.com

北京富资园科技发展有限公司印刷
科学出版社发行　各地新华书店经销

*

2024 年 9 月第 一 版　开本：787×1092　1/16
2024 年 10 月第二次印刷　印张：17
字数：350 000
定价：**199.00 元**
（如有印装质量问题，我社负责调换）

前　言

　　人民健康是民族昌盛和国家富强的重要标志，是实现人民幸福的重要前提。党的十八大以来，人民健康被列为优先发展的战略位置，实施并全面推进健康中国建设成为新时代国家战略。健康环境是实现人民群众健康的重要保障，《"健康中国2030"规划纲要》提出了加快形成有利于健康的生活方式、生态环境和经济社会发展模式的工作目标。居民健康福祉与人居环境质量密切相关，以居民健康为导向的人居环境建设与管理是满足居民日益增长的健康需求的关键支撑，也是人类社会文明与时代发展的必然选择。

　　当前，我国城市化水平已超过66%，面临着气候变化、环境污染和生活方式改变带来的诸多健康风险挑战。城镇化发展不仅会引发城市热岛与热浪、空气污染等环境问题，以及久坐、快节奏等生活方式的转变，还会不断挤压城市绿地与生态空间面积。城市，尤其是高密度建成区内，自然空间总量不足、分布不均、质量不高。由此引发的呼吸系统疾病、循环系统疾病、肥胖等慢性疾病已成为威胁我国城市居民健康的主要因素。城市绿地能够提供多种有益于人类健康和福祉的生态系统服务，如减缓热岛与空气污染等健康风险、提供休闲娱乐与美景欣赏等自然体验场所等。绿地暴露有益于提升居民健康与福祉，绿地景观格局调控和功能优化设计是城市公众健康干预的主要空间决策途径之一。目前，城市绿地健康效益与景观优化调控研究已成为城乡人居环境科学、地理学与生态学等领域科学研究的前沿。现有研究已在绿地暴露量化指标与健康结果关联机理方面取得实质性进展，但面向规划设计实践需求仍缺少针对绿地景观格局特征的研究，不同促进作用路径及它们之间的耦合分析也相对滞后，导致不同作用路径下绿地特征指标相悖、难以指导城市绿地与绿化建设等局限性。

　　本书面向我国生态文明建设、新时代健康城市空间治理和高质量城市绿化建设的现实需求，围绕城市绿地健康效益促进机理的认知瓶颈，思考如何厘清绿地健康效益的形成过程与促进作用路径、如何通过绿地景观格局调控与功能优化提升其健康效益，并以我国典型高密度建成区——北京市中心城为研究区，以公园绿地这一典型绿地类型为研究对象，在理论框架构建的基础上，通过实证研究验证和量化了公园绿地对居民健康（自评）的促进作用路径。全书共7章。第1章基于环境心理学、健康地理学、风景园林学、生态学等多学科理论及前沿研究成果，回顾了绿地与健康研究领域的演进与动态，系统梳理了城市绿地如何影响和促进人类健康的理论与实证研究进展。第2章面向公园绿地这一典型城市绿地类型，通过借鉴相关学科在量化评估与统计分析方面的模型与方法，并综合可能影响居民健康的社会经济特征与环境因素，构建了公园绿地对居民健康促进路径的概念模型，并提出了量化公园绿地对居民健康促进路径的实证研究方案。第3章和第4章基于公园绿地对居民健康促进路径的概念模型，应用多源数据和定量分析方法，分别在场地尺度和街道尺度下识别了设计和规划层面影响居民健康的关键公园绿地暴露特征指标。第5章进一步耦合多尺度下公园绿地暴露特征,构建和量化了公园绿地规划与设计指标对居民身体健康、精神健康、身体健康变化和精神健康变化的促进作用路径,以及公园绿地对居民健康的综合促进作用路径。在以上实证研究基础上,第6章提出促进居民健康的公园绿地规划设计关键指标,探讨了面向居民健康提升的公园绿地规划设计策略和适应性优化实践过程。第7章总结了主要的研究结论,指出了创新点及研究不足,并进行了展望。

本书将景观生态学与风景园林学原理引入绿地–健康关联研究中,耦合“格局–过程–服务–福祉”级联分析范式与景观规划设计实操规范,构建“客观绿地暴露–主观绿地暴露–居民健康结果”的设计结合研究主线,并通过实证研究明晰了公园绿地对居民健康的促进路径和关键指标,为面向居民健康福祉提升的公园绿地规划设计实践提供了科学依据。本书进一步阐明了城市绿地健康效益的促进机理,能够推进面向健康福祉进行绿地景观格局调控机理研究的进程,也能够为多学科交叉视角下自然与健康关联的定量研究提供新的思路,具有一定的理论价值;同时本书对健康中国战略背景下我国城市绿化高质量发展与公园绿地提质增效专项行动具有重要的应用参考价值。

本书既包含丰富的理论知识,也具有较强的方法实用性,可作为高等院校风景园林、城乡规划、城市生态、景观生态等专业本科生和研究生的学习参考书,也可供从事景观设计、城乡规划、公共卫生等行业的工作者作为管理与实践的参考资料。

感谢国家自然科学基金面上项目“城市绿地健康效益促进机理与调控途径:生态系统服务视角”(42171097)对本书的资助;感谢北京大学开放研究数据平台、花伴侣、六只脚等单位对本研究的数据支持;感谢中国农业大学景观生态与绿地规划教研室历届研究生和本科生对研究中数据采集和分析工作付出的辛勤工作。

本书是围绕城市绿地健康效益提升开展的应用基础性研究,如何应用研究成果更好地指导城市绿地建设与管理,还需要不断实践积累,希望得到相关单位与专家的协作和指导。由于研究者水平与时间有限,本书内容难免有不足之处,恳请各位读者批评指正、不吝赐教。

常 青

2024 年 3 月

| 目　　录 |

第 1 章 | 绪 论

人类能够从自然或绿地中获益，本书称之为绿地健康效益。城市地域已成为人类的主要聚居地，城市绿地健康效益与优化调控成为地理学、生态学与城乡人居环境等领域科学研究与实践的前沿。当前学界在研究绿地-健康关联方面已经取得了实质性进展。本章将通过跨学科视角梳理当前绿地与人类健康关系研究的理论基础，并基于环境心理学、健康地理学、风景园林学、生态学等多学科的前沿研究成果，回顾城市绿地与居民健康研究领域的演进与动态，系统梳理城市绿地如何影响和促进人类健康的理论与实证研究进展，明确本研究的关键科学问题。

1.1 研究背景与意义

20 世纪以来，全球范围的快速城市化发展为城镇居民物质与精神生活带来极大的便利，但同时也导致人口密集、交通拥挤、环境污染与恶化等“城市病”（郁亚娟等，2008）。2023 年，我国城镇人口占全国人口的比例已达 66.16%，预计到 2030 年我国城镇化率将达到 70%，2050 年将达到 80% 左右（潘家华等，2019）。我国过去几十年的快速城镇化发展过程也伴随着日益突出的居民健康问题。《中国居民营养与慢性病状况报告（2020 年）》显示，我国城乡成年居民超重肥胖率超过 50.00%；《中国国民心理健康发展报告（2019~2020）》调查发现约 14.00% 的城镇居民存在抑郁高风险。城市化发展带来的居民生活方式的转变、人居环境问题及与自然接触机会的急剧下降，被认为是导致居民健康问题的重要原因之一（Turner et al.，2004；Soga and Gaston，2016）。

城市绿地，特别是公园绿地作为城市发展水平与人类社会文明的象征，是城市居民接触和体验自然环境的主要场所，也是维持城市良好生态环境的关键支撑（Chiesura，2004；Tzoulas et al.，2007）。城市绿地能够通过降低空气污染物水平、缓解城市热岛效应、减轻交通噪声等改善城市物理环境，降低环境恶化造成的人居环境健康风险（Bowler et al.，2010；Dzhambov and Dimitrova，2014；Kumar et al.，2019）；还能够通过减轻居民精神压力或鼓励积极的户外活动行为改善居民身心健康与社会健康状况（de Vries et al.，2013；Hartig et al.，2014），是促进公众健康和城市可持续发展的重要资源和基本保障（Chiesura，2004；Thompson，2011）。公共卫生与流行病学、健康地理学等前沿交叉领域已广泛关注和证实了接触自然环境或城市绿地对人类健康及与健康有关行为的积极影响（Maller et al.，2006；Mitchell and Popham，2008），这也促使城市绿地——这一基于自然的公共健康干预措施被视为应对人居环境变化和人类生活方式改变等潜在健康风险的关键策略（van den Bosch and Ode Sang，2017；Shanahan et al.，2019；Klompmaker et al.，2021；Yang et al.，2022；Lee et al.，2022a）。在此背景下，风景园林和城乡规划领域尤为关注城市健康人居环境与绿地建设（Wolch et al.，2014；王兰等，2016；Yang et al.，2018）。在人口密集的城市化地区，土地资源极为有限，绿地建设和维护成本高昂。如何通过城市绿地规划设计、建设与更新应对城市人居环境变化和人类生活方式转变带来的潜在健康风险，已成为风景园林和城乡规划领域的重要研究议题（田莉等，2016；Douglas et al.，2017）。

不同空间范围内的"绿地暴露"，如居住在绿化覆盖率高的社区（Weimann et al.，2015）、身处于绿地或在自然环境中活动（Warburton，2006），以及通过窗户看自然环境或要素（Ulrich，1984；Soga et al.，2021），均会对居民身心健康或社会健康产生积极影响。当前许多量化研究证实了城市市域、街道及邻里等不同空间范围内较高的绿化覆盖率、绿地可达性及良好的绿地质量等客观绿地暴露特征与居民健康之间存在显著积极关联（Grazuleviciene et al.，2015；Gascon et al.，2016；Wu and Kim，2021；Peng et al.，2022），不同的绿地客观暴露特征差异可能会对居民健康有不同程度的影响（Labib et al.，2021；Zhang et al.，2022a）。也有许多研究从居民个体视角出发，探究和证实了绿地使用行为、使用频率和时长等主观绿地暴露特征与居民健康的显著积极关联（Sugiyama et al.，2010；Ma et al.，2022）。许多学者关注恢复性环境、康复景观及疗愈性景观的研究，识别了与特定群体（如病患群体、老年人、残疾人、亚健康人群等）健康有关的绿地空间要素、五感体验等特征（Finlay et al.，2015；李树华等，2018；刘博新和朱晓青，2019）。综上可知，现有研究虽然在一定程度上明确了影响居民健康的绿地特征，但城市绿地景观布局、空间要素配置和功能特征差异对居民健康影响的耦合作用路径仍不明晰，尚缺乏从规划到设计层面对城市绿地暴露主客观综合特征与居民健康的关联路径进行系统研究。

2016年10月，中共中央、国务院印发《"健康中国2030"规划纲要》，提出"把健康融入城乡规划、建设、治理的全过程，促进城市与人民健康协调发展"的要求。后疫情时代，公众对城市绿地也有了更多与公共卫生和健康相关的诉求（马晓暐，2020）。面向居民健康促进开展城市绿地规划设计、建设与管理决策，亟需强有力的科学证据。因此，本研究以提升居民健康与福祉为导向，围绕公园绿地这一有代表性的城市绿地类型，开展公园绿地对居民健康促进的作用机制研究，拟通过构建"客观绿地暴露—主观绿地暴露—居民健康结果"的级联框架，量化公园绿地对居民健康促进的作用路径，为面向居民健康福祉提升的公园绿地规划设计实践提供科学依据。

本研究可为多学科交叉视角下自然与健康关联的定量研究提供思路，具有一定的理论价值；研究结果还能够明确关键的公园绿地规划与设计指标，对健康中国战略背景下我国公园绿地体检与提质增效专项行动具有重要的参考应用价值。

1.2 相关概念界定

1.2.1 城市绿地、公园绿地

城市绿地是城市建成环境中最主要的自然景观载体，也是城市公共开放空间和公共服务的重要组成部分，能够作为促进城市居民健康的公共场所。依据我国《城市绿地分类标准》（CJJ/T 85—2017），本研究中城市绿地是指在城市行政区域内以自然植被和人工植被为主要存在形态的用地，包括城市建设用地范围内用于绿化的土地，以及城市建设用地之外对生态、景观和居民休闲生活具有积极作用、绿化环境较好的区域，主要包括公园绿地（G1）、防护绿地（G2）、广场用地（G3）、附属绿地（XG）、区域绿地（EG）五个大类。

公园绿地是向公众开放，以游憩为主要功能，兼具生态、景观、文教和应急避险等功能，有一定游憩和服务设施的绿地类型。公园绿地能够提供多样化的生态系统服务，其中生境支持服务、环境调节服务和社会文化服务对于维续良好、可持续的城市人居环境和居民生活质量有重要意义（Chiesura，2004）。在相关实践和研究中，通常依据公园绿地的政治、社会、历史和经济背景，或公园绿地的设施和周边环境特征，以及功能特征对公园绿地进行分类（Ibes，2015；Cao et al.，2021）。《城市绿地分类标准》（CJJ/T 85—2017）将公园绿地分类为综合公园、社区公园、专类公园、游园及城市建设用地以外的风景游憩绿地（包括森林公园、湿地公园、郊野公园等）。《北京市公园分类分级管理办法》将公园绿地分为综合公园、社区公园、历史名园、专类公园、游园、生态公园和自然（类）公园。

1.2.2　绿地暴露

暴露（Exposure）最初在流行病学领域应用于探究职业病的危险因素（李小平，2016），逐步发展为描述环境、环境中的行为、人类活动特征及导致人类接触环境的过程（Sheldon and Cohen，2009）。城市人居环境变化对健康的影响也引发了相关学科对"暴露于自然或绿地"与健康关联问题的关注（Klompmaker et al.，2021）。"绿地暴露"（Greenspace Exposure）被定义为个人或人群与绿地、水体等自然环境要素的接触量（Labib et al.，2021；Yao et al.，2021），可通过暴露的空间范围、频率与持续时间等表征。具体量化评估通常可从客观绿地暴露和主观绿地暴露两方面开展（James et al.，2015）。

客观绿地暴露反映个人或人群在日常生活工作环境中客观存在于不同空间范围内绿地的数量、功能、布局及构成特征（Weimann et al.，2015；Zhang et al.，2022b），包括累积机会或累积数量和临近程度等不同维度（Ekkel and de Vries，2017），如街道、社区或工作单位特定半径范围内的绿地总面积、绿化覆盖率、绿地吸引力及可达性等。主观绿地暴露则反映个人或人群为某种目的在城市绿地内活动的特征与程度，Bratman 等（2019）将其视为个人或人群的城市绿地实际使用过程，如使用行为类型、使用频率与持续时间等。主观绿地暴露受到客观绿地暴露特征与居民社会经济属性及个人感知偏好的潜在影响，而城市社会–生态系统的格局与功能的差异是造成客观绿地暴露水平差异的主要原因（James et al.，2015；张金光等，2023）。

本研究将绿地暴露作为居民从城市绿地获得健康收益的基本途径和中间环节。值得说明的是，城市绿地暴露有时会对人类的健康产生负面影响，如接触绿地中有毒性或致敏风险的动植物（Stas et al.，2021）。鉴于本研究关注绿地对居民健康的积极影响及促进路径，有关绿地暴露对居民健康的负面影响在此不作讨论。

1.2.3 格局、功能与尺度

格局、功能与尺度是景观生态学研究的核心内容。格局（Pattern）指景观组成单元的类型、数目以及空间分布与配置特征（邬建国，2000）。功能（Function）表征景观生态过程或景观单元之间相互作用提供的与人类福祉相关的产品和服务的能力（彭建等，2015）。尺度（Scale）是指在研究某一物体或现象时所采用的空间或时间单位，即研究对象的空间范围或面积大小，以及与研究对象动态变化的时间间隔（傅伯杰等，2011）。

与自然生态系统不同，城市（包括绿地）景观格局与功能受到人为规划设计、建设和管理过程的强烈影响。Dines 和 Brown（2001）将规划设计与建设过程涉及的空间尺度分为细节尺度（$1m^2$）、场地尺度（$100m^2$）、场所尺度（$10^4 m^2$）、邻里尺度（$1km^2$）、社区尺度（$100km^2$）和区域尺度（$10^4 km^2$）。其中，规划层面通常关注场地以上尺度（如市域、街道或社区、邻里和场所等）的城市绿地数量、类型结构、功能配置与空间布局等。绿地率、绿化覆盖率、人均公园绿地面积、公园绿地服务半径以及居住区附属绿地率等是城市绿地规划常用的定量指标（刘滨谊和姜允芳，2002）。而设计层面则更为关注绿地斑块内部或特定场所、地块与细部节点上的植物、水、铺装等要素配置及详细布局（Dines and Brown，2001）。以上规划设计过程决定了城市绿地景观格局及其所提供功能的类型和水平（Kienast et al.，2009）。城市地域内，绿地在支持城市生态系统完整性及提供与人类健康相关的生态支持、环境调节与社会文化功能方面尤为重要（Wolch et al.，2014），如提供清洁空气、支持生物多样性、减缓城市热岛效应、调控雨洪径流，以及丰富居民身体和精神体验等（Barthel and Isendahl，2013；Norton et al.，2015；O'Brien et al.，2017；Amani-Beni et al.，2018）。

1.2.4 健康、健康效益

健康是人类生存和发展的前提条件，也是每个人的基本权利之一。"疾病"和"健康"是认识生命的两个视角，早期的医学将健康定义为没有疾病的状态。随着社会经济与科技水平的发展，人们对健康的认识不断发展。世界卫生组织在 1948 年将健康定义为"健康不仅为疾病或羸弱之消除，而系体格、精神与社会之完全健康状态"，不再将健康简单地视为疾病的反义词，强调包括身体、精神、社会及认知等健康的不同维度。在这一定义提出的 70 多年间，许多学者针对相继提出了有关健康定义的各种建议，包括强调"健康作为社会与个人资源和身体能力"，从目前的静态表述转向强调"健康是适应环境及其自身局限性的能力"的更动态的表述，以及健康作为"个体潜能、生命需要、社会和环境因素良性互动的状态"（Brüssow，2013）。

健康效益（health benefits）是指特定活动、行为或物质环境对人体身心健康、社会关系及认知所产生的积极影响，如定期的身体活动和均衡的饮食习惯可以降低患慢性疾病的风险，并改善心理健康，增强整体健康水平（Bircher and Kuruvilla，2014）。城市绿地所提供的与人类健康和福祉相关的绿地功能能够缓解城市化发展和物理环境变化对居民健康的威胁，降低城市居民的健康风险，具有生理、心理和社会健康等维度的有益功效（李树华等，2019；杨春等，2022）。本研究中，健康效益特指城市绿地的健康效益，即暴露于城市绿地对人类健康产生的积极影响。

不同于绿地生态效益，如碳汇、降温等效益能够基于对植被生态过程与生理参数监测进行定量化评估，健康效益是人们暴露于城市绿地所获得的非物质利益，具有作用机理复杂、难以量化的特点。当前研究中主要通过两种不同途径定量评估城市绿地的健康效益，分别为绿地对健康影响的过程评估和结果评估。其中，城市绿地健康效益的过程评估主要在较小的空间尺度（如细节、场地、场所尺度）通过实测研究，关注参与者在观看或直接接触绿地前后的生理指标变化特征，以评估不同自然化程度的绿地空间对其短期内生理水平、心理状态的影响，对健康效益的测量指标包括心率、血压、肌电图、唾液皮质醇水平等（Ulrich et al.，1991）；也有部分对健康效益的过程评估研究关注参与者在绿地空间内的行为变化特征（Shanahan et al.，2015a；Coventry et al.，2019）。城市绿地健康效益的结果评估研究则大多在较大空间尺度下以特定行政区范围为单元结合社会统计或调查数据以横断面研究形式开展（Shanahan et al.，2015a；Klompmaker et al.，2021；Peng et al.，2022），这些研究关注绿地通过改善人居环境质量和为居民增加接触自然的机会等途径对健康的长期影响，对健康效益的测量指标包括居民个人自评的精神和身体健康状况，以及社会群体的肥胖、心血管疾病等慢性病的发病率、全因死亡率等（Dadvand et al.，2016；Kondo et al.，2018；Ware et al.，2022）。

考虑到不同研究视角和尺度下对城市绿地健康效益的量化评估途径及指标反映了城市绿地对居民健康的不同影响方式，本研究对城市绿地健康效益的评估将分别从较小空间尺度下绿地暴露的直接健康效益，以及市域或街道尺度下城市绿地暴露促进直接健康效益累积而影响居民的健康结果（即潜在健康效益）这两个方面进行认识。

1.3　绿地–健康关联研究视角与多学科交叉特征

目前，环境心理学、流行病学、健康地理学、风景园林学、生态学等学科从遗传进化、环境心理和公共卫生等不同视角探讨和提出了自然与健康关联的理论假说，阐明了人类能够从自然环境中获益的生理基础与心理机制（刘畅和李树华，2020），是本研究重要的理论基础。

1.3.1　遗传进化视角

相比于人类数百万年的进化史，人类在城市中的生活仅有短短几百年，特别是工业革命以来科学技术的发展加速了人与自然的分隔，从根本上改变了人类与自然的互动关系（Ward，2011）。许多学者基于遗传进化视角探讨和提出了人类能够从自然环境中获益的生理基础的一系列假说。其核心是人类所具有的亲生物性（Fromm，1963），即人类对自然的依赖"远远超出了物质和物质维持的简单问题，还包括人类对美学、智力、认知甚至精神意义和满足的渴望"（Kellert and Wilson，1993）。亲生物假说（Biophilia Hypothesis）阐明了人们渴望与自然接触的基于遗传和进化的根本原因，认为人类具有自狩猎采集时期根植于基因的对自然环境的适应性反应和对栖息地的偏好（Wilson，1984），自然环境是对人类身体和精神健康至关重要的资源。稀树草原假说（Savanna Hypothesis）同样体现了人们会对呈现出具有与进化栖息地类似特征的环境产生积极响应这一观点。亲生物性作为一种进化适应现象，是人类长期进化过程中为适应自然环境而形成的本能属性（Barbiero and Berto，2021）。亲生物性引导人们产生与自然联系的倾向，同时人们具有从自然环境中获得治愈和恢复的能力，这是自然与健康关联的根源（Hartig et al.，2014）。

1.3.2　环境心理学视角

基于对人类亲生物性本能的理论假说，环境心理学研究领域通过实证研究提出了压力恢复理论（Stress Restoration Theory）和注意力恢复理论（Attention Restoration Theory，ART）。城市居民长期暴露于具有高度视觉复杂性和噪声强度的城市环境之中，还面临空气污染、工作繁杂、信息过载、空间拥挤等内在或外在压力源，极易导致压力过载和疲劳状态的不断增加，提高了生理应激水平并对健康产生负面影响。压力恢复理论认为从遗传角度而言人类更加适应适宜于生存和栖息的自然环境，因此人们在接触自然环境时能够通过先天性的恢复性反应降低生理应激水平、缓解压力和增加幸福感（Ulrich et al.，1991）。注意力恢复理论则侧重于关注自然环境对人们认知过程的影响（Kondo et al.，2020）。由于人们集中注意力或主动关注的能力是有限的，大脑长期专注的特定刺激或任务会导致"定向注意力疲劳"，并通过多种神经与行为途径对健康造成负面影响（Ohly et al.，2016）。自然环境能够使人从需要大量精力的定向注意状态转换到无须专心的不自觉关注状态（Involuntary Attention），使精神和注意力的疲劳得以改善（Kaplan，1995）。

1.3.3　公共卫生视角

公共卫生和流行病学研究领域在关注环境对疾病的影响过程中，提出了自然与健康关联的卫生假说和老朋友假说（Bloomfield et al.，2016）。其中，卫生假说（Hygiene Hypothesis）关注现代家庭卫生环境，该假说认为现代家庭卫生条件的进步减少了生命早期在自然环境中获得交叉感染的机会，会导致变应性疾病增加（Strachan，1989）。老朋友假说（Old Friend Hypothesis）的核心是认为人类与许多微生物自采集狩猎时代起即是共存和共同进化的关系，这些微生物对于人类免疫系统发育至关重要，而现代医疗和环境、习惯的进步限制了人类与这些"老朋友"的接触（Rook et al.，2014）。人类与微生物间共栖共生的观点越来越广泛，通过城市绿地调控人居环境微生物组成，人们能够在公园绿地和自然环境户外活动中获得与"老朋友"的联系，可以有效改善人体免疫力，应对健康问题（Rook，2013；朱永官等，2023）。

1.3.4 自然生态系统视角

随着人们对自然与健康之间关系认识的不断加深，当前研究已从将自然环境视为影响人类健康的物理因素，发展到对自然环境与健康之间相互作用的复杂理解（Coutts et al.，2014）。千年生态系统评估（Millennium Ecosystem Assessment，MA）基于对自然生态系统的多尺度综合性评估明确了生态系统变化对人类福祉的影响，表明自然生态系统的结构及功能与人类健康之间存在重要联系。然而，工业化与城市化发展过程中复杂的人类活动已经深刻改变了自然生态系统，并引起生物多样性及生态系统服务的退化，从而对人类福祉产生负面影响（图 1-1）。土地利用和土地覆盖的改变是自然生态系统最为普遍的变化，如人类通过森林砍伐、水坝和灌溉项目建设增加了粮食和清洁能源的供应，对于实现公共健康具有积极影响；但这些建设活动同时会导致森林覆盖率的下降，引发传染性疾病发病率及死亡率的增加（Keesing et al.，2010；Myers et al.，2013）；土地损毁、滥伐森林等导致的资源短缺还会进一步通过降低水质和减少食物来源等对健康产生直接影响（Eilers et al.，2011）。此外，人为活动加剧的气候变化使人类更多地暴露于热应激、空气污染、呼吸道过敏原等风险，对健康产生负面影响（Altizer et al.，2013）。

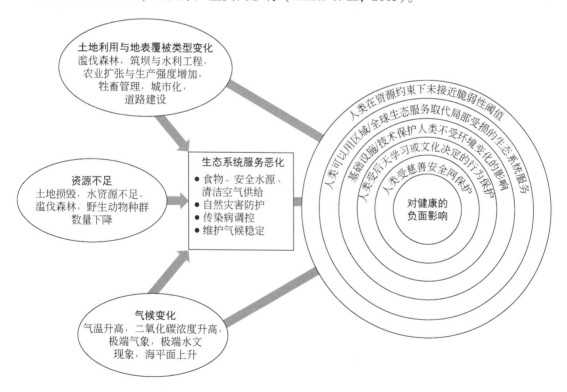

图 1-1 自然生态系统变化与人类健康的复杂关系（Myers et al.，2013）

1.3.5 社会生态系统视角

社会科学和城市科学研究领域的研究进一步提出将人与自然环境的相互作用视为人类健康决定因素的社会生态系统模型。如图 1-2（a）所示，VanLeeuwen 等（1999）认为健康是自我更新和实现目标的社会、经济和生物资源，人类健康三个方面（身体、心理和精神健康）及个体特征和行为嵌套在生物物理与社会经济环境的交汇处，人类健康既受个体先天免疫水平和行为习惯的影响，也受到生物物理环境和社会经济的影响，并且能够通过政策规划和实施改造环境的途径而发生改变。然而，生物物理和社会经济环境可能对个体特征及其行为习惯产生影响（Gochman，1997），并进而影响环境与健康的关联途径，但此关系在该模型中并未得到明确。

图 1-2（b）为 Barton 和 Grant（2006）提出的将人处于中心位置的健康生态模型，与健康相关的社会、环境与经济变量以及全球生态系统位于不同领域之中，并相互依赖和影响。该模型反映了不同空间尺度下城市环境及其相互作用对居民健康的影响。与城市规划管理相关的建筑环境包括城市居民日常活动发生的建筑、道路和场所空间，自然环境则包括了自然生境、空气、水、土地等自然资源和空间。在城市地域内，自然环境和建筑环境的分界是模糊的，共同决定了人居环境的质量。其中自然环境对提供一定质量和数量的水、空气和土壤等生存所必需的要素对人类健康具有直接影响；并通过影响气候与自然资源的可用性等环境特征促进或阻碍居民不同的日常行为和生活方式的途径影响人类健康（Barton，2005）。

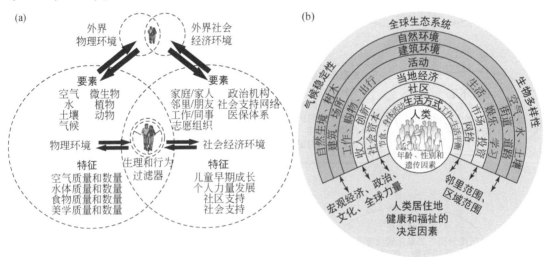

图 1-2　人类健康的决定因素（VanLeeuwen et al.，1999；Barton and Grant，2006）

1.4　城市绿地与人类健康关联研究进展

随着自然、绿地与人类健康关联理论研究的不断发展，绿地与自然景观在支持人类健康方面的重要性已得到广泛认识（Coutts et al., 2014），许多学科或领域在城市绿地对居民健康的促进机制方面开展了一系列研究（Frumkin et al., 2017；Kondo et al., 2018）。本节将基于现有文献对有关城市绿地对居民健康影响的理论路径、城市绿地健康效益的实证研究结论，以及影响居民健康的城市绿地暴露特征等方面进行系统综述。

1.4.1　研究概况与特征差异

首先在 Web of Science 核心合集检索了 2000～2023 年标题包含"暴露/接触/联系（exposur * or contact * or connect *）"和"城市绿地/绿地空间/公园绿地/城市森林/城市自然（urban green/green space/greenspace/urban park * /urban forest * /urban nature）+暴露/接触/联系"的相关研究，以及"城市绿地/绿地空间/公园绿地/城市森林/城市自然"和"城市绿地/绿地空间/公园绿地/城市森林/城市自然+健康"的相关研究，统计了城市绿地暴露与绿地–健康相关研究的数量变化趋势，分析结果如图 1-3 所示。

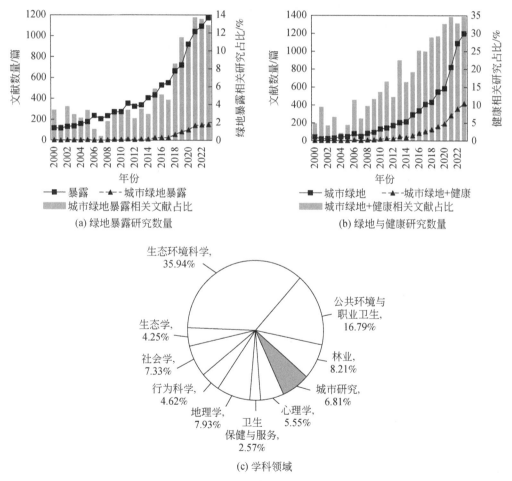

图 1-3　相关研究的数量趋势与学科领域

自 2000 年以来,暴露相关的研究文献数量持续增加,城市绿地暴露研究数量及其在暴露相关研究中的占比自 2018 年开始迅速增加,至 2023 年已达 12.88%。城市绿地暴露研究成为暴露科学领域新的研究增长点。城市绿地健康效益相关研究数量也在 2000 年以来持续增加,与健康相关研究文献占比从 2000 年的 4.88% 增加到 2023 年的 34.72%,健康效益已成为城市绿地研究领域的重要内容之一。以上文献主要集中在生态环境科学(35.94%)和公共环境与职业卫生(16.79%)领域,其他主要学科领域包括林业、城市研究、心理学、卫生保健与服务、地理学、行为科学、社会学等,其中,与城乡规划和建设治理过程相关的城市研究领域所开展的城市绿地健康效益研究仅占 6.81%。

不同学科领域开展城市绿地与健康研究的侧重点和研究方法存在差异(表 1-1)。其中,心理学、行为科学和社会学领域大多基于遗传进化视角和环境心理学视角开展相关研究,研究方向包括环境心理和环境行为,多数研究通过面向较小规模的受访者或被试者开展实地调查或测试,关注较小空间尺度下绿地环境相比于其他建成环境对健康的积极影响,或城市绿地要素特征对居民的压力缓解、使用行为促进等方面直接健康影响(Hartig et al., 2003;Li et al., 2008);而生态环境科学、公共环境与职业卫生领域、城市研究及地理学领域的相关研究则基于公共卫生视角和社会生态系统视角进行健康地理学和流行病学研究,通常针对较大规模的受访者开展基于健康调查和疾病筛查诊断数据的横断面研究,关注较大空间尺度下城市绿地景观格局特征对居民健康的影响,如降低疾病患病率、提高自评健康水平等方面(Mitchell et al., 2011;Tamosiunas et al., 2014;Mao et al., 2017)。但较大空间尺度和规模的研究不可避免地会忽视居民个体在主观绿地暴露特征方面的差异(Frumkin et al., 2017)。可见,不同学科领域研究所关注的绿地与健康关联视角及特征差异,难以满足城市绿地规划与设计实践的跨尺度工作需求,融合多学科视角的多尺度城市绿地–健康关联研究是未来亟待突破的瓶颈。

表 1-1 不同学科领域城市绿地与人类健康关联研究特征与差异

项目	城市绿地健康效益研究学科	
	心理学、行为科学、社会学	生态环境科学、公共环境与职业卫生、城市研究、地理学
研究方向	环境心理学、环境行为学	健康地理学、流行病学
研究目的	探究绿地相比于建成环境对健康的积极影响,不同绿地要素健康效益的差异	探究不同绿地景观格局特征或布局特征环境下居民健康水平的差异
研究层面	设计层面(绿地空间/景观节点)	规划层面(街道、行政区、城市等)
研究方法	实地参数测评和调查	横断面研究
实验对象	个体、被试者或受访者	群体,健康调查或疾病筛查数据
研究规模	较小规模	较大规模
绿地特征	场地尺度下绿地要素类型与构成特征	市域/街道尺度下绿地格局与布局特征
健康效益	直接健康效益:压力缓解、注意力恢复、情绪改善、促进身体活动等	潜在健康效益:降低疾病患病率、全因死亡率下降、较高自评健康水平等

1.4.2 城市绿地健康效益及研究证据

当前相关研究都证实了城市绿地在应对人居环境变化和人类生活方式改变等潜在健康风险方面的重要价值（WHO，2016），能够对居民精神健康（或心理健康）、身体健康（或生理健康）与社会关系健康等不同方面产生广泛的积极影响（表1-2）。其中，城市绿地的精神健康效益包括缓解精神压力、降低焦虑和抑郁情绪/患病率、增加积极情绪等方面（Hartig et al.，2003；Grahn and Stigsdotter，2010）；城市绿地的生理健康效益则包括降低死亡率（Mitchell et al.，2011）、疾病患病率（Demoury et al.，2017），以及改善儿童发育和免疫功能、提高睡眠时间、增加身体活动和改善整体健康水平等其他方面的积极影响（Balseviciene et al.，2014；Dadvand et al.，2016）；城市绿地的社会健康效益则包括增加亲社会行为和社会联系，以及减少攻击性行为（暴力或犯罪）等方面（de Vries et al.，2013；Younan et al.，2016）。

表 1-2　城市绿地健康效益维度

城市绿地健康效益			参考文献
精神健康	精神压力	减轻压力、紧张	Grahn and Stigsdotter，2010
		恢复注意力	Ulrich et al.，1991；Hartig et al.，2003
		减少抑郁情绪/抑郁症患病率	Reklaitiene et al.，2014；Bray et al.，2022
		减少焦虑情绪/焦虑症患病率	Nutsford et al.，2013；Bray et al.，2022
	情绪	提高幸福感/福祉	White et al.，2013
		减少沮丧/愤怒情绪	Nutsford et al.，2013
		促进平静/放松情绪	Liu et al.，2019
	自主神经系统	降低血压（舒张压/收缩压）	Grazuleviciene et al.，2015；Mao et al.，2017
		降低心率	Duncan et al.，2014
		减少心率变异性	Park et al.，2007
		降低皮肤张力	Ulrich et al.，1991；Hartig et al.，2003
		降低唾液皮质醇浓度	Beil and Hanes，2013
		降低皮肤电导率	Ulrich et al.，1991；Hartig et al.，2003
身体健康	死亡率	降低死亡率	Mitchell et al.，2011
		提高平均寿命	Gascon et al.，2016
		提高癌症康复生存率	Ray and Jakubec，2014
	患病率	降低心血管疾病发病率	Tamosiunas et al.，2014；Mao et al.，2017
		降低癌症患病率	Demoury et al.，2017
		减少儿童注意力缺陷多动障碍	Amoly et al.，2014
		减少低出生体重风险	Dzhambov et al.，2014
		降低孕妇早产风险	Grazuleviciene et al.，2015；Mao et al.，2017
		减少肥胖和超重风险	Calle et al.，2003；Sanders et al.，2015

城市绿地健康效益			参考文献
身体健康	患病率	降低糖尿病患病率	Bodicoat et al., 2014
		改善儿童发育	Balseviciene et al., 2014；Dadvand et al., 2016
	其他	促进术后恢复	Ulrich, 1984；Park and Mattson, 2009
		改善免疫功能	Li et al., 2008
		提高睡眠时间	Astell-Burt et al., 2013
		减轻疼痛	Han et al., 2016
		更高的视力水平	Guggenheim et al., 2012
		增加身体活动	Cohen-Cline et al., 2015
		改善整体健康水平	Dadvand et al., 2016
社会关系健康		增加亲社会行为和社会联系	de Vries et al., 2013
		减少攻击性（暴力或犯罪）	de Vries et al., 2013；Younan et al., 2016

具体而言，根据城市绿地暴露空间范围、频率与持续时间的差异，城市绿地健康效益可以进一步从居民在短时间内直接接触城市绿地获得的直接健康效益，以及在较长时间内直接健康效益累积影响居民的健康结果（即潜在健康效益）两方面进行认识。本节将结合相关实证研究具体介绍城市绿地直接健康效益和潜在健康效益指标及测度方法。

（1）城市绿地的直接健康效益及测度

城市绿地场所、场地及细部节点是人体直接接触自然要素的空间尺度。居民暴露于绿地空间内的直接健康获益主要包括减轻压力和促进注意力恢复以及促进使用行为两个方面。其中，受压力恢复理论和注意力恢复理论的启发，环境心理学研究领域在场地尺度下基于实验测试和问卷调查方法开展了许多实证研究，关注直接暴露于城市绿地对心理压力的直接影响，研究结果大多显示积极的关系（Hartig, 2007；de Vries, 2010）。例如，通过测量血压、心率变异性、肌肉张力等恢复性生理反应指标，以及自评个人情绪和幸福感、感知恢复量表调查，比较被试者在人为增加压力后（观看能够增加心理压力的恐怖电影或完成要求高度注意力的任务，如开车）暴露于自然环境或人工环境内的不同恢复性指标的变化情况（Ulrich et al., 1991；Hartig et al., 2003；Ottosson and Grahn, 2005；Park et al., 2007；Lee et al., 2011）。相比于暴露于人工环境的对照组，在人为增加压力后暴露自然环境的被试者的皮肤电导率、脉搏传导时间、肌肉张力、血压、唾液皮质醇浓度等恢复性生理指标的下降速度和下降幅度更高（Ulrich et al., 1991；Hartig et al., 2003；Park et al., 2007；Duncan et al., 2014；Wang et al., 2024），自评积极情绪也显著增加（Lee et al., 2011；Yigitcanlar et al., 2020；Nghiem et al., 2021）。

城市绿地不仅是重要的恢复性空间，也是支持市民休闲锻炼等活动行为的自然空间。居民暴露于绿地环境时所进行的能够促进健康体质的锻炼行为或自我保健行为，如体育活动、放松休息、社交互动等，也被许多研究视为城市绿地对居民健康的直接影响（Coventry et al., 2021）。当前相关研究结果强调了城市绿地对于促进户外使用行为方面的重要性，特别是对身体活动的促进（Payne et al., 2005）。其中，针对儿童群体的实证研究提供了最为有力的证据。相比于室内空间，儿童在公园绿地和户外游戏空间内具有更高的身体活动水平和更多的社交互动行为（Sallis et al.，1993；1998）；基于可穿戴 GPS 和加速度计装置的研究表明，儿童在城市绿地内进行身体活动的可能性更高，小学儿童一半以上时间的身体活动发生在城市绿地空间内（Lachowycz et al.，2012），每天直接暴露于城市绿地 20 分钟以上的儿童的身体活动水平是几乎不接触绿地的儿童的四倍以上（Almanza et al.，2012），直接接触城市绿地也因而被认为是影响儿童总体活动水平的重要因素。对于成年人而言，有林荫路的公园绿地也相比于空旷的开放空间更能够促进身体活动，并且成年人也更喜欢在公园绿地组织和开展的户外集体活动（Kaczynski and Henderson，2007）。

通过比较城市绿地在促进压力和注意力恢复，以及促进身体活动、社交活动等使用行为两个方面的研究方法可以发现，当前有关城市绿地促进压力和注意力恢复的研究主要基于对被试者进行客观生理与心理指标测量的研究方法，因而大多存在测试样本数较少（一般不超过 100 个被试者）、测试工作量大、被试者招募困难等问题。尽管研究发现了城市绿地对心理压力恢复的效果与被试的环境偏好、地方认同感、自然接触经历等因素有关（Wilkie and Clements，2018），被试者年龄、性别、种族和所在地域文化差异等因素的影响也在不同研究中存在差异（Wood et al.，2018；Saadi et al.，2021），但这些发现可能因样本限制而存在一定的偏差。此外，城市绿地减轻压力和促进注意力恢复的相关研究大多将自然环境视为不同于城市环境的空间类型，对绿地空间的要素构成特征与压力恢复水平关系的关注较少（Karmanov and Hamel，2008）。基于城市绿地支持使用行为视角的研究通常采用城市居民行为观察、行为标记等方法探究场地尺度下不同城市绿地特征对使用行为影响特征，如 Mu 等（2021）结合实地调查和问卷调查方法获得了城市公园内游客的行为类型及空间偏好，并在此基础上分析了公园绿地空间特征对使用行为类型和强度的影响。对城市绿地使用行为的调查研究在数据获取方面的可实施性更高，并且能够对城市居民不同使用行为类型进行空间定位，识别不同城市绿地空间特征对居民健康的直接影响（Wang et al.，2022；Ware et al.，2022）。因此，本研究拟通过挖掘多源大数据获取居民在绿地内的使用行为特征，并耦合居民健康结果探析城市绿地直接健康效益。

（2）城市绿地的潜在健康效益及测度

较大范围内城市绿地暴露是良好人居环境维续、居民从中获得健康效益的空间基础。这些研究关注的健康效益特征不仅包括降低疾病发病率，也关注城市绿地对妊娠状况、全因死亡率或人均寿命的影响，以及与自我感知的健康水平的关联（Hartig et al.，2014），是一类潜在健康效益。这些研究大多以城市社区（Xiao et al.，2017）、街道（Wu and Kim，2021）、邮政编码区（Yoo et al.，2022）或行政区（Klompmaker et al.，2021；Peng et al.，2022）等范围为分析单元，其中街道范围包括居住区及广泛的公共空间，是居民日常生活圈的主要范围，也是实施公共服务设施规划决策、提升居民日常生活环境的关键层次（陈宇琳等，2020）。有关流行病学的研究基于健康调查数据、疾病筛查诊断数据或队列分析方法比较了精神疾病、心血管病、糖尿病、肥胖等疾病及与城市绿化水平的关联关系。例如，较高社区绿化水平与较低的自评抑郁、焦虑和精神困扰水平有关（White et al.，2013；Triguero-Mas et al.，2015），也与社区范围内 II 型糖尿病和心血管疾病患病率的显著降低有关（Bodicoat et al.，2014；Tamosiunas et al.，2014）；住宅周边较高的绿化水平还与较低的儿童注意力缺陷多动障碍（AHDH）患病率有关（Amoly et al.，2014），以及较高的新生儿出生体重（Dzhambov et al.，2014）等方面有显著的正相关关系。还有研究发现居住地离公园绿地越远的孕妇早产风险越高（Grazuleviciene et al.，2015）。然而，这些研究大多依赖于长期的疾病筛查和临床数据积累，如使用仪器测量受试者的血压血糖指数等生化参数（Louie and Ward，2010；Ortega et al.，2013；吴敏等，2022），或结合临床诊断慢性病或者某类特定疾病的患病状况（Calle et al.，2003；Reissmann，2016），往往仅能反映特定群体某一方面的健康水平，无法体现居民总体健康水平，并且数据获取难度较高。

健康地理学相关领域研究通过社会调查、样本问卷调查等方法分析城市绿地对城市居民健康水平的影响（Maas et al.，2006）。这些研究大多基于健康量表法或受访者自评健康水平表征其健康水平，并分析与规划层面城市绿地特征的关联。例如，基于一般健康量表（GHQ-12）的研究结果表明居住地接近城市绿地的居民具有较低的心理困扰（Pope et al.，2018）；基于健康水平调查简表（SF-36）的研究结果表明更多地接触绿色空间对所有社会经济阶层和性别群体的身心健康都有积极影响（Triguero-Mas et al.，2015）。但也有研究针对不同社会人口群体发现了差异性的结果，例如 Balseviciene 等（2014）基于育儿压力指数量表（S-PSI/SF）和儿童心理健康问题量表（SDQ）研究表明居住在公园绿地附近可以改善母亲受教育程度较低的儿童的心理健康；而较高的居住区绿化水平与母亲受过高等教育的儿童的心理健康水平较差有关。这些发现强调了在城市绿地对居民健康的潜在影响时考虑人口特征差异的必要性。然而，基于量表的健康评估通常多涉及的题目较多，在城市范围内开展横断面研究时存在需要专业人士指导、测试工作量过大的问题（杨琛等，2016；Hays et al.，2022），因此许多研究采用了自评健康评估方法（Ware et al.，2022）获取受访者健康状况数据并开展与城市绿地暴露相关的研究。例如，基于自评健康水平的研究表明居住地接近公园绿地的女性具有更低的抑郁症状和更高的身体健康水平（Reklaitiene et al.，2014）。本研究将采用居民健康自评问卷方法刻画居民健康结果，并基于此分析公园绿地暴露对居民健康的促进作用路径。

1.4.3　绿地暴露特征及量化评估研究进展

城市绿地暴露是城市绿地促进居民健康的核心环节。因此，城市绿地暴露特征的量化评估成为探究城市绿地对居民健康影响机理的关键任务。当前许多研究者提出和量化了不同的城市绿地暴露特征指标，从不同视角评估了一定空间范围内绿地的供给能力评估或居民对城市绿地的获取能力（James et al.，2015；徐全红等，2023）。

由于绿地暴露过程中人类活动的主观能动性不同，绿地暴露研究多从客观暴露和主观暴露两个维度上进行刻画。其中，客观绿地暴露能够反映一定空间范围内绿地的供给能力，包括个人或人群在日常生活工作环境中客观存在于不同空间范围内绿地的数量、功能、布局及构成特征（Weimann et al.，2015；Zhang et al.，2022b），以及累积机会或累积数量和临近程度等不同维度（Ekkel and de Vries，2017）；主观绿地暴露则反映居民对城市绿地的获取能力，即个人或人群为某种目的在城市绿地内实际使用过程的特征与程度

（Bratman et al., 2019）。

由于不同学科关注的城市绿地健康效益的维度有所差异，关注的城市绿地暴露的空间尺度也存在较大差异。流行病学和健康地理学相关研究主要面向较大空间范围内（如市域/街道尺度）城市绿地暴露特征对居民健康的影响，关注的绿地暴露指标包括行政边界范围内的绿地空间分布特征及居民的绿地暴露频率、持续时间等特征；环境心理学、风景园林学等领域则关注较小空间范围内（如场地尺度的绿地空间、景观节点）城市绿地要素与空间构成特征在促进健康行为、改善情绪等方面作用（Peschardt and Stigsdotter, 2013；Petrunoff et al., 2022）。

（1）绿地客观暴露测度指标与方法

1）场地尺度客观暴露特征。许多研究已证实了不同城市绿地要素与空间构成特征在促进心理压力恢复和促进居民使用行为方面的作用。不同城市绿地要素中，绿色要素（乔木、灌木）和蓝色要素（水体）被证实相比于灰色要素（道路、建筑）对心理恢复的影响更强（Gao et al., 2019；Liu et al., 2022a）；但在促进使用行为方面，活动场所（铺装道路、游乐场、足球场等）和便利设施（座椅、凉亭、历史或教育设施等）对身体活动更为重要（Kaczynski et al., 2008），其中铺装道路能够为居民进行散步、跑步或骑行提供空间便利，对身体活动有更为显著的积极影响（Kaczynski et al., 2008；Zhang et al., 2019；Petrunoff et al., 2022），水体（包括湖泊、溪流等）、灯光、便利设施、雕塑等要素也被发现与居民的身体活动存在关联（Kaczynski et al., 2008；Schipperijn et al., 2013；Wang et al., 2022）。城市绿地要素所构成的不同空间结构特征中，半开放绿地空间相比于开放绿地和密闭绿地空间对压力恢复的积极影响更为突出（Herzog and Chernick, 2000；Qiu et al., 2021），具有较高树冠覆盖水平的绿地相比于开放草地对身体活动的积极作用更为明显（Feng et al., 2021），特别是有树冠遮阴的铺装空间对于促进使用行为的重要性最高（Wang et al., 2022）；而城市绿地中草地和稀疏灌木空间更有利于促进居民社交活动（Almanza et al., 2012）。

城市绿地要素之间的生态过程与相互作用是绿地提供与人类健康和福祉相关功能的基础。城市绿地内不同要素之间的相互作用会导致绿地空间所提供的功能类型和水平的差异，并进而影响居民在公园绿地中使用行为的偏好和意愿。然而，当前研究大多仅关注了特定要素或空间结构对居民压力恢复或促进使用行为方面的积极影响。尽管许多城市绿地与居民健康关联的理论框架指出了城市绿地的多种生态调节功能（如改善空气质量、降低噪声和高温等）对直接健康效益（或中间健康效益）的积极影响，但目前基于对绿地生态调节功能量化评价的实证研究大多仅关注了城市绿地在降低环境温度方面对居民健康的影响。例如，有研究发现城市绿地改善环境热舒适性的功能与居民身体活动水平具有显著相关性（Nasir et al., 2013；Niu et al., 2022）；并且居民在温度较高的公园绿地空间内进行休息或社交活动的可能性更高，步行、慢跑等中高强度身体活动仅在降温功能水平较高的公园绿地内发生（Kabisch and Kraemer, 2020）。尽管市域或街道尺度下有研究表明城市绿地在改善空气质量（如大气 $PM_{2.5}$ 浓度）方面的生态调节功能对于降低老年人糖尿病风险有潜在的积极影响（Huang et al., 2021），但当前甚少研究关注场地尺度下城市绿地其他功能类型如何直接影响居民的直接健康获益，特别是几乎没有研究通过量化分析证实城市绿地提供不同社会文化功能与居民使用行为的空间关联特征。

2）市域/街道尺度客观暴露特征。较大空间尺度下的研究大多关注城市绿地斑块特征与居民健康的关联，包括绿地斑块数量、面积、质量、类型等特征及其空间异质性。例如，在邻里范围或街道、行政区范围内较高的绿地斑块面积比例被证实能够降低心血管疾病、II 型糖尿病等疾病的患病率（Bodicoat et al., 2014；Tamosiunas et al., 2014）。许多研究使用基于遥感的归一化植被指数（NDVI）表征植被质量，研究结果表明具有较高平均 NDVI 的城市绿地对居民健康有更为显著的积极影响（Klompmaker et al., 2021；Liu et al., 2022b）；也有研究将公园绿地清洁度（是否存在垃圾、杂草、涂鸦等）视为公园绿地的质量特征，发现邻里范围内较高公园绿地质量与较低的体重指数水平（Stark et al., 2014）和较高的身体健康水平有关（Brindley et al., 2019）。城市范围内不同面积绿地斑块的空间异质性也与居民健康存在关联，如相比于少量的大型绿地斑块，分散的大量小型绿地斑块对促进城市居民心理健康的影响更为显著，但较高的绿地斑块聚集度可能对心理健康具有负面影响（Ha et al., 2022）。部分研究还探讨了城市绿地类型对居民健康的影响，公园绿地被证实相比于街道绿地对心理恢复有更积极的影响（Wilkie and Clouston, 2015）；公园绿地相比于道路绿地、私人花园、林地等还能够支持较为广泛的户外使用行为（Lachowycz et al., 2012）。

在城市绿地斑块特征研究的基础上，部分研究从关注人与绿地相互作用的视角探究了绿地空间布局特征对居民健康的影响（Cole et al., 2017；Chen et al., 2022；Ha et al., 2022）。首先，在关注街道或邻里尺度城市绿地斑块面积、数量等特征的基础上，许多研究探究了城市绿化覆盖率、公园绿地密度等面向规划实践的绿地可获得性指标与居民健康的关联，如邻里范围内较高的绿化覆盖率对居民精神健康有积极影响（Beyer et al., 2014），街道范围内公园绿地的数量被证实与较高的自评健康水平有关（Wu and Kim, 2021）。此外，为衡量城市绿地是否容易到达，从居住区到达城市绿地的距离或时间也被视为城市绿地空间布局的重要特征，街道范围内较高的城市绿地可达性被广泛证实对居民健康有积极影响（Tamosiunas et al., 2014；Ekkel and de Vries, 2017），其评估指标包括直线距离及基于道路网络数据计算的路网距离等指标（Nutsford et al., 2013；Liu et al., 2021a；Zhang et al., 2022a）。然而，足够面积比例且分布接近于居住区的城市绿地并不意味着居民对其有较高的使用意愿，因此有研究从城市绿地吸引力的角度评估了城市绿地的空间布局特征，表征城市绿地是否能够满足潜在用户的期望和需求（Kronenberg et al., 2020），所用指标包括城市绿地中的娱乐设施的数量或密度、景观多样性、美学价值、管理维护水平等（Brindley et al., 2019；Jarvis et al., 2020a；Wang et al., 2022）。

（2）绿地主观暴露测度指标与方法

1）场地尺度主观暴露特征。城市绿地内居民的使用行为被视为影响居民健康的直接健康效益，也代表着居民的城市绿地主观暴露过程。城市绿地能够促进居民放松恢复、体育活动、社交活动等不同方面的使用行为并进而促进居民健康（Coventry et al., 2019）。有关公园绿地使用动机的调查研究表明，居民在公园绿地内的使用行为类型有所差异（Chiesura, 2004）。从居民在公园绿地内进行不同使用行为时身体所处的状态来看，散步、慢跑、打太极拳等行为能够使居民的身体持续处于中高强度活动状态，而在休息、演奏、棋牌等行为中居民身体则较长时间处于接近静止或低强度活动状态。世界卫生组织发布的《关于身体活动和久坐行为指南》将任何由骨骼肌产生、需要消耗能量的身体运动定义为身体活动，大量实证研究证实了定期进行中高强度身体活动对于身心健康和总体幸福感的积极影响（Kahn et al.，2002；Warburton，2006）。同时，也有研究表明在自然环境中的休息、社交、冥想等低强度行为也与居民的健康获益有关（Coventry et al.，2019；Luo et al.，2022）。不同身体活动强度的使用行为已被证实与不同的公园绿地要素特征及居民的社会人口特征有关（Koohsari et al.，2015）。例如，对不同年龄群体的调查研究表明，老年人群体在公园绿地中的使用行为大多以静坐休息为主（Wang et al.，2021a）。这表明不同城市居民群体可能在公园绿地中通过进行不同的使用行为类型的途径获得积极的健康影响，但目前城市绿地通过促进不同使用行为类型对居民健康的影响特征仍有待探究。

2）市域/街道尺度主观暴露特征。个体的健康状况取决于其生活环境与行为特征的量变到质变的过程。较大空间尺度下城市绿地对健康影响的相关研究表明，居民可能受到城市或街道内绿地客观暴露水平的影响从而在绿地使用频率、持续时间等方面存在差异（Kronenberg et al.，2020）。具有更多与城市绿地接触机会的城市居民能够通过直接健康获益的积累而促进其潜在健康获益（Epstein et al.，2006；Amoly et al.，2014），有研究者将这种通过居民主观绿地暴露特征积累定义为城市绿地的暴露剂量或使用剂量（Barton and Pretty，2010；Shanahan et al.，2015a）。

在医学研究与实践中，剂量（dose）指药剂的用药量，或特指一次给药后产生药物治疗作用的数量（盛玉成等，2010）；环境科学研究中，剂量则指人体所暴露环境中的噪声或污染物数量（白志鹏等，2002；谢红卫等，2014）。在城市绿地与居民健康关联的相关研究中，对城市绿地使用剂量的研究通常包括三个关键组成部分：城市绿地使用强度、使用频率和持续时间（Shanahan et al.，2015a）。其中，使用强度是指居民使用城市绿地的质量和数量，也有研究者从个体角度将其定义为身体活动的强度（Barton and Pretty，2010）；使用频率指居民在特定时间范围内使用城市绿地的次数；持续时间则为居民每次使用城市绿地的时间或一段时期内使用城市绿地的累计时间。有实证研究发现，即使小剂量的城市绿地暴露也能对情绪产生显著的积极影响，并且城市绿地的健康益处随不同使用剂量维度的增加均能够显著增加（Cox et al.，2018；Shanahan et al.，2019）。但也有研究表明，对于特定群体而言，城市绿地使用剂量可能对精神健康存在负面影响，如与自然联系较弱的受访者的较高城市绿地使用时间可能与更高的焦虑和压力水平有关（Oh et al.，2021）。这种差异化的结果表明不同的城市绿地使用剂量特征可能对健康的不同方面存在不同程度影响，并且可能因人群特征而异（Shanahan et al.，2016）。

1.4.4 城市绿地对居民健康影响机制研究进展

如何通过空间优化调控规避城市化发展带来的居民潜在健康风险，是城乡人居环境建设的关键问题。因此，许多研究者开始关注城市绿地对健康的影响过程，在了解和证实城市绿地健康效益的基础上，不同学科领域的学者提出了城市绿地影响居民健康的复杂的潜在机制。在此基础上，部分研究进一步构建了城市绿地对居民健康影响机制的理论路径，以提高对城市绿地与健康结果之间关联的复杂性的理解（Markevych et al., 2017）。为系统认识城市绿地对居民健康的影响机制，下文将结合相关理论与实证研究，具体介绍当前有关城市绿地影响居民健康的潜在机制及城市绿地对居民健康的促进作用路径的研究进展。

（1）城市绿地影响居民健康的潜在机制

人们对城市绿地与健康之间关系的认识经历了从非动态环境发展到对人与绿地相互作用的更复杂理解的过程。当前相关研究解释了城市绿地影响健康的许多潜在机制，主要包括通过改善环境因素、改善生理和心理健康状况、影响行为和状态三个方面（Kuo, 2015）（表1-3）。其中，受到较多关注的机制包括改善空气质量、促进身体活动、社会凝聚力和缓解压力（Hartig et al., 2014）。

表1-3　城市绿地影响居民健康的潜在机制

潜在机制		对健康的影响	参考文献
改善环境因素	植物杀菌剂	植物杀菌剂能够降低血压；增加副交感神经活动，减少交感神经活动；增强免疫功能；缓解抑郁状态等	Li et al., 2010
	空气负离子	空气负离子可以缓解慢性抑郁症和季节性情感障碍的抑郁症状；改善睡眠和呼吸功能；缓解哮喘症状等	Alexander et al., 2013；Goel et al., 2005
	视觉刺激	增加副交感神经活动，降低心率等	Brown et al., 2013
	自然声音	有助于心理压力恢复；降低皮肤电导水平、心率变异性等	Alvarsson et al., 2010
	改善空气质量	降低空气污染对心肌炎症、呼吸系统疾病等疾病的负面影响	King et al., 2014；Fu et al., 2024
	缓解热岛效应	减少与热有关的健康风险，如中暑和呼吸系统疾病；减少与热有关的暴力和犯罪行为	Tawatsupa et al., 2012；Stevens et al., 2024
	改善清洁度	通过对杂乱空地的绿化建设、清理杂草改善环境清洁度可以减少暴力与犯罪行为	Shepley et al., 2019
改善生理心理状况	改善免疫功能	免疫功能可能是绿地对健康影响的主要因素，接触绿地能够提高细胞活性和抗癌蛋白表达	Mao et al., 2012；Kuo, 2015
	改善血糖水平	持续升高的血糖会导致神经损伤、失明和肾衰竭，接触绿地能够对降低血糖水平有实质性影响	Liao et al., 2019
	缓解压力	降低唾液皮质醇浓度、改善心率血压等与压力相关的生理指标；改善自我感知的压力和幸福感	Miyazaki et al., 2014；van den Berg et al., 2014
	恢复注意力	减少精神疲劳；可以减少与疲劳有关的事故和危险的健康行为，如吸烟、暴饮暴食、吸毒、酗酒等	Ohly et al., 2016；Kuo, 2015
影响行为	促进身体活动	绿地通过促进身体活动降低肥胖、心理疾病、慢性病和死亡等健康风险	Dadvand et al., 2016
	改善睡眠	缓解睡眠问题以降低肥胖等慢性疾病发病率和死亡率等	Astell-Burt et al., 2013
	社会凝聚力	增加亲社会意愿和社区意识，促进居民间的信任和互动，从而改善身心健康状态	de Vries et al., 2013

1）城市绿地→促进身体活动→健康结果。许多研究发现和证实了包括绿地面积、距离、质量等特征在内的城市绿化水平与居民身体活动之间的显著关联（Sugiyama et al., 2010；Akpinar, 2016）。身体活动能够改善儿童和青少年心血管和骨骼健康水平，提高认知能力和心理健康水平，减少肥胖风险等；对于降低成年人和老年人全因死亡率以及心血管疾病、肿瘤、Ⅱ型糖尿病等慢性病的发病率和死亡率也有显著的积极影响，还能够改善心理健康和睡眠状况（Biddle and Asare, 2011；Donnelly et al., 2016；Warburton and Bredin, 2017）。因此，城市绿地能够通过促进居民的身体活动水平进而促进整个生命周期的生理与心理健康水平。

2）城市绿地→缓解压力→健康结果。压力恢复理论和注意力恢复理论认为人们在接触自然环境时能够通过先天性的恢复性反应在短期内降低生理应激水平、缓解压力和增加幸福感（Ulrich et al., 1991），使精神和注意力的疲劳得以改善（Kaplan, 1995）。此外，接触自然环境后获得的短期健康积极影响，经过长期积累后，能够使居民处于持续的自我调节过程并对健康结果产生积极影响（Hartig et al., 2014）。例如，长期接触绿地可以通过压力和注意力恢复改善儿童注意力缺陷、减少心理困扰、提高自制力和延迟满足能力（Taylor et al., 2002；Faber and Kuo, 2009）。部分研究指出通过接触绿地获得的压力缓解的长期积累能够促进自我感知健康水平的提高、慢性病发病率及死亡率的降低（Maas et al., 2009；Stigsdotter et al., 2010）。

3）城市绿地→改善空气质量→健康结果。城市绿地中的植被能够吸收、过滤空气中的各类污染物，如臭氧（O_3）、氮氧化合物（NO_x）、二氧化硫（SO_2）、一氧化碳（CO）等气态污染物及总悬浮颗粒物（TSP，包括可吸入颗粒物 $PM_{2.5}$、PM_{10} 等）（Selmi et al., 2016；Dzhambov et al., 2018）。此外，植被能够增加空气负离子浓度，植物所释放的抗微生物挥发性有机化合物（植物杀菌素）还能够降低空气中的细菌含量（张新献等，1997；朱春阳等，2010）。因此，城市绿地能够通过影响周边环境内的空气质量影响人类健康和福祉，如降低居民的呼吸系统疾病患病率，以及进一步促进居民的身体活动，减少其慢性病风险（Huang et al., 2021）。

4）城市绿地→社会凝聚力→健康结果。社会凝聚力指同一社区内的居民具有共同的规范和价值观，存在积极和友好的邻里关系，以及被接受和归属的感受（Forrest and Kearns, 2001；Schiefer and van der Noll, 2017）。有研究表明自然环境与社会凝聚力之间存在正相关关系，如居民感知到的社会凝聚力或邻里互动水平与社区绿化率有关（Sugiyama et al., 2008；de Vries et al., 2013）；同时，城市绿地也为开展能够培养和促进社会凝聚力的活动提供了社交互动空间（Peters et al., 2010）。良好的社会凝聚力能够增加居民的安全感和归属感，促使居民减少吸烟、饮酒等不良生活习惯（Andrews et al., 2014），从而减少压力、抑郁、心血管疾病等健康风险（Jennings and Bamkole, 2019）。

（2）城市绿地对居民健康的促进路径：理论研究进展

上述城市绿地影响居民健康的潜在机制关注了城市绿地的不同方面，包括城市绿地本身的物理环境、城市绿地支持的行为及接触绿地的体验等。然而，人与绿地接触的过程同时涉及这些不同的方面，可能有多种途径共同参与并相互影响（Hartig et al., 2014）。因此，许多研究者通过梳理不同学科领域研究提出的城市绿地对居民健康的影响机制，从理论研究角度构建了涵盖多种影响机制的城市绿地对居民健康的促进作用路径。

例如，Hartig 等（2014）提出了四种主要且相互作用的途径，包括改善空气质量、减轻压力、促进身体活动和增强社会凝聚力。James 等（2015）提出绿地通过减轻压力和恢复认知、促进身体活动、增加社会互动和凝聚力、减轻噪声、调节高温潮湿、过滤空气污染的途径提供健康效益。在此基础上，Markevych 等（2017）将其总结为减少伤害（包括改善空气污染、噪声、高温等）、恢复能力（注意力恢复和减轻压力等）和建设能力（促进身体活动和增强社会凝聚力）的三条主要路径，并考虑到了不同路径之间的复杂相互作用和关联（图1-4）。

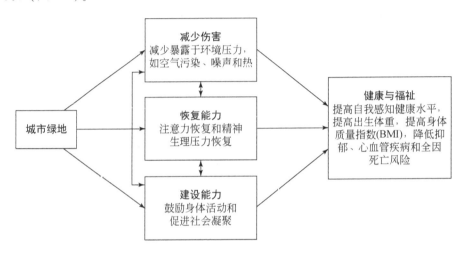

图 1-4　连接绿地与居民健康的理论路径（Markevych et al., 2017）

在上述理论路径的基础上，有研究者在上述理论路径的基础上将城市绿地对居民健康影响的理论路径区分了不同的层次，以识别绿地对健康的直接与潜在影响。例如，Kuo（2015）认为个体在暴露于自然或绿地空间时所接触到的自然活性成分（如植物杀菌素、自然光线、改善空气污染、降低噪音和高温等），通过影响个体的生理和心理状态（血糖水平、压力、注意力、活力等）及行为或状态（身体活动、肥胖、睡眠、社会联系等）最终对健康结果产生影响。这一理论机制将城市绿地通过发挥生态调节功能改善环境因素的影响机制作为城市绿地影响居民健康的"上游"路径。如图 1-5 所示，Villanueva 等（2015）同样将城市绿地格局及功能特征作为影响居民城市绿地感知与使用行为的前提，并在综合考虑城市绿地空间与所在邻里环境的多尺度特征的基础上，进一步将城市绿地对居民健康的影响区分为中间结果与长期结果。该框架中城市绿地通过改善当地气候环境、促进绿地空间使用和社会交流、游憩性步行或身体活动、减少久坐行为等途径，实现改善呼吸系统健康、缓解热应激和热相关疾病、增加社会资本和凝聚力、促进身体活动积累和减少久坐行为积累等中间健康效益，并进而改善慢性疾病（肥胖、心血管疾病、糖尿病、哮喘等）和精神健康（焦虑、压力、抑郁等）等潜在健康效益。这一概念框架不仅考虑了暴露于城市绿地（即进入城市绿地）对健康的直接影响，还描述了邻里范围内可步行性与城市绿地可达性对直接健康效益（如身体活动）的积累，体现了不同空间尺度下绿地内外环境的直接与潜在健康影响路径的差异。

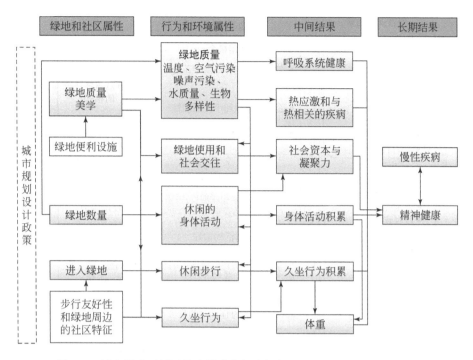

图 1-5 城市绿地对居民健康影响的概念框架（Villanueva et al.，2015）

人类健康受到自然环境、社会环境与人类行为之间的相互决定论的影响（Coutts et al.，2014），城市绿地对居民健康的促进路径还与居民个人特征及所处环境密切相关（Dolan et al.，2008；Santos-Lozada，2022），因此许多研究进一步考虑了居民的社会人口特征及城市经济环境特征等因素对健康的潜在影响。例如，Lachowycz 和 Jones（2013）构建了城市绿地与健康关联的综合社会–生态模型（图1-6），将使用绿地的机会（个人使用绿地的能力）、使用绿地的个人动机及城市绿地的易用性作为调节机制，将人口因素（年龄、性别、职业与生活方式等）、生活环境（文化因素、安全性与基础设施等）、绿地特征（绿地类型、面积、设施、质量、安全性等）及气候特征（温度、降水等）作为潜在的中介因素纳入城市绿地促进居民健康的理论框架，并提出城市绿地通过提高居民对居住环境的感知、获得美学和放松享受、使用城市绿地（休闲活动和体育活动、与自然接触及社交活动和互动）等途径使居民获得积极身体健康效益与心理健康效益。该框架同样将城市绿地对居民健康影响的潜在路径区分为不同的层次，并纳入了公共卫生范式中健康的其他决定性因素。尽管该理论机制并未明确指出城市绿地对居民健康影响的不同阶段，但也清晰地描述了城市绿地通过直接促进身体活动、社会交往等过程的影响居民健康的路径；并且同样关注了邻里范围内城市绿地数量、距离等特征对于对直接健康获益积累的作用，在一定程度上体现了不同空间尺度下城市绿地对居民健康促进路径的差异。

（3）城市绿地对居民健康的促进路径：实证研究进展

从上述城市绿地影响居民健康的潜在机制及城市绿地对居民健康促进路径的理论框架中可以发现，城市绿地对居民健康的影响不是直接指向其健康结果，而是通过提供不同的

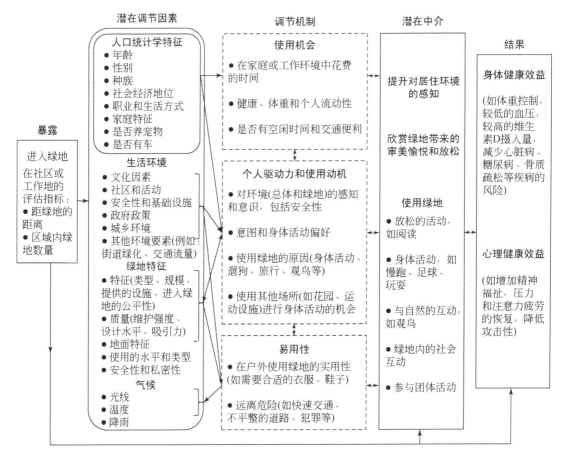

图1-6　城市绿地绿与居民健康关系的社会-生态框架（Lachowycz and Jones，2013）

客观暴露条件影响居民主观暴露特征的途径最终对健康结果产生影响。当前城市绿地对居民健康促进路径的理论研究构建了涉及城市绿地特征（客观暴露特征）、中介因素（主观暴露特征）到健康结果的关联机制，许多学者在此基础上应用以"自变量—中介变量—因变量"关联为基础的中介效应模型验证和量化城市绿地对居民健康的促进路径。

现有理论研究虽然考虑了城市绿地影响居民健康的不同维度，但当前相关实证研究大多集中关注城市绿地对居民心理健康的促进作用路径。例如，Zhang 等（2022b）基于对城市绿地客观暴露特征的量化评估，构建和验证了城市绿地通过鼓励身体活动、增强社会凝聚力、缓解环境压力（改善空气质量和降低噪声）及减轻精神压力的途径对居民自评心理健康的影响，证实和量化了城市绿地客观暴露特征通过影响居民行为和精神压力水平促进其心理健康的中介作用路径。Liu 等（2022b）通过实证研究构建了住宅绿地对居民主观幸福感促进作用路径，研究结果表明城市绿地能够通过影响身体活动、空气污染及社会凝聚力的中介途径对居民生活满意度产生积极或消极影响，特别是证实了城市绿地能够通过缓解空气污染鼓励居民身体活动和促进社会凝聚力的途径提高其生活满意度。此外，也有部分研究关注城市绿地对特定居民群体的健康影响路径，如青少年群体或老年人、移民等弱势群体（Dzhambov et al.，2018；Yang et al.，2020）。

现有的理论机制虽然考虑了不同范围内城市绿地下对居民健康的影响，但当前城市绿地对居民健康促进路径的实证研究大多基于横断面调查数据在较大空间尺度（如市域/街道尺度）开展，并未对不同空间尺度下城市绿地对居民健康的影响路径加以区分。例如，在区域尺度上邻里环境可步行性和城市绿地可达性可能影响居民的城市绿地使用时长或使用频率，并影响直接健康效益（如身体活动）的积累，但并不会对是否进行身体活动产生直接的影响；而局地尺度上的城市绿地内部设施、道路等要素及绿地功能会直接影响居民的使用行为特征。此外，由于不同学科领域所关注的城市绿地尺度、格局及健康问题存在差异，对城市绿地健康效益的定义和度量上也有所差异（Lachowycz and Jones，2013；Frumkin et al.，2017）。上述实证研究中均将减轻压力和促进身体活动视为城市绿地促进居民健康的中间环节，关注长期绿地暴露对居民健康结果（潜在健康效益）的影响。但许多场地尺度的研究将居民的健康感知与使用行为作为绿地健康效益的体现（Grahn and Stigsdotter，2010；de Vries et al.，2013；Cohen-Cline et al.，2015），关注绿地的直接健康效益。例如，Wang 等（2022）在场地尺度下构建了城市绿地通过改善环境（包括净化空气、调节温度、提供美学和娱乐价值）促进运动、休息、交谈等使用行为的健康影响路径。

可见，居民的健康状况受到不同空间尺度下主观与客观暴露特征的共同影响，综合多尺度客观和主观绿地暴露与居民健康关联的研究依赖于对相关指标深入全面的调查和分析，要求绿地规划设计、城市生态与公共卫生领域等多学科知识和实践的参与，以期在指标选择、数据获取与统计分析等方面获得突破，通过实证研究验证和量化城市绿地对居民健康的促进路径，进而为面向居民健康的城市绿地规划与设计决策提供参考。总体而言，尽管当前理论与实证研究表明城市绿地对居民健康的影响在不同空间尺度下存在"客观绿地暴露—主观绿地暴露—健康结果"的级联路径，但综合不同空间尺度下主观与客观暴露特征的城市绿地对居民健康的促进作用路径还有待通过实证研究进一步验证。

1.5　公园绿地规划设计实践与研究进展

从古至今，从自然中获益的经历使人们形成了自然对健康积极影响的经验与认知。在农业文明与工业文明发展历程中，这些经验与认知促进了公园绿地的产生与演变。不同文化背景下的人们一直认为获得某种形式的"自然"是人类的基本需求，充足的、有吸引力的绿色景观是理想的健康环境的重要组成部分，公园绿地在城市建成环境中作为连接自然与健康的纽带发挥着日益重要的作用（Thompson，2011；王向荣，2020）。

我国古典园林追求人与自然的和谐统一，《园冶》中指出"相地合宜，构园得体"，园林选址应因地制宜使园内具有最佳的地形地貌、光照、水体和植被条件（郭风平等，2007），并具有传统养生理念（许慧和彭重华，2009）。西方古典园林中，中世纪的修道院花园中普遍种植药用植物并认为绿色植物对心理健康有积极影响，以英国园林为代表的自然风景园强调美学、情感和行为反映之间的联系，通过在自然风景中步行、骑马等行为缓解压力和增进健康（Thompson，2011；侯韫婧等，2015）。第一次工业革命后，为应对快速城市化发展带来的环境和问题，发挥公园绿地的社会价值成为是现代公园绿地规划的主要目标。为控制霍乱和肺结核等流行性疾病的扩散，欧洲各国以立法形式建立公园，Olmsted 提出"自然环境通过对心灵和身体的影响带来休息和恢复效果"的见解，强调公园绿地系统在引导城市发展、改善和保护人民健康方面的重要性（Olmsted，1886；Thompson，2011）。

20 世纪以来，生态学的发展使公园绿地的规划建设与改善城市生态环境的联系越发密切，形成了城市规划的生态学框架。McHarg 在《设计结合自然》一书中提出以生态原理进行规划操作和分析的方法，将叠图分析应用到以自然生态系统为基础的规划实践中（McHarg，1969），使公园绿地规划更加关注对生态环境的改善。绿色基础设施概念的提出更加强调公园绿地与绿色空间的策略性衔接，以形成网络结构、维持生态过程、发挥生态功能（Benedict and McMahon，2002），应对快速城市化发展形成的高密度城市环境给居民带来的前所未有的健康压力（Di Marino et al.，2019；Hansen et al.，2019）。长期以来的造园实践、公园与城市绿化运动以及大地景观实践，为城市绿地特别是公园规划与设计提供了研究沃土，形成了较为明确的公园绿地规划设计工作范式，也涌现出了一些默认且普遍使用的绿地规划设计指标。

1.5.1 公园绿地规划设计范式与指标

当前我国颁布和实施了一系列城市园林绿化评价规范和标准，对城市范围内公园绿地的规划指标和评价标准制定了要求。例如，《公园设计规范》（GB 51192—2016）对不同规模和类型公园绿地的用地类型比例、游人容量、设施项目等方面作出了明确的指标要求。我国现行公园绿地规划设计方法具有规划设计流程清晰明确、可行性和可推广性高的特点，规范所要求的标准化定量规划指标，能够确保公园绿地设计质量保证公园绿地建设的合理性和安全性，并便于推广落实以指导各公园绿地规划设计工作的开展。下面将以《城市绿地规划标准》（GB/T 51346—2019）和《公园设计规范》（GB 51192—2016）规定的公园绿地规划与设计流程与内容为基础，系统梳理我国当前的公园绿地规划设计范式与指标。

（1）我国现行公园绿地规划设范式

在《中共中央 国务院关于建立国土空间规划体系并监督实施的若干意见》中"多规合一"目标的引领下，当前我国城市绿地系统规划已变革为市县级国土空间总体规划下涉及绿地空间利用的专项规划，通过分级分类优化绿地布局，构建公共空间与游憩体系等功能性绿地系统。《城市绿地规划标准》（GB/T 51346—2019）要求城市绿地系统规划应包括城市总体规划中的绿地系统规划、绿地系统专项规划两个层次。其中，城市总体规划中的绿地系统规划应明确发展目标，布局重要区域绿地，确定城区绿地率、人均公园绿地面积等指标，明确城区绿地系统结构和公园绿地分级配置要求，布局大型公园绿地、防护绿地和广场用地，确定重要公园绿地、防护绿地的绿线等。城市绿地系统专项规划应以城市总体规划为依据，明确绿地系统的发展目标、指标、市域和城区的绿地系统布局结构，分类规划城区公园绿地、防护绿地和广场用地，提出附属绿地规划控制要求，并通过详细规划划定规划范围内的综合公园、社区公园、专类公园、游园、广场用地和各类防护绿地的绿线，规定绿地率控制指标和绿化用地界限的具体坐标。

依据相关规范标准，城市公园绿地规划的具体流程和内容包括：①规划目标。依据城市自然条件、社会经济条件及上位规划等要求，确定城市公园绿地规划建设和发展的目标。②规划指标。结合公园绿地规划目标明确人均公园绿地面积、公园绿地的服务半径等规划指标。③调查研究。结合相关历史文化资料、上位规划图件等分析城市建设现状、历史文化资源和自然地貌特征。④布局规划。在调查研究的基础上统筹安排公园绿地系统的空间布局和选址，确定公园绿地位置、类型和发展指标，划定公园绿地绿线范围。⑤建设规划。确定近期规划的具体任务和重点项目，从政策、法规、行政、经济、基础设施等方面提出公园绿地规划的实施细则，以建设落实公园绿地规划（图1-7）。

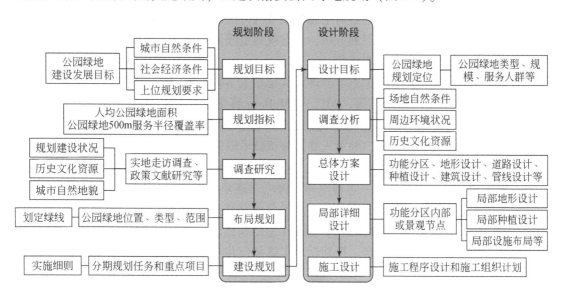

图1-7 我国现行公园绿地规划设计范式

作为城市公园绿地规划的核心环节，公园绿地的布局规划在较大空间尺度下开展，即在一定行政区域范围内（如市域、街道等）以规划目标和指标为基准，结合调查研究确定具体的空间范围，通过对公园绿地的分区、分类、分级配置以实现集约调控、整合优化（金云峰等，2020）。具体要求包括在城区范围内遵循分级配置、均衡布局、丰富类型、突出特色、网络串联的原则构建公园体系，按服务半径分级配置不同规模和类型的公园绿地，建设满足市民多层级、多类型休闲游览需求的游憩系统的公园绿地体系建设的要求。其中，综合公园宜优先布置在空间区位和山水地形条件良好、交通便捷的城市区域，并且新建综合公园面积应大于 $10hm^2$；森林公园、湿地公园等生态公园的选址应有利于保护森林资源、湿地生态系统的自然状态和完整性，郊野公园的选址应选择近郊公共交通条件便利的区域，并有利于保护和利用自然山水地貌；而社区公园、游园和体育健身类的专类公园应选址在临近城市居住区的区域，其他专类公园则应结合城市发展和生态景观建设需要，因地制宜、按需设置。

公园绿地设计是在较小空间尺度下（如绿地斑块、景观节点等）通过对不同景观要素的分析、布局、管理、改造和保护，并借助艺术手段对景观进行美化，以满足人们物质和精神需求的过程。具体流程包括：①设计目标。依据公园绿地的规划定位明确公园绿地的类型、规模、服务人群等特征，确定公园绿地设计目标。②调查分析。通过资料分析和现场踏查了解场地自然条件、周边环境状况和历史文化资源，以及地形、气象和现有植被状况等特征。③总体方案设计。包括对公园绿地的功能分区、地形设计、道路设计、种植设计、建筑设计、电气管线设计等内容。④局部详细设计。包括对公园绿地的不同功能分区或景观节点的局部地形设计、种植设计、设施布局等内容。⑤施工设计。根据已批准的初步设计文件和要求更深入和具体化设计，进行施工组织计划和施工程序（图1-7）。

（2）生态视角下的公园绿地规划设计范式

在生态文明建设背景下，伴随着人们对城市生态问题的日益关注，风景园林与城乡规划研究与实践领域也更为注重通过对生态学原理与方法的理解与应用，为规划设计过程的科学性提供支撑。相比于传统规划方法，生态规划更强调景观供人类使用的美学价值和景观作为复杂生命组织整体的生态价值。

景观生态规划是运用景观生态学原理及其他相关学科的知识提出景观最优利用方案以及对策及建议的过程（傅伯杰等，2011）。McHarg 将生态规划的目标描述为"优化-适应-健康"，在千层饼规划模型中将景观生态学的适应性原理应用到规划设计过程中，对环境因素定量化和空间制图分析，并引入叠加分析技术以评价空间的资源价值，从而判别景观的生态关系和有价值的空间区域，是景观生态学研究向应用领域的发展。Richard Forman 基于景观生态学的格局—过程原理，提出"斑块—廊道—基质"的空间格局模式，推动了景观生态规划空间语言方面的发展（岳邦瑞和费凡，2018）。基于 McHarg 的生态规划方法和传统规划设计程序，Frederick Steiner 总结和提出了景观生态规划和设计的过程框架，包含了规划设计目标的指定、规划设计实施和公共参与过程（图1-8）。

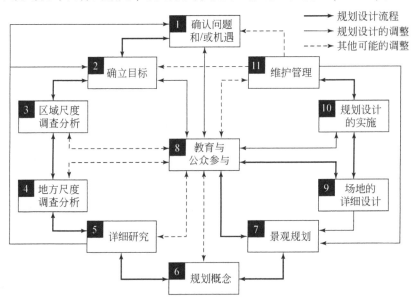

图 1-8　生态视角公园绿地景观规划设计范式

在该框架中，首先面向一个社区或居民群体确定一个或一组相关的问题，这些问题带有疑问性或者能够为这个社区的人和环境提供某种机遇。第二步针对社会环境或居民的问题、机遇确定规划设计的目标。第三步和第四步对社区所在的区域尺度和地方尺度的生物物理和社会文化过程分别开展调查分析。第五步则开展详细研究，将调查分析获得的信息与问题和目标联系起来，如开展适宜性分析。第六步基于详细研究结论提出各种规划概念。第七步在不同规划概念的基础上提出景观规划方案。系统化的教育与市民参与将贯穿整个过程，尤其是在第八步中应当向相关居民解释规划方案，了解能否解决社区或居民所存在的问题并加以调整。在第九步，针对特定的场地进行详细设计，在第十步进行规划设计方案的实施，在第十一步对规划设计的实施和后续维护情况进行管理。如图 1-8 所示，每个步骤之间的细箭头代表反馈系统，每一步可以对迁移步骤进行调整和修改，如对规划区域的详细研究（第五步）可能发现新的问题或机遇（第一步），或因此修改规划设计目标（第二步）；场地的详细设计（第九步）也可能导致规划方案的修改（第七步），同时规划设计的各环节也受到教育和市民参与的影响而进行调整与修改（第八步）。

针对小尺度下公园绿地的景观设计，生态学研究与实践的发展也为公园绿地生态设计提供了理论依据，能够为公园绿地详细设计的开展（第九步）提供新的思维模式。生态景观设计理念由营造服务于人的景观转向强调追求人与自然和谐统一的生态景观，通过探讨各风景园林要素之间有关结构与功能的联系，并经由人类个体的操作，使有关景观的整体人类生态系统（景观）中时间与空间的结构和能量流、物质流及信息流都处于相对最优的状态（俞孔坚，2002）。人与客体环境之间的相互作用和紧密互动一方面不断改变着城市公园绿地环境，另一方面公园绿地的各类生态系统功能又以物理刺激的形式施加于人体，影响居民的行为活动及身体与精神健康。因此，进行公园绿地景观生态设计的前提是科学地认识不同公园绿地要素的生态价值及其对城市物理环境及人类福祉的影响和作用。近年来，近自然设计理念成为公园绿地景观生态设计研究与实践的新思路和方向，不仅考虑公园绿地内部结构和功能的营建，还通过充分协调公园绿地及周边各种物质能量与自然资源的循环流动，维护生物多样性和生态系统稳定性。例如，基于潜在植被和演替理论的宫胁造林法基于对本土植物和优势物种的考察，通过模拟自然的技术和方法以较低成本与投入，以及更短时间营造适应地域条件的稳定的近自然生态系统群落（Miyawaki；1998）；在人工景观营造方面也更强调在保证美学、游憩功能的前提下，通过尊重场地原有地形、使用环保材料、减少人为痕迹等途径，为居民提供更多与自然景观交流互动的机会（俞孔坚等，2001）。

（3）我国现行公园绿地规划设计指标

我国实施的相关城市园林绿化评价规范和标准中对城市范围内公园绿地的规划指标和评价标准的要求如表 1-4 所示。公园绿地规划评价指标通常以市域范围为评价单元，常用指标包括人均公园绿地面积、公园绿地服务半径覆盖率、每 10 万人拥有综合公园数量及人均公园绿地面积最低值等。此外，在公园绿地发展目标、指标及布局结构等方面，《城市绿地规划标准》（GB/T 51346—2019）提出城区公园体系应配置各类公园绿地，优化布局公园绿地，提升公园绿地服务半径覆盖率等要求。

表 1-4　我国现行标准中的公园绿地规划指标

现行标准	人均公园绿地面积		公园绿地服务半径覆盖率	10 万人拥有综合公园数量	人均公园绿地面积最低值
《城市园林绿化评价标准》（GB/T 50563—2010）	人均建设用地<80m²	≥9.50m²/人	≥80%	≥0.7 个	5.00m²/人
	人均建设用地 80～100m²	≥10.00m²/人			
	人均建设用地>100m²	≥11.00m²/人			
《国家生态园林城市标准》	≥14.80m²/人		≥90%	≥1.5 个	5.50m²/人
《国家园林城市标准》	≥12.00m²/人		≥85%	≥1.0 个	5.00m²/人
《住房和城乡建设部关于开展 2022 年城市体检工作的通知》（建科〔2022〕54 号）	—		≥90%	—	—
《国家森林城市评价指标》（GB/T 37342—2019）	≥12.00m²/人		≥80%		

《公园设计规范》（GB 51192—2016）要求公园绿地的新建、扩建、改建和修复设计应全面发挥公园绿地的游憩功能、生态功能、景观功能、文化传承功能、科普教育功能、应急避险功能及其经济、社会、环境效益。公园绿地设计应兼具生态性与文化性的原则，体现地域特色和时代风格，并处理好与城市周边环境的关系，注重公园绿地的健康可持续发展（唐艳红，2014；闫淑君和曹辉，2018）。《公园设计规范》（GB 51192—2016）对不同规模和类型公园绿地的用地类型比例、游人容量、设施项目等，以及公园绿地内部树林郁闭度、高程和坡度、园路宽度和密度、铺装场地面积比例、园桥尺度和载荷等指标做出要求。例如，不同面积等级的综合公园和社区公园中应分别设置儿童游戏、休闲游憩、运动康体、文化科普等设施（表 1-5）；休息座椅应按游人容量的 20%～30% 设置，考虑游人需求合理分布；种植设计应使用乔灌草结合的植物配置方式，公园绿地内密林区种植当年的郁闭度应为 0.30～0.70，并在成年期时达到 0.70～1.00。

表 1-5　公园绿地设施类型设计规范

设施类型	综合公园（面积/hm²）			社区公园（面积/hm²）		
	10～20	20～50	≥50	1～2	2～5	5～10
儿童游戏	●	●	●	○	●	●
休闲游憩	●	●	●	●	●	●
运动康体	●	●	●	△	○	●
文化科普	○	●	●	△	○	○
公共服务	●	●	●	△	○	●
商业服务	○	●	●	—	△	○
园务管理	○	●	●	—	—	△

注："●"表示应设置，"○"表示宜设置，"△"表示可设置，"—"表示可不设置

总体而言，我国现行公园绿地规划指标及评价标准的制定过程主要着眼于提高城市绿地品质和游憩功能、保障城市生态安全格局；公园绿地设计标准的制定主要为公园绿地规划与设计的合理性和安全性提供保障，但规划设计指标的提出并不是以促进和维护居民健康为主要的出发点。公园绿地规划选址大多基于建设现状或自然环境条件，在确定规划目标和开展调查研究时并未充分关注居民对公园绿地的健康需求；虽然公园绿地景观设计以发挥公园绿地的游憩、美学功能为主，并分别对不同要素的设计指标提出要求，但并未考虑到要素之间相互作用对绿地功能和居民使用行为的影响，这在一定程度上制约了公园绿地健康效益的充分发挥。

1.5.2　面向健康促进的公园绿地实践与研究进展

（1）面向健康促进的公园绿地规划设计实践

公园绿地自古以来被视为接触自然和增进健康的有益场所。近年来国内外公园绿地的规划设计实践目标也不断关注如何响应健康需求及营造健康人居环境，承担起支撑公共健康的责任和使命（李雄等，2020）。例如，温哥华于2014年发布《健康城市战略（2014—2025）》规划确定的发展目标要求至2020年，居民住所距离城市绿地不超过5分钟步行路程；2017年，美国发起的一项全国性运动——"步行10分钟"旨在让全美范围内的每一座城市每一个社区的每位公民，都能有一座步行10分钟内可抵达的高品质公园。在公园绿地设计方面，纽约市发布的《活力设计导则：促进身体活动和健康的设计》提出了通过进行提高空间可达性、功能多样性、空间使用灵活性的绿地空间设计促进居民的身体活动及健康水平（Bloomberg，2011；林雄斌和杨家文，2017）。

2019年7月，健康中国行动推进委员会发布了《健康中国行动（2019—2030年）》，提出持续提升人均城市慢跑步行道绿道长度，以及建设一批体育公园等全民健身场地的行动指引。全国各城市在此引领下开展了广泛的健康支持性环境建设，如北京市《"健康北京2030"规划纲要》明确了人均公园绿地面积持续提高的总体目标，并要求合理利用城市公园、郊野公园、公共绿地等绿地空间资源完善休闲公园体系和推广健康主题公园，到2030年建成区人均公园绿地面积达到16.8m²。目前，北京市改造和新建了一批配备健康步道和健身设施的健康主题公园，如安贞社区公园、朝阳公园、京城体育休闲公园等（图1-9）。健康主题公园的设计内容包括提供健康步道、球类运动场、健身器材等促进居民身体活动的设施和场所，并设有橱窗、长廊、展牌等不同的宣传方式开展健康生活方式宣传（李威等，2021），或通过种植芳香植物等方式营造丰富的感官体验（奚露等，2020）。

（2）面向健康促进的公园绿地规划设计研究进展

基于现有健康效益研究的公园绿地规划设计实践，为制定健康导向的城市绿地规划设计及相关干预政策提供科学依据和指标参考，是城市绿地健康效益研究最重要的出发点。当前健康效益研究结果发现了不同城市绿地暴露指标对居民健康的积极影响，能够在一定程度上与城市绿地规划指标衔接以应用于规划实践，为面向居民健康的公园绿地规划设计提供参考。例如，在规划层面，提高邻里范围内绿化覆盖率、增加绿地斑块数量和提高绿

图 1-9　北京市健康主题公园（作者摄）

地服务半径覆盖率等被证明对居民健康有积极影响（Sugiyama et al., 2010；Kaczynski et al., 2014；Zhang et al., 2021a），这些指标也已被纳入《城市园林绿化评价标准》（GB/T 50563—2010）和《国家园林城市评选标准》等相关文件。然而，不同指标对居民健康的影响及其重要性尚不清楚，这将导致在指引面向居民健康的公园绿地规划策略时缺乏明确的指标选择依据。此外，部分指标在实践中存在难以落实的问题，如当前研究中最为常用的绿地 NDVI 指标受到绿地面积比例和植被空间密度的共同影响（惠凤鸣等，2003；Li et al., 2017），对于城市绿地规划标准制定中指标选择的参考意义十分有限。

在设计层面，相关研究通过关注特定群体（如病患、老年人、儿童、精神障碍者、残疾人、亚健康人群等）在环境感知和健康获益方面的特点，从选址、布局、空间要素、植物配置、五感体验等方面总结了针对性的疗愈花园与康复景观设计策略并开展了相关实践（李树华等，2018；刘博新和朱晓青，2019；Stigsdotter and Ulrik, 2020）。例如，2024 年成都世园会中基于园林康养与园艺疗法相关理念设计建造的绿康园内，设计了锻炼步道、高低种植床、五感刺激区等健康疗愈空间，在植物配置中选择了白芍、天冬等药食同源植物。也有研究关注居民在公园绿地中的体力活动等使用行为，识别了对居民使用行为有积极影响的公园绿地要素类型与构成特征（Wang et al., 2019；Zhai et al., 2021），能够为面向居民健康的公园绿地空间景观设计提供一定的参考。然而，与健康相关的公园绿地特征不仅与单一要素有关，还与公园绿地维护管理水平及绿地功能有关（Peschardt and Stigsdotter, 2013；Zhou et al., 2022）。公园绿地内不同要素之间的相互作用会导致绿地空间所提供的功能类型和水平的差异，并进而影响居民在公园绿地中使用行为的偏好和意愿，如人们可能更倾向于在有树木遮阴的广场进行交谈和活动（Rutledge, 1981）。因此，当前城市绿地健康效益研究结论虽然在一定程度上能够为公园绿地景观设计与管理提供依据，但相关研究结论在公园绿地设计实践中的应用空间较为有限，在实施面向居民健康的公园绿地设计实践时可能存在衔接度较低、适用性不足等问题。因此，未来以促进居民健康为导向开展公园绿地规划设计指标研究、服务公园绿地规划设计相关规范的修订，对公园绿地规划实践将具有重要的指导价值。

1.6　问题提出：公园绿地对居民健康促进作用路径

基于自然的公共健康干预被视为应对城市环境变化和人类生活方式改变等潜在健康风险的关键策略（van den Bosch and Sang，2017）。城市环境中，公园绿地在为居民提供户外活动场所和休闲游憩机会方面的重要性尤为突出（Gómez-Baggethun and Barton，2013；Bratman et al.，2019）。为此，本研究将以公园绿地为例，通过综合多尺度、跨学科的研究视角探究以下两个问题，以期为新时代健康城市空间治理中公园绿地规划设计和建设管理提供科学依据，为促进公众健康提供城市绿地规划设计的解决方案。

（1）科学问题一：多尺度公园绿地暴露通过哪些途径共同影响居民健康

公园绿地规划设计应该从科学角度出发服务于促进居民健康，其前提是系统了解公园绿地对居民健康的影响机理。近年来，城市绿地健康效益研究数量不断增加，但由于不同学科领域研究所关注的健康问题与空间尺度的差异，缺乏对不同空间尺度下城市绿地暴露特征及城市绿地的直接与潜在健康效益的系统研究。此外，当前研究大多在生态环境科学和公共环境与职业卫生领域开展，主要关注作为整体的城市绿地与居民健康的关系，未能明确公园绿地这一重要城市绿地类型在影响居民健康方面的作用。因此，尽管当前理论与实证研究表明城市绿地对居民健康的影响在不同空间尺度下存在"客观绿地暴露—主观绿地暴露—健康结果"的级联路径，但综合不同空间尺度下主观与客观暴露特征的城市绿地对居民健康的促进作用路径还有待通过实证研究进一步验证。

（2）科学问题二：如何通过公园绿地规划设计促进居民健康

后疫情时代的公园绿地的规划设计应积极响应健康需求，营造健康人居环境，承担起支撑公共健康的责任和使命（李雄等，2020）。当前研究已经从不同视角提出了面向居民健康的公园绿地规划设计方法，但由于当前研究中绿地对居民健康促进路径的研究链条不完整，与健康促进相关的公园绿地规划设计指标仍缺乏科学依据，导致在开展面向居民健康的城市绿化建设时对从绿地布局到功能配置有机衔接的系统认知不足。此外，在相关研究中对与居民健康相关的公园绿地规划设计指标的关注也不够全面，这会在一定程度上阻碍理论实证研究与规划设计实践之间的传递和互动。综合多尺度、跨学科视角探究公园绿地对居民健康的促进路径，能够为构建和优化城市公共健康环境的公园绿地规划设计和建设管理提供科学依据，从公园绿地规划选址、功能定位、景观设计等多个层次上满足城市居民的健康需求。

第 2 章 公园绿地对居民健康促进作用路径研究框架与方案

在城市绿地-人类健康关联研究文献分析基础上，本章拟从规划设计视角提出多尺度下城市绿地健康效益级联框架，并基于此构建公园绿地对居民健康促进路径的概念模型，通过量化评估与统计分析模型构建实证研究方法体系，为量化公园绿地对居民健康的促进路径和明确面向居民健康的公园绿地规划设计指标奠定基础。

2.1 城市绿地健康效益级联框架

第 1 章对不同空间尺度下影响居民健康的城市绿地客观与主观暴露特征的系统梳理表明，这些特征之间存在一定的层次和级联关系。首先，在设计层面，场地尺度下城市绿地提供的生态系统功能类型和水平能够影响居民在绿地空间内的使用行为类型，进而对居民健康产生潜在影响（Remme et al.，2021；Wang et al.，2022），因此有研究提出设计层面城市绿地通过提供绿地功能促进居民使用行为的假设路径（Coutts and Hahn，2015）。而在规划层面，街道尺度下城市绿地空间布局特征通过影响城市居民接触绿地的机会水平影响城市居民城市绿地使用频率、单次使用时长、累计使用时长等剂量特征（Epstein et al.，2006），并对居民健康水平产生潜在影响。这在当前部分研究中得到证实，如街道范围内公园绿地较高的吸引力能够促进居民的主观公园绿地暴露，并对精神健康具有显著的积极影响（Sugiyama et al.，2010）；居住地距离公园绿地的距离越近，公园绿地使用频率越高，也具有更好的精神健康水平（Ma et al.，2022）。基于这些研究结论，可以提出规划层面城市绿地暴露特征通过促进居民绿地使用剂量影响其健康水平的假设路径。然而，当前相关实证研究大多分别从单一尺度探究了城市绿地客观与主观暴露特征的关系；或只关注了城市绿地客观暴露特征与居民健康的关联，并未将主观暴露特征视为客观绿地暴露—主观绿地暴露—健康结果路径中的关键环节并开展实证量化研究，缺少对不同空间尺度下城市绿地客观与主观暴露特征之间级联关系的系统认知。构建涵盖多尺度暴露特征的城市绿地健康效益级联框架是探索公园绿地对居民健康促进路径的必要前提。

因此，本研究基于上述分析构建了涵盖多尺度暴露特征的城市绿地健康效益级联框架（图 2-1）。该框架在场地尺度和街道尺度分别考虑了影响居民健康的绿地功能和绿地布局的客观暴露特征，以及居民的主观绿地暴露特征，是本书构建公园绿地对居民健康促进路径的概念模型的基础。其中，局地尺度上，城市绿地空间内不同要素所提供的绿地功能促进居民的社会交流和身体活动、减少久坐行为等主观绿地使用行为使居民获得直接健康效益；区域尺度上不同城市绿地斑块所构成的绿地空间布局能够为居民提供主观绿地暴露机会、影响居民的绿地使用动机，进而促进直接健康效益的积累，并对居民的慢性病改善、自我感知的健康水平提升等潜在健康获益产生积极影响。

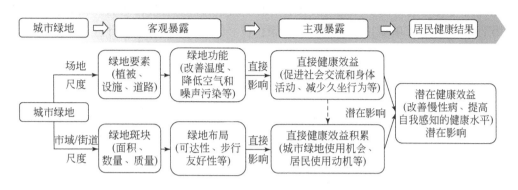

图 2-1　城市绿地健康效益级联框架

2.2　公园绿地对居民健康影响路径构建的理论基础

2.2.1　模型构建的理论基础

（1）生态系统服务级联框架

生态系统服务级联框架（Ecosystem Service Cascade，ESC）以生态系统的生物物理结构与过程为起点，生态系统中的要素、结构及其相互作用是形成生态系统的多种功能的基础（de Groot et al.，2010；Haines-Young and Potschin-Young，2010；Haines-Young et al.，2018）（图 2-2）。生态系统服务级联建立了连接景观结构过程与人类收益的链式结构，目前已逐渐成为生态系统功能与福祉研究的核心框架（李琰等，2013；Heink and Jax，2019；Zhang et al.，2022c）。本研究所构建的影响居民健康的城市绿地暴露研究框架体现了城市绿地客观与主观暴露特征及居民健康之间的级联关系。其中，在设计层面，城市居民通过

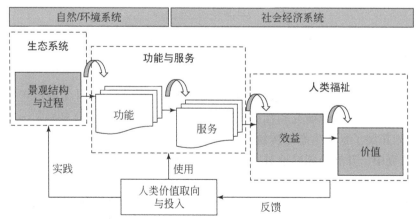

图 2-2　生态系统服务级联框架（Haines-Young and Potschin-Young，2010；de Groot et al.，2010）

使用城市绿地生态调节功能与社会文化功能促进直接健康效益（使用行为）的产生，而规划层面城市绿地可获得性、可达性及吸引力的空间布局特征通过促进直接健康获益的积累（使用剂量），进而影响城市居民的潜在健康获益。因此，本研究将基于生态系统服务级联框架对不同空间尺度下城市绿地对居民健康促进路径的各环节之间的映射关系提出合理的假设，以构建公园绿地对居民健康促进路径的概念模型。

（2）中介效应模型

生态系统服务级联框架指出了城市绿地景观结构与过程提供的功能和服务促进人类福祉的潜在路径，该路径中体现了城市绿地对居民健康促进路径中可能存在的中介效应。中介效应是一种表征因果效应的链条，其原理为在考虑自变量 X 对因变量 Y 的影响时，如果 X 通过影响变量 M 来影响 Y，则称 M 为中介变量（mediator 或 mediating factor）（温忠麟等，2004）。中介变量是自变量对因变量发生影响的中介，是自变量对因变量产生影响的实质性的、内在的原因（卢谢峰和韩立敏，2007）。具有中介效应的变量之间的关系可以用以下路径和方程描述（图2-3）。其中，c 是自变量 X 对因变量 Y 的总效应；a 为自变量 X 对中介变量 M 的效应；b 为在控制了自变量 X 后中介变量 M 对因变量 Y 的效应；c' 为控制了中介变量 M 后自变量 X 对因变量 Y 的直接效应（温忠麟和叶宝娟，2014）。中介效应模型已经广泛应用于心理学与社会学研究中，能够基于量化统计分析识别影响心理与社会发展状况的直接与间接因素，探究人群心理发展与社会调控路径（文超等，2010；石雷山等，2013），近年来在城市管理领域也有所应用（汪伟等，2015；杜勇等，2017）。公园绿地对居民健康影响的级联路径较为复杂，中介效应理论的应用将能够为探究公园绿地对居民健康促进路径提供研究理论依据和实证研究的技术方法支持。

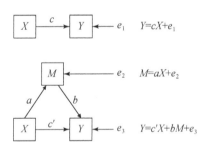

图2-3 中介效应模型（温忠麟和叶宝娟，2014）

（3）格局–过程–设计范式

格局–过程–设计范式旨在通过基于格局与过程研究结果的设计实践改善生态系统功能，并将设计视为连接科学研究和社会实践的关键环节（图2-4）（Nassauer and Opdam，2008）。该框架拓展了景观生态学传统研究范式，为循证设计研究与实践的发展提供了理论依据。本研究中，开展公园绿地对居民健康促进路径研究的主要现实意义在于明确影响居民健康的关键公园绿地暴露特征指标，并应用于公园绿地规划设计实践以提升居民福祉和促进城市健康可持续发展。因此，公园绿地对居民健康促进路径的研究尺度和对象应当与实践需求相衔接，以确保研究结果对于管理和规划设计实践的适用性及实用性。公园绿地布局规划通常以行政区为单元开展落实，公园绿地景观设计则是针对公园绿地内部场地尺度的设计改造过程。因此在不同空间尺度上探究公园绿地对居民健康的促进路径，能够为公园绿地建设与管理的不同阶段提供科学依据。

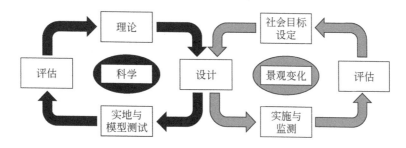

图 2-4 设计作为连接科学与景观变化的纽带（Nassauer and Opdam，2008）

2.2.2 影响居民健康的个体与其他环境因素

居民健康不仅受到客观与主观绿地暴露特征的影响，还与其自身年龄、性别等人口统计学特征和居民所在区域的生态环境与社会经济状况等因素有关。因此，有必要在公园绿地对居民健康促进路径研究中考虑这些因素，以排除与公园绿地客观和主观暴露特征指标不相关变量的影响。

如表 2-1 所示，在居民人口统计学特征方面，相关研究表明居民健康状况受收入、年龄、性别、种族、婚姻状况、教育水平等不同方面因素的显著影响（Brown，2018；Leung et al.，2022）。例如，有研究发现收入水平与自评健康之间有正相关关系，但收入对健康的积极影响程度可能会随收入的增加而降低（Dolan et al.，2008；Santos-Lozada，2022）；大多数研究证明年龄与健康存在负相关关系（Gerdtham and Johannesson，2001），但也有少数研究发现年龄与自评健康存在 U 型曲线关系，即人们可能在中年时期报告较低的自我感知的健康水平（Easterlin，2006）；对于不同性别的群体，女性自评健康水平较低的可能性高于男性（Lin et al.，2022）；较高的教育水平也被证实与自评健康水平正相关（Gerdtham and Johannesson，2001）。

不同地域范围内居民自评健康水平也可能受到社会经济与生态环境背景的影响，包括经济发展水平和文化差异、绿化水平、环境特征等复杂因素（Wang and Wang，2016；Liu et al.，2022b）。相关研究证实，表征区域经济水平的国内生产总值（GDP）及当地医保支出占 GDP 的比例被证明与居民健康存在正相关关系（Olsen and Dahl，2007；Fall et al.，2022）；除公园绿地以外，接触其他城市绿地（如居住区绿地、道路绿地等）和城市开放空间（如广场等），以及居住地周边的绿化质量等也可能对居民健康存在积极的影响（Jarvis et al.，2020b；Zhang et al.，2022d）。另外，包括城市极端高温、空气污染等在内的生态环境状况对居民健康的负面影响已得到广泛的研究证实，会导致居民全因死亡率以及急性疾病、肺癌和心血管疾病等疾病患病率增加的生理健康损害（Pope et al.，2002；de Donato et al.，2015；Ellena et al.，2020；Southerland et al.，2022）。

表 2-1   影响居民健康的其他个体与环境因素

指标			参考文献
个体因素	性别		Lin et al., 2022
	年龄		Easterlin, 2006
	种族		Brown, 2018
	教育水平		Gerdtham and Johannesson, 2001
	婚姻状况		Leung et al., 2022
	收入水平		Santos-Lozada, 2022
环境因素	社会经济因素	人口密度	Greenberg and Schneider, 2023
		经济发展水平	Fall et al., 2022
		政府医保支出	Olsen and Dahl, 2007
		种族文化背景	Cogburn, 2019
	生态环境因素	城市/街道绿化水平	Klompmaker et al., 2021
		居住区绿化水平	Jarvis et al., 2020b；Gascon et al., 2016
		空气污染	Southerland et al., 2022
		极端高温	de Donato et al., 2015

2.3   公园绿地对居民健康促进作用路径的概念模型

2.3.1   概念模型框架

基于面向居民健康的城市绿地暴露研究框架及相关学科理论模型基础，并综合考虑可能影响居民健康的其他个体与环境因素，本研究构建了以下公园绿地对居民健康促进路径的概念模型（图2-5）。该模型以公园绿地客观绿地暴露—主观绿地暴露—健康结果的级联框架为基础，强调公园绿地客观暴露特征通过影响主观暴露特征的路径影响居民健康结果，提出设计层面公园绿地社会文化功能和生态调节功能通过促进居民在公园绿地空间内的使用行为影响健康的假设路径，以及规划层面公园绿地可获得性、可达性和吸引力的空间布局通过提高居民的公园绿地使用剂量促进健康的假设路径。并且，居民的公园绿地使用行为、使用剂量及自评健康状况受到其人口统计学特征和所在街道社会与生态环境特征的影响。该模型在一定程度上解决了现有城市绿地对居民健康促进路径研究中绿地对居民健康的直接与潜在影响路径相互混杂的问题，涵盖了多尺度下影响居民健康的公园绿地客观与主观暴露特征及其级联关系。

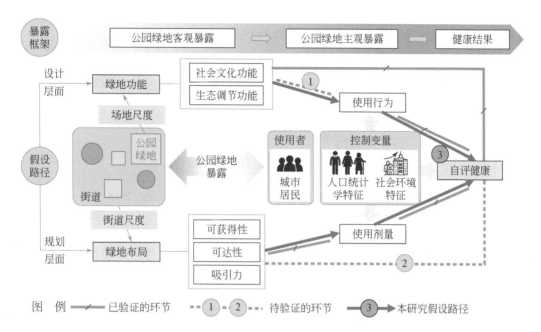

图 2-5　公园绿地对居民健康促进路径的概念模型

2.3.2　概念模型的指标体系

（1）公园绿地客观暴露指标

1）场地尺度客观暴露指标。公园绿地中，社会文化功能和生态调节功能通过为使用者提供休闲游憩机会和减少暴露于空气污染、高温和环境噪音的风险（Gómez-Baggethun and Barton，2013；Markevych et al.，2017），能够鼓励使用者在公园绿地内的使用行为。因此，本研究将公园绿地生态调节功能和社会文化功能视为设计层面与健康相关的客观绿地暴露特征指标，并将探究公园绿地功能对居民健康的促进路径。其中，社会文化功能（Social-Cultural Function）包括公园绿地内不同景观及设施类型为居民提供的游憩功能、社交功能和美学功能，生态调节功能（Regulating Function）包括公园绿地内植被通过光合作用、蒸腾作用、遮阴作用等生态过程发挥的固碳释氧、降温增湿、空气净化等功能。

2）街道尺度客观暴露指标。较高的公园绿地可获得性是居民获得绿地接触机会的基础，较高的可达性能够降低居民接触公园绿地的时间及经济成本，而公园绿地的吸引力则会进一步提高居民的使用意愿。有研究通过分析城市绿地不同空间布局特征的评估结果发现其存在一定的空间异质性（Labib et al.，2021；Zhang et al.，2022a），因而可能对居民健康有不同程度的影响，但尚缺乏实证研究验证。因此，本研究将公园绿地空间布局的可获得性、可达性、吸引力三个方面量化街道尺度的公园绿地客观暴露特征（Biernacka and Kronenberg，2018）（图 2-6），并在此基础上进一步探究规划层面公园绿地布局特征对居民健康的促进路径，具体布局特征指标及评估方法将在实证研究部分进行详细介绍。

图2-6 公园绿地空间布局特征（Biernacka and Kronenberg，2018）

（2）公园绿地主观暴露指标

1）场地尺度主观暴露指标。本研究依据公园绿地中居民的身体活动状态将其使用行为分为身体较长时间处于静止或低强度运动状态的静态行为，和身体持续处于中高强度运动状态的动态行为两类，并结合设计层面公园绿地社会文化功能和生态调节功能特征探究功能视角下公园绿地与居民使用行为的关联特征。公园绿地中主要的动态与静态行为如表2-2所示（Koohsari et al.，2015；Krellenberg et al.，2021；Wang et al.，2021a；陈济洲和张健健，2022）。

表2-2 公园绿地中的使用行为类型

使用行为类型	具体行为表现
静态行为	静坐、站立、阅读、摄影、观鸟、交谈/打电话、唱歌、演奏、写生、棋牌、钓鱼、睡觉、野餐等低强度的身体活动行为
动态行为	散步、跑步、太极拳、广场舞、球类运动、跳绳、飞盘、轮滑、放风筝、使用体育设施或儿童设施等中高强度身体活动行为

2）街道尺度主观暴露指标。街道尺度下城市绿地使用剂量对居民健康影响的差异表明城市绿地对居民健康的促进路径可能在不同群体间有所差异。综合考虑居民的公园绿地主观暴露特征，本研究将从公园绿地使用频率、单次使用时间和全年累计使用时间三个方面量化评估居民的公园绿地使用剂量特征，并探究规划层面公园绿地布局特征对使用剂量的影响，以及公园绿地使用剂量对居民健康的影响特征。

（3）公园绿地健康效益指标

自评健康水平被认为是评估个人健康状况的良好替代指标，与个人生活质量和客观健康结果高度相关（Lin et al.，2022）。相关研究表明自评健康是精神健康、患病率和死亡率等的强预测因子（Andresen et al.，2003；Louie and Ward，2010），与不同地域和不同年龄组测试者的实际健康指标之间均存在稳定的关联（Idler and Angel，1990），并且还具备有关社会能力与主观幸福感的更广泛的解释能力（Almgren et al.，2009）。尽管自评健康可能受到受访者个人因素的影响而产生误差，但因其调查较为简易快捷且结果具有较高信度与效度，在目前公共卫生和社会科学中得到了广泛的使用（Almgren et al.，2009；Ware et al.，2022）。因此，本研究将基于居民自评健康指标，主要关注居民的自评身体健康与自评精神健康两个方面，结合街道尺度下公园绿地暴露特征探究公园绿地对居民健康的促进路径。

（4）社会人口与经济环境指标

本研究将在公园绿地对居民健康促进路径研究中考虑影响居民健康的其他个体与环境因素，以排除与公园绿地客观和主观暴露特征指标不相关变量的影响。具体而言，居民的人口统计学特征指标包括年龄、性别、学历、婚姻状况、收入五个方面；街道社会环境特征则包括社会经济特征和生态环境特征两部分，以表征城市居民所在街道的社会环境特征差异。其中，街道社会经济特征包括街道人口密度、经济发展水平、夜间灯光指数、其他娱乐场所密度四个指标，街道生态环境特征包括街道绿化率、居住区绿化率、空气污染水平及地表温度四个指标。

2.4　实证研究方案

本研究以公园绿地为例，综合多尺度、跨学科视角探究公园绿地对居民健康的促进路径，能够为构建和优化城市公共健康环境的公园绿地规划设计和建设管理提供科学依据，从公园绿地规划选址、功能定位、景观设计等多个层次上满足城市居民的健康需求。

2.4.1　研究区选择与概况

本研究以高度城市化的北京市中心城区为研究区。根据《北京城市总体规划（2016—2035 年）》，北京市中心城区包括东城区、西城区、朝阳区、海淀区、丰台区、石景山区，总面积约 1378km^2。北京市具有数量众多的历史悠久且规模宏大的皇家园林，在新中国成立后大多数皇家园林逐渐对公众开放或翻新改建为现代公园（王丹丹，2012），目前已经成为北京市公园绿地体系的重要部分。近十年来，为应对快速城市化发展带来的环境问题和优化人居环境质量，北京市新建了大量公园绿地，公园绿地面积从 2011 年的 19 728hm^2 增加到 2020 年的 35 720hm^2，增幅超过 80%[①]。2018 年以来北京市开展"留白增绿、见缝插绿"建设了上百处小微绿地和口袋公园，将全市公园绿地 500m 服务半径覆盖率由 77% 提高到 80%。《北京市国民经济和社会发展第十四个五年规划和二〇三五年远景目标纲要》提出建设公园式中心城区的目标，将在未来继续新建一批公园绿地，并开展现有公园绿地优化改造，将中心城区建设成为公园绿地服务基本无盲区的"公园城市"。因此，本研究选择北京市中心城区为研究区开展公园绿地对居民健康促进路径的研究，能够为未来面向居民健康的公园绿地建设选址与功能定位规划及公园绿地景观设计提供科学依据，以通过合理的公园绿地规划与设计实践提升居民健康及福祉，促进城市健康可持续发展。

依据北京市规划和自然资源委员会发布的 2020 版北京市行政区域界线基础地理底图，北京市中心城区内共包括乡级行政区（街道、镇）128 个。本研究以百度地图开放平台为

---

① https：//nj. tjj. beijing. gov. cn/nj/main/2021-tjnj/zk/indexch. htm.

数据源，于 2020 年 10 月获取研究区内公园绿地兴趣点（Point of Interest，POI）数据和边界数据，结合《北京市公园名录（第一批)》，在 ArcGIS 10.2 中通过栅格计算和矢量数据校正方法提取公园绿地边界，最终得到 682 个位于北京市中心城区的公园绿地的详细信息，包括公园绿地名称、边界范围、经纬度坐标、具体地址位置等。依据《公园设计规范》（GB 51192—2016)、《城市绿地分类标准》（CJJ/T 85—2017)、《北京市公园分类分级管理办法》，将研究区公园绿地分为六类：综合公园、社区公园、历史名园、专类公园、游园和生态公园，并依据其面积分为五个等级，即 I 级（小于 2hm²）、II 级（2 ~ 10hm²）、III 级（10 ~ 50hm²），IV 级（50 ~ 100hm²）和 V 级（大于 100hm²）。研究区各街道名称、本研究所采用的公园绿地分类标准及研究区公园绿地名录等详细信息见附录 A。

为通过空间定量分析明确不同空间尺度下的公园绿地暴露特征，本研究基于分层抽样方法首先在北京市中心城区 128 个乡级行政区中随机抽取 30 个作为案例区，并在各案例区中随机抽取 1 个公园绿地作为案例公园。其中面积小于 2hm² 的 3 个，2 ~ 10hm² 的公园绿地 9 个，10 ~ 50hm² 的公园绿地 13 个，50 ~ 100hm² 的公园绿地 2 个，以及大于 100hm² 的公园绿地 3 个。研究区公园绿地及案例公园的空间分布与详细信息如图 2-7 和表 2-3 所示。

图 2-7　研究区公园绿地分布及案例公园

表 2-3　案例区公园绿地名录及所在街道

编号	公园绿地名称	面积/hm²	行政区	街道	类型	面积等级
1	中山公园	23.89	东城区	东华门街道	历史名园	III
2	龙潭公园	43.29	东城区	龙潭街道	综合公园	III

编号	公园绿地名称	面积/hm²	行政区	街道	类型	面积等级
3	景山公园	23.76	西城区	景山街道	历史名园	III
4	宣武人口文化园	2.11	西城区	广安门外街道	社区公园	II
5	广阳谷城市森林公园	3.48	西城区	广安门内街道	专类公园	II
6	金中都公园	6.62	西城区	白纸坊街道	综合公园	II
7	月坛公园	8.26	西城区	月坛街道	历史名园	II
8	人定湖公园	9.02	西城区	德胜街道	综合公园	II
9	美和园公园	1.35	海淀区	清河街道	社区公园	I
10	西三旗公园	1.43	海淀区	西三旗街道	社区公园	I
11	百旺公园游园	1.92	海淀区	马连洼街道	游园	I
12	玲珑公园	8.13	海淀区	八里庄街道	综合公园	II
13	树村郊野公园	24.00	海淀区	上地街道	生态公园	III
14	海淀公园	32.69	海淀区	万柳地区	综合公园	III
15	北坞公园	40.72	海淀区	四季青地区	综合公园	III
16	紫竹院公园	45.91	海淀区	紫竹院街道	历史名园	III
17	中关村森林公园	80.61	海淀区	西北旺地区	生态公园	IV
18	八家郊野公园	83.11	海淀区	东升地区	生态公园	IV
19	玉渊潭公园	132.38	海淀区	甘家口街道	历史名园	V
20	香山公园	179.28	海淀区	五里坨街道	历史名园	V
21	北京国际雕塑公园	45.10	石景山区	八宝山街道	专类公园	III
22	福海公园	3.71	丰台区	大红门街道	游园	II
23	嘉河公园	4.41	丰台区	马家堡街道	游园	II
24	丰益公园	12.08	丰台区	丰台街道	社区公园	III
25	天元郊野公园	28.66	丰台区	卢沟桥街道	生态公园	III
26	坝河常庆花园	5.28	朝阳区	太阳宫街道	社区公园	II
27	望湖公园	15.51	朝阳区	来广营乡	社区公园	III
28	黄草湾郊野公园	32.67	朝阳区	大屯街道	生态公园	III
29	兴隆郊野公园	46.63	朝阳区	高碑店乡	综合公园	III
30	朝阳公园	285.99	朝阳区	将台街道	综合公园	V

2.4.2 研究内容

基于对当前有关城市绿地健康效益与城市绿地暴露研究的综述可知,上述概念模型中设计层面城市绿地功能对居民健康的影响,以及居民的公园绿地使用行为对健康的积极影响已得到广泛实证研究证实。然而,城市绿地如何通过提供生态调节功能与社会文化功能促进使用行为的中介影响路径仍缺乏实证量化研究。而在规划层面,公园绿地布局对居民绿地使用剂量的影响，以及绿地使用剂量对居民健康的积极影响同样已得到广泛的实证研究证实。但现有研究较少关注不同公园绿地布局特征在影响居民健康方面的差异，仍需构建规划层面公园绿地对居民健康的促进路径以识别对居民健康有显著积极影响的公园绿地布局特征指标。

本研究旨在通过分析不同空间尺度下公园绿地与居民健康的关联特征，构建和量化公园绿地对居民健康的促进路径，以探究公园绿地对居民健康的促进路径，并为面向居民健康的公园绿地规划设计实践提供科学依据。因此，为证实和量化本研究所提出的公园绿地对居民健康促进路径的概念模型，有必要首先在不同空间尺度分别开展实证研究。通过探究设计层面公园绿地功能与居民使用行为的关联特征，分析规划层面不同公园绿地布局特征对居民健康影响的差异，为构建综合多尺度公园绿地暴露特征的公园绿地对居民健康的促进路径提供指标选择的依据。为解决以上问题，本研究将通过以下三个方面针对上述关键任务开展实证研究，并构建和量化公园绿地对居民健康的促进路径，为总结面向居民健康的公园绿地规划设计实践的方法与策略提供科学依据。

（1）公园绿地功能与居民使用行为的关联特征研究

该实证研究将探究设计层面公园绿地功能与居民使用行为的关联特征。基于公园绿地，通过以绿地功能为中介的路径促进居民使用行为的理论假设，应用多源数据在场地尺度下对与居民健康相关公园绿地生态调节功能和社会文化功能进行空间量化评估，并识别公园绿地内居民使用行为强度的空间异质性。在此基础上，通过中介效应分析方法探索公园绿地功能中介视角下公园绿地社会文化功能和生态调节功能与居民使用行为的关联特征，并据此识别设计层面影响居民健康的关键公园绿地客观暴露特征指标。

（2）公园绿地布局与居民健康的关联特征研究

该实证研究将探究规划层面不同公园绿地布局特征与居民自评健康水平的关联特征。研究将基于遥感数据、道路网络数据等多源数据对街道尺度下公园绿地可获得性、可达性、吸引力等空间布局特征开展量化评估，应用社会调查数据库所提供的居民自评健康水平数据，分析研究区各街道的居民健康状况；并在以居民人口统计学特征与所在街道社会环境特征为控制变量的前提下，探究不同公园绿地布局特征指标对居民健康影响的差异，并识别规划层面影响居民健康的关键公园绿地客观暴露特征指标。

（3）公园绿地对居民健康的促进路径研究

在识别设计和规划层面影响居民健康的关键公园绿地暴露特征指标的基础上，该实证研究将基于本书构建的公园绿地对居民健康促进路径的概念模型，探究综合多尺度暴露特征的公园绿地对居民健康的促进路径。研究将基于问卷调查和行为观察方法获得公园绿地内居民所在空间点位、公园绿地主观暴露特征（包括使用行为与使用剂量）、自评健康水平、人口统计学特征等信息，通过多元回归分析探究居民公园绿地主观暴露特征的影响因素及其与居民健康水平的关联；然后在此基础上提出公园绿地促进居民健康的假设路径，并通过路径分析方法检验和量化公园绿地对居民健康的促进路径。

2.4.3 技术路线与主要研究方法

基于上述理论假设和实证研究结论，本研究还将总结面向居民健康的公园绿地规划与设计方法，并依托典型高度城市化区域及典型公园绿地开展适应性优化实践，为健康中国战略背景下促进城市居民健康福祉的公园绿地体检与提质增效实践提供参考。研究的技术路线如图 2-8 所示。

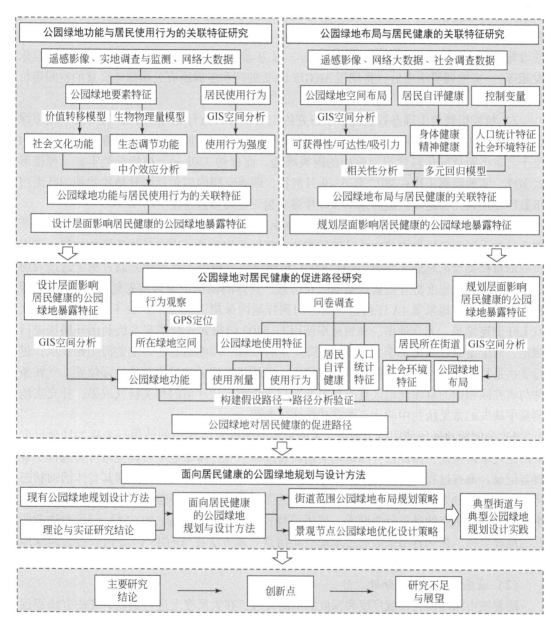

图 2-8　技术路线

本研究所涉及的主要研究方法包括以下六个方面，具体技术方法将结合各章节的实证研究内容进行详细介绍。

（1）实地调查与监测

1）公园绿地要素特征调查。为获取公园绿地要素特征的分布特征以实现公园绿地社会文化功能与生态调节功能的空间定量评估，本研究在正式调查前首先通过收集研究区公园绿地平面图、导览图等资料，结合百度地图绘制了公园绿地中道路、水体和广场的空间分布特征。然后在实地调查中使用手持 GPS（UniStrong，MG758）对各类公园绿地要素及其空间分布进行核实、修正和补充，并标记了公园绿地出入口和各类设施所在的位置。依据公园绿地各类设施的特征，将其进一步细分为观赏设施（如雕塑、喷泉、假山等）、休憩设施（如座椅、凉亭、长廊、棋牌桌等）及互动设施（如儿童设施、健身设施、娱乐设施等）。实地调研结束后，将使用 ArcGIS 10.2 处理和生成所有公园绿地要素的空间定位数据。

2）植被指数与生理参数监测。本研究依托北京市科技计划项目的景观尺度下城市绿地生态服务功能评估课题开展了植物叶面积指数与生理参数监测。实地调查的城市绿地为位于北京市园林绿化科学研究院内的附属绿地，面积约 320hm^2，植物种类丰富、种植形式多样。实地监测工作在 2017 年 6~9 月进行，调查监测内容包括园林植物物种的叶面积指数特征及其光合速率、蒸腾速率和叶片滞尘量等生理参数特征。

其中，叶面积指数的测定使用了 LAI-2000C 植物冠层分析仪，采用单探杆测量法在晴朗无云的天气测定样地内植物的叶面积指数，每株植物测量 5 次求叶面积指数均值，多次出现的植物类型汇总后求均值。LAI-2000C 植物冠层分析仪工作原理是通过测定透过冠层后的辐射量衰减程度推导植物冠层的叶片信息，具体的操作步骤为首先使用 90°遮盖帽探杆在无遮挡的空地采集 4A 序列值，然后回到样地内采集 B 值，后期在 FV2200 软件中获取 LAI 测定结果。光合速率、蒸腾速率使用 Li-6400 便携式光合测定系统利用开路法进行测定。滞尘量通过测定夏季大于 15mm 降雨量的雨后一周的植物叶片上的滞尘量获取，进行 3 次重复实验。除实地测量获取的数据外，还汇总整理了文献资料中地理位置、气候条件与研究区相似的京津冀地区夏季有关生态调节功能定量评估的相关研究成果，补充实地测量中缺失的常见植物中的生态调节功能评估参数。

3）公园绿地居民使用行为调查。本研究将公园绿地内居民的使用行为视为场地尺度下的主观暴露特征，因此在公园绿地实地调查过程中对公园绿地中居民使用行为进行了观察与记录。调查过程中由研究人员记录居民正在进行的行为类型，并依据其身体活动状态将其使用行为分为身体较长时间处于静止或低强度运动状态的静态行为，和身体持续处于中高强度运动状态的动态行为两类，使用手持式 GPS（Unistrong，MG758）记录受访者所在的地理坐标。在调查结束后通过地理空间信息处理方法在 ArcGIS 10.2 内获得公园绿地内居民不同使用行为类型的空间分布特征。

（2）遥感影像处理与分析

随着城市绿地研究领域广度和深度的不断升级，在大尺度上进行重复研究的方法正逐渐在城市绿地研究领域广泛开展，传统的实地调查方法需要耗费大量的人力物力，已经无法适应研究要求。目前遥感技术广泛应用于城市景观格局和动态变化等相关研究中，遥感影像具有数据获取范围广、时效性高、成本低等优势。在城市绿地研究中，一方面可以通过植被指数分析获取植被生长状况，另一方面可以通过遥感影像解译获取植被景观类型。通过遥感信息的应用，解决实地调查中绿地普查工作量大、绿地空间信息缺失的问题，能够快速获取大范围内的植被覆盖信息，为城市绿地的定量化研究提供数据支持和新的研究方向。

本研究使用高分辨率遥感影像获取了研究区公园绿地指标指数和景观类型。高分二号（GF-2）是我国自主研发的光学遥感卫星，搭载两台相机，其中全色数据分辨率为0.8m，多光谱数据包含 4 个波段，分辨率为3.2m。高分二号数据几何精度高、波段信息丰富，为城市地物信息研究提供了良好的数据基础。分析中使用了大气能见度较高（云量小于5%）的 11 景夏季遥感影像和 6 景冬季遥感影像数据，具体信息如表2-4所示。

表2-4　研究区高分二号遥感影像信息

产品编号	开始时间—结束时间	传感器	景中心经纬度	云量
2417894	2017-06-09 11：39：17—11：39：20	PMS1	116.2°E/39.7°N	2
2417892	2017-06-09 11：39：14—11：39：17	PMS1	116.3°E/39.9°N	2
2417896	2017-06-09 11：39：11—11：39：14	PMS1	116.4°E/40.1°N	2
2517800	2017-06-09 11：39：17—11：39：20	PMS2	116.5°E/39.7°N	2
2417593	2017-06-09 11：39：14—11：39：17	PMS2	116.5°E/39.9°N	2
2417596	2017-06-09 11：39：11—11：39：14	PMS2	116.6°E/40.0°N	2
2529762	2017-08-07 11：37：41—11：37：44	PMS1	116.0°E/40.1°N	0
2529896	2017-08-07 11：37：41—11：37：45	PMS2	116.2°E/40.0°N	1
2529912	2017-08-07 11：37：38—11：37：42	PMS2	116.3°E/40.2°N	1
3433827	2018-09-05 11：34：07—11：34：11	PMS1	116.5°E/39.7°N	1
3433834	2018-09-05 11：34：05—11：34：08	PMS1	116.5°E/39.9°N	1
3077233	2018-03-22 11：44：42—11：44：45	PMS1	116.1°E/39.7°N	0
3077231	2018-03-22 11：44：39—11：44：42	PMS1	116.2°E/39.9°N	0
3077230	2018-03-22 11：44：36—11：44：39	PMS1	116.2°E/40.1°N	0
3077118	2018-03-22 11：44：42—11：44：45	PMS2	116.4°E/39.7°N	0
3077116	2018-03-22 11：44：36—11：44：38	PMS2	116.5°E/40.0°N	0
3077110	2018-03-22 11：44：39—11：44：42	PMS2	116.5°E/39.9°N	0

原始高分辨率遥感影像因受到卫星状态、大气变化等因素的影响，可能会相对于地表真实情况产生一定的几何畸变和辐射失真。因此，本研究对所选取的遥感影像进行了数据预处理，具体流程包括正射校正、辐射定标、大气校正、图像融合、影像配准、图像镶嵌和图像裁剪等。预处理后的研究区高分辨率遥感影像的空间分辨率为1.00m，能够支持公园绿地植被指数计算及景观类型解译等数据处理的精度需求。

归一化植被指数（NDVI）能够反映植被覆盖与生长状况的空间信息，并且与实地测量的植被叶面积指数（LAI）有显著相关关系（程武学等，2010）。因此，NDVI 的计算方法为遥感影像中近红外波段（NIR）与红光波段（R）的差与和之比（Myneni et al., 1997）：

$$NDVI = (NIR-R)/(NIR+R) \tag{2-1}$$

NDVI 的范围为（−1，1），NDVI<0 的区域对可见光的反射率较高，一般为不透水地面、水面等；NDVI=0 的区域植被覆盖率很低，一般为裸地或粗糙地面等；NDVI>0 的区域表明存在植被覆盖，且越大植被覆盖度越高，植被生长状况越好。

此外，本研究采用基于支持向量机（Support Vector Machine，SVM）的机器学习分类方法进行公园绿地景观类型解译，主要步骤包括：选择遥感影像的特征波段、选择不同类别的训练区、构造分类训练器及检验分类精度。利用高分辨率遥感影像的光谱信息使用4、3、2波段进行彩色合成能够实现图像增强得到假彩色影像，然后依据图像纹理特征、色彩形状等对公园绿地的地物类型进行分类，示例如表2-5所示。结合实地调查数据所得的道路与广场分布，将研究区公园绿地景观类型识别为七个类型：不透水面、落叶乔木、常绿乔木、灌木、草地、铺装绿地（具有树冠覆盖的不透水铺装地面）、水体，其中常绿乔木基于冬季遥感影像加以识别。相关处理过程均在ENVI 5.3中进行。

表 2-5　不同景观类型的影像特征

景观类型	含义及划分标准	影像特征
不透水面	包括建筑屋顶和不透水道路。在全色影像中主要为灰白色，如有彩色屋顶的情况需单独处理	
水体	在全色影像中呈现暗绿色，表面平滑或有反光，在假彩色影像中为深蓝色或黑色	
常绿乔木	常绿乔木在本研究的案例区内以针叶树为主。在冬季全色影像中为深绿色，在假彩色影像中为暗红色，纹理清晰，边缘为较明显的圆弧	
落叶乔木	落叶乔木在本研究的案例区内以阔叶树为主。在全色影像中为灰绿色，树冠明显高于地面，表面参差不齐，在假彩色影像中为暗红色	
灌木	纹理与阔叶树相似，但由于灌木较矮，与地面高差不明显，且颜色较浅	

续表

景观类型	含义及划分标准	影像特征
草地	表面平滑均一，有丝绒状纹理，全色影像中色彩与灌木相似，在假彩色影像中为较鲜艳的红色	草地遥感影像　　草地假彩色影像

（3）公园绿地功能评估模型

1）社会文化功能评估模型。基于社交媒体数据和人与环境交互作用分析的社会文化价值转移模型分析方法，是目前较为前沿的绿地社会文化功能评估方法（Toivonen et al.，2019；Cardoso et al.，2022）。文本、地理标记、图片或视频等社交媒体数据中包含大量用户生成的数字化信息，能够广泛代表使用者与环境的互动特征（Di Minin et al.，2015）。例如，通过分析文本或图片数量及其空间分布识别使用者关注的热门区域，或通过文本词频与情感分析、图像语义分割等方法识别哪些环境要素特征引发了人们的关注（Richards and Friess，2015；Wang et al.，2021b；Wang et al.，2022），并识别与社会文化功能有关的环境属性特征（Richards and Tunçer，2018）。但当前研究中应用广泛的社交媒体平台，如 Instagram、Flickr、微博、大众点评等的主要功能是为用户提供社交互动机会（Song et al.，2020；Cardoso et al.，2022），数据的空间定位准确度有限（Lee et al.，2022b）。因此，本研究将使用具有较高空间定位精度的户外社交平台数据，结合实地调查与遥感影像处理方法获得的公园绿地要素特征，通过以下流程开展公园绿地社会文化功能评估（图2-9）：①基于社交媒体照片数据识别不同公园绿地社会文化价值类型及其空间分布；②开展实地调研和遥感数据处理计算公园绿地要素特征指标；③构建社会文化价值转移模型并通过模型计算评估社会文化功能的空间分布。

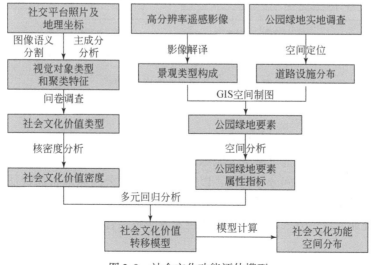

图2-9　社会文化功能评估模型

2）生态调节功能评估模型。当前研究中对绿地生态调节功能的评估主要包括三类方法：第一类是发展较早、具有较好研究基础的基于实地监测的植物生态效益评估方法，如使用重量法和电镜观察法计算不同植物物种叶片滞尘能力（赵松婷等，2014），或通过精密仪器测量植物光合速率、蒸腾速率、环境温差等参数并计算单株植物固碳能力和降温能力（Gratani et al.，2016；Li et al.，2021）；第二类是基于遥感反演的评估方法，通过遥感影像波段评估公园绿地的降温效果（Peng et al.，2021），或基于 CASA 模型、Glo PEM 模型等计算植被碳储量（Li et al.，2019）；第三类是基于建筑植被模型的模拟分析方法，如基于颗粒物干沉降过程的 UFORE、i-Tree 模型和基于计算流体动力学 ENVI- met、SPOTE 模型等模拟绿地滞尘和降温功能（Selmi et al.，2016；Sodoudi et al.，2018）。在实际应用中，基于实地监测的评估方法通常工作量较大，遥感反演的评估方法因易受城市环境复杂性的影响难以明确绿地在其中的作用；而模型模拟方法通常缺乏适用于本土环境的参数数据库。近年来有研究综合应用基于实地监测获取的生态调节功能评估参数、叶面积指数（LAI）和遥感分析获取的归一化植被指数（NDVI）等多源数据，实现对植被生态调节功能的快速定量评估（Wang et al.，2021c；He et al.，2022）。因此，本研究构建了结合实地监测和遥感植被参数的生态调节功能评估框架（图 2-10），评估流程包括：①通过实地监测与遥感影像处理，构建公园绿地植被叶面积指数计算模型；②基于监测数据计算和构建典型植物物种生态调节功能评估参数数据库；③构建生态调节功能评估生物物理量模型，对生态调节功能进行空间量化评估。

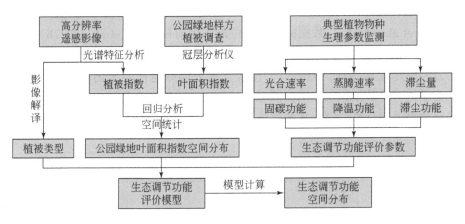

图 2-10　生态调节功能评估模型

（4）GIS 空间分析方法

为开展公园绿地主客观暴露特征的空间定量评估，本研究应用了一系列基于 GIS 的空间分析方法，以获得描述场地尺度下公园绿地要素特征、居民使用行为特征、公园绿地社会文化和生态调节功能的空间分布特征，以及街道尺度下公园绿地布局特征和经济环境特征的空间分布。具体分析方法包括核密度分析、全局自相关分析、道路网络分析、欧式距离计算、空间叠加计算、分区统计等，具体技术方法将结合以下章节的实证研究内容进行详细介绍。

（5）问卷调查方法

当前公众参与决策日益受到重视，在规划管理政策的制定中纳入公众对生态系统服务的认知，并鼓励公众参与研究和规划决策，这有助于提升人类福祉、促进城市可持续发展并增强城市生态系统的适应能力。在城市绿地规划设计实践与公共健康研究领域中，问卷调查的使用范围极为广泛，能够在一定程度上反映受访者的社会文化背景、健康状况及其公园绿地使用特征。因此，本研究采用问卷调查方法以获取研究区内居民的公园绿地主观暴露特征、自评健康状况及其人口统计学特征。

为保证问卷内容和题目设计的合理性，本研究在问卷初步设计完成后，首先对调查问卷进行了预调研和信度检验。信度（Reliability）是指采用同样的方法对同一对象重复测量时所得结果的一致性程度，是反映调查问卷或量表可靠性与有效性的重要指标（张虎和田茂峰，2007）。由于本研究问卷中的各项题目均不存在内部的一致性，因此在预调研中采用重测信度法检验问卷信度（Andresen et al.，2003）。重测信度通常使用同一被测试样本所得的两组数据的 Cronbach's α 作为信度系数，该值越大即信度越高，大于 0.800 可认为问卷具有较高的重测信度（Anufriyeva et al.，2021）。在预调研完成后将通过收集和汇总了受访者对问卷内容及调查过程的反馈，据此修改问卷中部分问题的表述和作答方式，以提高问卷题目的合理性、简明性及题目的可理解性，以完善和形成正式调查问卷。在正式问卷调查过程中，将确保受访者为当地常住居民并在每个公园绿地发放调查问卷 30 份以上，以保证问卷调查结果的代表性。

（6）统计分析方法

为探究公园绿地对居民健康的影响机理，本研究将在对公园绿地暴露特征与居民健康指标定量评估的基础上，应用科学合理的统计分析方法量化和构建公园绿地对居民健康的促进作用路径。主要统计分析方法包括多元线性回归、中介效应检验及路径分析。本研究所涉及的其他统计分析方法还包括对调查评估结果的描述性统计、主成分分析、相关性分析、共线性检验等，将在以下实证研究章节内结合研究内容进一步详细介绍。

1）多元线性回归。为系统描述公园绿地暴露特征并探究公园绿地对居民健康的促进作用路径，本研究所构建的概念模型中涵盖了不同空间尺度下影响居民健康的客观和主观公园绿地暴露特征指标及社会人口与经济环境特征指标。因此，本研究应用多元线性回归（Multiple Linear Regression）分析方法验证和量化公园绿地暴露特征与居民健康特征等多个变量之间的统计关系。多元回归线性回归通过建立多个变量之间线性或非线性数学模型数量关系式，能够反映一种现象或事物的数量依多种现象或事物的数量的变动而相应地变动的规律，其一般形式数学模型和非随机表达式分别为：

$$y = \beta_0 + \beta_1 x_1 + \beta_2 x_2 + \cdots + \beta_n x_n + \varepsilon \tag{2-2}$$

$$E(y) = \beta_0 + \beta_1 x_1 + \beta_2 x_2 + \cdots + \beta_n x_n \tag{2-3}$$

上式表示一种 n 元线性回归模型。式中的被解释变量 y 为模型的因变量；x_1，x_2，…，x_n 分别为 n 个解释变量（包括模型自变量和控制变量），即本研究中所评估的公园绿地主客观暴露特征指标及社会人口与经济环境特征指标；β_1，β_2，…，β_n 分别为 n 个解释变量对应的回归系数（Regression Coefficient），ε 为模型的随机误差。考虑到不同解释变量的单位存在差异，为避免由指标量纲差异导致的统计分析结果偏差，本研究中将在多元线性回归分析前对各解释变量进行归一化和去中心化处理，此时多元线性回归分析得到的各解释变量对应的回归系数为标准化回归系数（Standardized Regression Coefficient）。多元线性回归模型的参数估计要求在误差平方和为最小的前提下求解最佳函数，本研究在实证研究分析中将应用普通最小二乘法（Ordinary Least Square，OLS）求解多元线性回归模型。

2）结构模型方程与中介效应检验。当前许多与城市绿地相关的研究通过应用结构模型方程分析方法验证了变量间的中介效应假设，并识别了与城市绿地缓解热岛、支持生物多样性、促进居民使用行为及主观福祉等社会生态效益相关的影响因素（Leong et al.，2020；Wang et al.，2022；Liu et al.，2022b），能够为城市绿地管理及规划设计提供量化参数指标。结构方程模型（Structural Equation Model，SEM）是一种验证性多元统计分析技术，能够利用实证资料确认或验证假设的潜在变量之间的关系。为基于中介效应理论探究公园绿地对居民健康促进路径，本研究将应用结构模型方程分析方法与流程（图 2-11）检验公园绿地要素通过以绿地功能为中介的路径促进居民使用行为的研究假设。

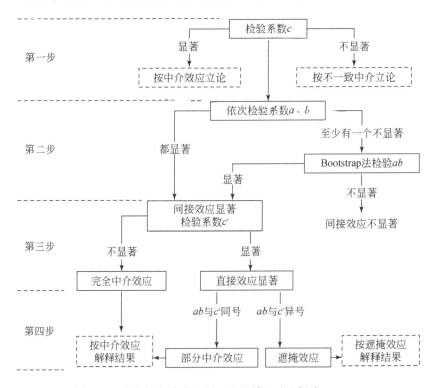

图 2-11　中介效应检验流程（温忠麟和叶宝娟改，2014）

依据上述检验流程，如果 ab 与 c' 同号，则依据式（2-4）结果计算对应假设路径的中介系数；如果 ab 与 c' 异号，则依据式（2-5）计算对应假设路径的不一致中介系数（Wen et al.，2010）。

$$STD\_weight_n = a_n b_n / (a_n b_n + c') \tag{2-4}$$

$$STD\_weight_n = |a_n b_n / c'| \tag{2-5}$$

3）路径分析与图示化。近年来许多研究在构建城市绿地对居民健康影响的理论假设的基础上，结合调查与实验数据利用验证性数据分析（Confirmatory Data Analysis，CDA）验证研究假设并构建潜在影响的量化路径，如路径分析方法。路径分析基本思路是依据专业知识构建分析变量之间的影响路径的结构模型，以体现多个环节之间的因果关系，在当前城市绿地与居民健康关联关系的实证研究中应用广泛（Dzhambov et al.，2018；Yang et al.，2020；Zhang et al.，2022a；Zhang et al.，2022c）。

路径分析可以在多元回归分析的基础上探究多个自变量与因变量之间较为复杂的线性关系。如图 2-12 所示，路径分析模型由一组线性方程组成，反映自变量、中间变量、潜变量和因变量之间相互关系的模型，是以多元线性回归方程为基础的模型。路径分析模型能够直观地表现各个变量之间的相互关系，箭头方向由原因指向结果。路径系数（β）表示相关变量因果关系的统计量，即基于普通最小二乘法估计的多元回归模型的标准化回归系数，能够被作为表征路径重要性的权重。本研究将应用路径分析方法基于实证研究的量化研究结果验证和构建公园绿地对居民健康的促进作用路径，并进一步以路径分析的标准化系数为权重构建桑基图（Sankey Diagram）展示公园绿地主观与客观暴露在促进居民健康路径中的重要性。

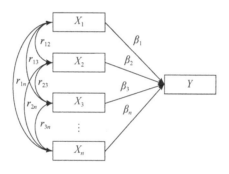

图 2-12　路径分析模型

第 3 章　公园绿地功能与居民使用行为的关联特征

本章将应用多源数据在场地尺度下量化评估公园绿地社会文化功能和生态调节功能，结合网络社交媒体数据识别公园绿地内使用行为强度的空间异质性，并通过中介效应分析方法探究公园绿地功能与居民使用行为的关联特征，识别设计层面影响居民健康的关键绿地暴露特征指标。研究内容具体包括以下三个方面：①实地调查研究区公园绿地要素特征，并量化评估与居民健康相关的公园绿地社会文化功能和生态调节功能；②基于网络社交媒体数据识别公园绿地内居民使用行为强度的空间异质性；③探索设计层面公园绿地功能与居民使用行为的关联特征。

3.1　数据与方法

3.1.1　数据来源与预处理

（1）公园绿地要素特征

本研究于 2021 年 9~10 月、2022 年 5~6 月对研究区 30 个公园绿地开展了实地调查。结合公园绿地平面图、导览图、百度地图等资料，通过实地调查记录了公园绿地出入口和各类设施所在的位置，其中公园绿地设施包括观赏设施（如雕塑、喷泉、假山等）、休憩设施（如座椅、凉亭、长廊、棋牌桌等）及互动设施（如儿童设施、健身设施、娱乐设施等）三种类型，研究区公园绿地要素的空间分布特征如图 3-1 所示。

（2）户外社交媒体数据收集

本研究使用六只脚（www.foooooot.com）户外社交媒体获取的用户使用轨迹数据表征居民在公园绿地内的使用行为特征。六只脚软件上线于 2010 年，支持 iOS/Android/Window Mobile/Web 等客户端平台，能够实现用户轨迹实时追踪，以及具备地理坐标的文字、图片、视频等多媒体数据的添加及分享。六只脚网页端提供了用户上传原始数据的下载功能，北京市中心城区内的 682 个公园绿地中共获得带地理坐标的照片 60 061 张，用户轨迹 12 166 条。为便于后续分析，通过统计照片拍摄时间排除了非白天（7:00 以前和19:00 以后）拍摄的照片，并检查和清理了异常轨迹（GPS 信号不稳定导致轨迹呈现的异常直线）。处理后在研究区内 30 个公园绿地中共包含带地理坐标的照片 9208 张，用户轨迹共 3310 条（图 3-2）。

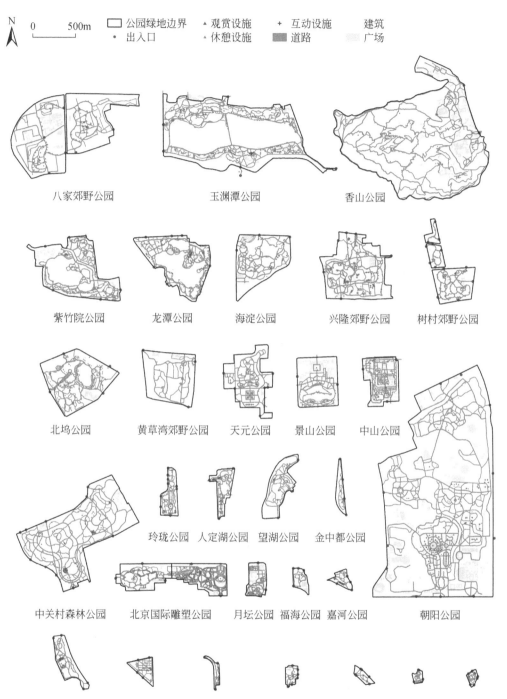

图 3-1　研究区公园绿地要素空间分布

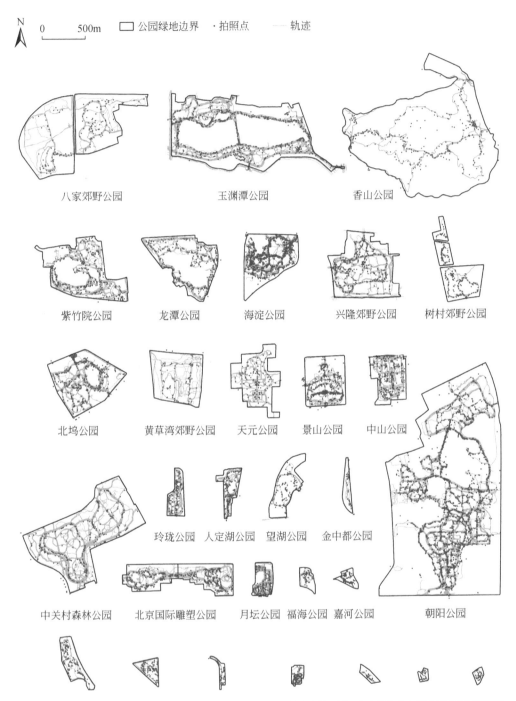

图 3-2 研究区公园绿地户外社交媒体数据

（3）基于遥感的植被指数和景观类型分析

本研究在高分辨率遥感影像预处理的基础上，计算获得了研究区公园绿地 NDVI 的空间分布（图 3-3）。在此基础上应用基于支持向量机（Support Vector Machine，SVM）的机器学习分类方法进行公园绿地景观类型解译将研究区公园绿地景观类型识别为七个类型：不透水面、落叶乔木、常绿乔木、灌木、草地、铺装绿地、水体（图 3-4）。为验证研究区公园绿地景观类型解译的准确性，在研究区内生成 200 个随机点，结合实地调研和谷歌地球图像验证每个随机点的真实景观类型。公园绿地景观类型解译的总体准确率为 91.5%，植被区域的总体准确率为 88.5%，能够满足分析要求。

3.1.2 指标选取与量化评估

3.1.2.1 公园绿地社会文化功能评估

（1）基于社交媒体数据识别公园绿地社会文化价值空间分布

图像语义分割技术能够依据一定的规则将一幅图像中的像素进行分类，得到逐像素语义标注的分割图像，是人机交互、场景理解、虚拟增强现实系统、医学图像处理等视觉分析的基础（罗会兰和张云，2019）。为明确不同照片所表征的公园绿地社会文化价值类型，本研究首先应用 Yao 等（2019）构建的基于 ADE-20K 数据集训练的全卷积网络（Fully Convolution Network，FCN）的图像语义分割模型及源代码对用户拍摄于公园绿地内部的照片进行特征提取与像素分类，并分析照片中视觉对象的构成特征。该模型能够识别 150 类对象，估计平均准确率超过 90%，目前已在我国城市户外照片场景分析的相关研究中得到应用（Yao et al.，2019；Yao et al.，2021；Sun and Lu，2022）。

将研究区公园绿地照片经过图像语义分割处理后所识别的视觉对象分为八类，其中包括七类公园绿地内的视觉对象——铺装地面（道路、地面、小径、广场等）、树木、草地、花、设施（雕塑、假山、长椅、喷泉等）、水体（湖、河流、水面等）、人（即公园绿地使用者），以及其他视觉对象（包括未知对象、天空、汽车、动物、食物等类型）（图 3-5）。计算八类视觉对象的面积比例后，排除了未知对象占比超过 60% 的照片，共计 3215 张。

在此基础上，本研究以每张照片中七类视觉对象的占比为分析因子，应用主成分分析（Principal Component Analysis，PCA）识别公园绿地照片中各类视觉对象的主要构成特征，识别具有相似公园绿地要素构成特征的照片组，并结合专家与公众意见识别不同照片组所反映的社会文化价值类型。这能够避免过去研究中出于研究者主观判断将社会文化功能类型与特定的视觉对象关联的局限性（Thiagarajah et al.，2015；Retka et al.，2019；Cardoso et al.，2022），也将避免对不同对象之间的相互作用关系的忽略及专业偏见的限制（La Rosa et al.，2016；Riechers et al.，2017）。主成分分析结果表明，照片中提取的七类视觉对象面积比数据经过 Kaiser-Meyer-Olkin（KMO）检验和 Bartlett 球形检验符合因子分析条件（KMO=0.57，$p<0.001$）。主成分分析结果识别了四个初始特征值大于 1 的主成分，累积贡献率为 71.043%（表 3-1），前四个主成分的因子载荷如表 3-2 所示。

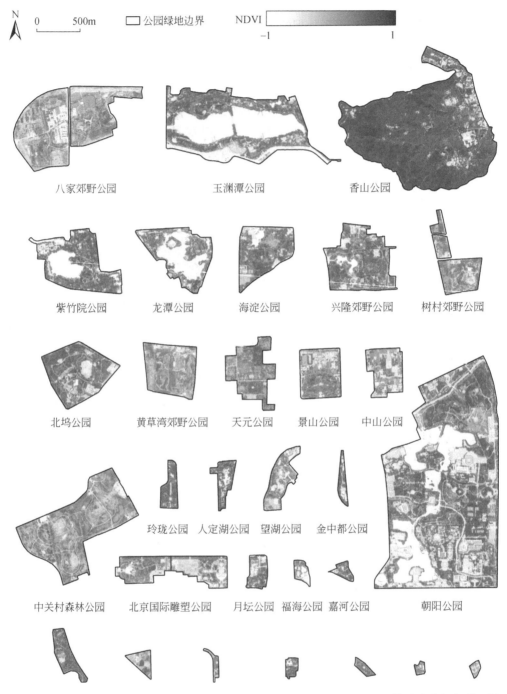

图 3-3　研究区公园绿地归一化植被指数（NDVI）

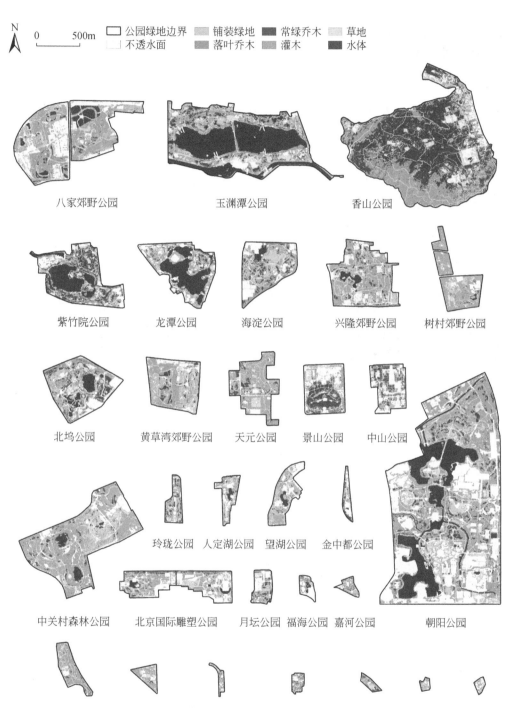

图 3-4　研究区公园绿地景观类型

图 3-5 公园绿地户外社交媒体图像语义分割与分类过程

表 3-1 主成分分析初始特征值

成分	特征值	方差贡献率/%	累计贡献率/%
1	1.556	22.223	22.223
2	1.238	17.687	39.910
3	1.038	14.828	54.738
4	1.001	14.306	71.043
5	0.938	13.399	82.443
6	0.629	8.981	91.423
7	0.600	8.577	100.000

表 3-2 主成分因子载荷矩阵

视觉对象	成分1	成分2	成分3	成分4
人	-0.111	0.569	-0.331	0.016
设施	-0.719	0.434	-0.618	-0.216
水体	-0.068	-0.836	-0.231	-0.075

续表

视觉对象	成分 1	成分 2	成分 3	成分 4
树木	0.686	0.085	0.766	−0.125
草地	−0.146	−0.027	0.484	−0.004
花	−0.016	−0.124	−0.018	0.766
铺装地面	0.639	0.542	−0.253	−0.188

通过 K 均值（K-means）聚类将其分为四组具有相似要素构成特征的照片组。从每组照片中随机抽取 10 张照片作为样本，形成公园绿地社会文化价值类型投票问卷，并基于问卷调查结果识别不同照片组所表征社会文化价值类型。该调查以电子问卷形式于 2022 年 4 月在线面向 20 位专家（风景园林、城市规划或城市生态领域的教授和从业者）、20 位研究生（风景园林专业）和 20 位公众（非专业人士）发放，共收回有效问卷 60 份，完整版问卷内容详见附录 B（1）。

聚类后四组照片的视觉对象占比特征及对应社会文化价值类型的问卷调查统计结果如图 3-6 所示。其中，聚类 1 中的照片主要由铺装地面和树木组成，大多数受访者认为他们能够在这些地方获得游憩价值（63.00% 的专家，71.00% 的研究生和 66.50% 的非专业人

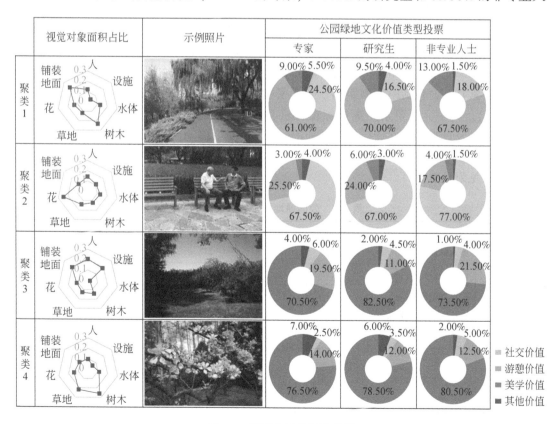

图 3-6 聚类与问卷调查结果

士）；聚类 2 中照片内人和设施的比例相对较高，反映了能够支持互动交流的场所，大多数受访者认为能够在这些地方获得社交价值（67.50% 的专家、67.00% 的研究生和77.90% 的非专业人士）；聚类 3 和聚类 4 的照片中，花、草地、树木占据较大比例，多为自然风光和植物特写，均被认为能够代表拍摄者对公园绿地美学价值的欣赏（分别为70.50% 和 76.5% 的专家，82.50% 和 78.5% 的研究生，73.50% 和 80.5% 的非专业人士）。依据问卷调查结果，研究区公园绿地中 42.61% 的照片代表了游憩价值，33.50% 的照片代表了美学价值，仅 23.89% 的照片代表了公园绿地的社交价值。

依据问卷调查结果确定每组照片所反映的社会文化价值类型后，在 ArcGIS 10.2 中采用核密度工具将不同照片组内各照片的空间点位数据处理为分辨率为 1m×1m 的社会文化价值热点的空间分布（Gerstenberg et al.，2020；Havinga et al.，2020），设定 50m 为核密度处理的搜索半径以表示公园绿地中人们所感知的周围环境（Baumeister et al.，2020；Gerstenberg et al.，2020）。不同社会文化价值热点的空间分布见附录 B（2）。正态性检验结果表明不同社会文化价值数据符合正态分布，配对样本 T 检验表明研究区公园绿地中三类社会文化价值热点区域的空间分布存在显著性差异（$p<0.001$），全局自相关分析结果表明三类社会文化价值热点区域的分布均存在空间聚集分布特征（Global Moran's I >0.900，$p<0.001$）。

（2）基于实地调查与遥感影像计算公园绿地要素特征指标

公园绿地景观类型及距道路的距离、距水体的距离、景观多样性等与距离、密度和多样性相关的绿地要素特征可能与公园绿地提供社会文化功能的能力有关（La Rosa et al.，2016；Gerstenberg et al.，2020；Sherrouse et al.，2022）。因此，本研究从四个方面评估了公园绿地要素特征，包括距要素距离、要素密度、景观类型及景观多样性，共计 21 个指标（表 3-3）。其中，距要素距离指标在 ArcGIS 10.2 中使用欧式距离方法计算，要素密度、景观类型及景观多样性指标均在 Fragstats 4.2 中使用移动窗口算法计算，分析范围为半径 50m 的圆形区域（Baumeister et al.，2020；Gerstenberg et al.，2020）。各指标计算结果及空间分布见附录 B（3）。

表 3-3　公园绿地要素特征指标

指标类型	具体指标		符号
距要素距离	距水体的距离/m		DIST_W
	距道路的距离/m		DIST_R
	距广场的距离/m		DIST_S
	距出入口的距离/m		DIST_E
	距建筑的距离/m		DIST_B
	距设施的距离/m	观赏设施	DIST_FO
		休憩设施	DIST_FR
		互动设施	DIST_FI

指标类型	具体指标		符号
要素密度	半径 50m 范围内的道路密度/（m/m²）		DENS_R
	半径 50m 范围内的设施密度/（个/m²）	观赏设施	DENS_FO
		休憩设施	DENS_FR
		互动设施	DENS_FI
景观类型	半径 50m 范围内景观类型面积比/%	铺装地面	LAND_I
		水体	LAND_W
		铺装绿地	LAND_C
		常绿乔木	LAND_E
		落叶乔木	LAND_D
		灌木	LAND_S
		草地	LAND_G
景观多样性	半径 50m 范围内景观类型的香农多样性指数		DIVE_S
	半径 50m 范围内景观类型的丰富度指数		DIVE_R

（3）公园绿地社会文化价值转移模型

为探究公园绿地要素特征在提供不同类型社会文化价值方面的能力以评估公园绿地社会文化功能，本研究构建了以下公园绿地社会文化价值转移模型，应用多元回归分析分别计算公园绿地要素特征对不同社会文化价值类型的影响，并通过量化模型参数表征公园绿地要素特征对公园绿地社会文化价值水平的贡献，计算公式如下：

$$CF_i = \beta_0 + \beta_1 DIST + \beta_2 DENS_n + \beta_3 LAND_n + \beta_4 DIVE_n + \varepsilon \qquad (3-1)$$

式中，CF_i 为第 i 种社会文化价值；β_0 为模型截距；β_1，β_2，β_3 和 β_4 为解释变量的标准化回归系数；DIST、$DENS_n$、$LAND_n$ 和 $DIVE_n$ 分别距要素距离、要素密度、景观类型面积比和景观多样性指标；ε 为误差项。

对 21 个公园绿地要素特征指标的多重共线性分析结果表明，各变量的方差膨胀因子（Variance Inflation Factor，VIF）范围为 1.29 ~ 4.65，均低于问题值 10，因此模型不会因共线性而出现偏差。然后应用逐步回归分析各指标与公园绿地社会文化价值的影响特征，统计分析在 R 4.1.1 中进行。回归分析结果如表 3-4 ~ 表 3-6 所示。本研究应用回归分析结果进行空间叠加分析，实现对研究区公园绿地社会文化功能的空间量化评估。

表 3-4 公园绿地要素特征指标对游憩价值的影响

指标	β	S. E.	t-value	Robust_Pr
截距（Intercept）	0.090	0.012	7.805	0.000
互动设施密度（DENS_FI）	0.148	0.009	16.836	0.000
观赏设施密度（DENS_FO）	−0.023	0.008	−2.716	0.007
休憩设施密度（DENS_FR）	−0.079	0.014	−6.925	0.000
道路密度（DENS_R）	0.226	0.007	34.149	0.000

指标	β	S. E.	t-value	Robust_Pr
距建筑距离（DIST_B）	0.210	0.010	21.792	0.000
距出入口距离（DIST_E）	−0.093	0.005	−20.007	0.000
距广场距离（DIST_S）	−0.045	0.010	−4.757	0.000
距互动设施距离（DIST_FI）	−0.134	0.009	−14.636	0.000
距观赏设施距离（DIST_FO）	−0.038	0.005	−7.237	0.000
距道路距离（DIST_R）	−0.181	0.022	−8.246	0.000
距水体距离（DIST_W）	−0.092	0.004	−21.163	0.000
景观类型丰富度（DIVE_R）	−0.074	0.010	−7.236	0.000
景观类型香浓多样性（DIVE_S）	0.170	0.008	20.748	0.000
铺装绿地面积比例（LAND_C）	0.160	0.005	19.152	0.000
落叶乔木面积比例（LAND_D）	0.065	0.009	7.661	0.000
常绿乔木面积比例（LAND_E）	−0.138	0.011	−12.022	0.000
水体面积比例（LAND_W）	0.025	0.009	2.869	0.004

注：模型拟合优度 $R_m^2 = 0.365$，$R_a^2 = 0.364$，F-statistic = 3489.871，p-value<0.001

表 3-5 公园绿地要素特征指标对社交价值的影响

指标	β	S. E.	t-value	Robust_Pr
截距（Intercept）	0.066	0.004	16.504	0.000
互动设施密度（DENS_FI）	0.095	0.011	8.653	0.000
观赏设施密度（DENS_FO）	0.103	0.006	14.804	0.000
休憩设施密度（DENS_FR）	0.259	0.007	39.460	0.000
道路密度（DENS_R）	0.133	0.005	27.047	0.000
距建筑距离（DIST_B）	0.067	0.008	8.441	0.000
距广场距离（DIST_S）	−0.042	0.007	−5.821	0.000
距互动设施距离（DIST_FI）	0.032	0.003	9.378	0.000
距观赏设施距离（DIST_FO）	−0.028	0.004	−6.208	0.000
距休憩设施距离（DIST_FR）	−0.119	0.010	−18.895	0.000
距道路距离（DIST_R）	−0.079	0.013	−5.951	0.000
距水体距离（DIST_W）	0.076	0.008	10.102	0.000
景观类型香浓多样性（DIVE_S）	0.106	0.004	16.723	0.000
铺装绿地面积比例（LAND_C）	0.159	0.006	19.901	0.000
落叶乔木面积比例（LAND_D）	−0.082	0.004	−19.264	0.000
常绿乔木面积比例（LAND_E）	−0.040	0.008	−5.119	0.000
草地面积比例（LAND_G）	0.148	0.007	17.154	0.000
水体面积比例（LAND_W）	−0.016	0.004	−4.117	0.000

注：模型拟合优度 $R_m^2 = 0.379$，$R_a^2 = 0.377$，F-statistic = 3599.263，p-value<0.001

表 3-6　公园绿地要素特征指标对美学价值的影响

指标	β	S. E.	t-value	Robust_Pr
截距（Intercept）	0.140	0.004	32.596	0.000
互动设施密度（DENS_FI）	−0.125	0.011	−11.198	0.000
观赏设施密度（DENS_FO）	0.218	0.007	38.134	0.000
休憩设施密度（DENS_FR）	0.138	0.007	19.556	0.000
道路密度（DENS_R）	0.166	0.005	32.372	0.000
距出入口距离（DIST_E）	−0.074	0.004	−20.895	0.000
距广场距离（DIST_S）	0.056	0.004	12.949	0.000
距互动设施距离（DIST_FI）	−0.019	0.003	−5.779	0.000
距观赏设施距离（DIST_FO）	−0.113	0.007	−16.222	0.000
距休憩设施距离（DIST_FR）	0.047	0.010	4.687	0.000
距道路距离（DIST_R）	−0.153	0.015	−10.367	0.000
距水体距离（DIST_W）	−0.136	0.007	−15.140	0.000
景观类型香浓多样性（DIVE_S）	0.181	0.005	22.950	0.000
铺装绿地面积比例（LAND_C）	0.149	0.006	24.435	0.000
落叶乔木面积比例（LAND_D）	0.138	0.004	32.182	0.000
常绿乔木面积比例（LAND_E）	−0.083	0.008	−10.417	0.000
草地面积比例（LAND_G）	0.127	0.007	34.599	0.000
铺装地面面积比例（LAND_I）	−0.116	0.004	−31.074	0.000

注：模型拟合优度 $R_m^2 = 0.343$，$R_a^2 = 0.342$，F-statistic = 3388.187，p-value < 0.001

3.1.2.2　公园绿地生态调节功能评估

（1）公园绿地植被叶面积指数计算

在公园绿地实地调查中，随机选择样地进行植被特征调查，共计调查公园绿地样地 148 个。植被特征调查的具体内容包括植物物种的记录及其叶面积指数测定，使用手持 GPS（UniStrong，MG758）对样地内各株植物进行编号和标记，并使用植物冠层分析仪（LAI-2200C）测定植物叶面积指数。实地调查中共记录植物 648 株，包括 38 科 78 属 103 种。在植物冠层数据处理系统 FV2200 中计算每株植物的平均 LAI，并基于植物空间定位数据及在 ArcGIS 10.2 构建研究区公园绿地植物调查数据库。对不同植被类型的植物 LAI 和空间对应的 NDVI 进行线性回归分析的结果如表 3-7 所示，应用线性回归方程计算研究区公园绿地植被 LAI 的空间分布（图 3-7）。

表 3-7　预测 LAI 的线性回归方程

植被类型	线性回归方程	R^2
落叶乔木	LAI = 6.79 NDVI + 0.25	0.572
常绿乔木	LAI = 5.92 NDVI + 0.39	0.472
灌木	LAI = 5.58 NDVI + 0.72	0.619
草地	LAI = 4.65 NDVI + 0.69	0.675

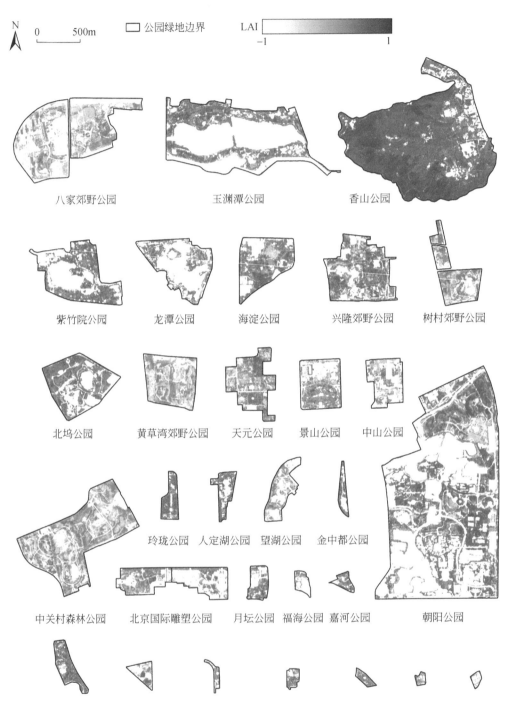

图 3-7 研究区公园绿地叶面积指数（LAI）

（2）基于实地监测数据构建生态调节功能评估参数数据库

本研究依托北京市科技计划项目的景观尺度下城市绿地生态服务功能评估课题，使用了北京市园林绿化科学研究院提供的北京市常见园林植物的光合速率、蒸腾速率和叶片滞尘量的实地监测数据，实地监测工作于 2017 年 6~9 月进行，采样树木均位于北京市园林绿化科学研究院。本研究基于实地监测数据进一步计算和构建了绿地生态调节功能评估参数数据库，具体数据处理与计算方法如下。

1）固碳功能。固碳功能通过计算和处理植物光合速率监测数据获取，利用积分法估算植物单位叶面积在一日内的净同化总量，并根据光合作用原理计算固碳量。计算公式为：

$$E_d = \sum_{i=1}^{j} \left[\left(\frac{p_{i+1} + p_i}{2 \times (t_{i+1} - t_i)} \times \frac{3600}{1000} \right) \right] \tag{3-2}$$

式中，E_d 为植物单位叶面积在一日内的净同化总量（$mmol/m^2 \cdot d$）；p_i 和 p_{i+1} 分别为初始和下一点时间段的瞬时光合速率（$\mu mol/m^2 \cdot s$）；t_i 和 t_{i+1} 分别为初始和下一点时间点的测定时间（h）。

在植物叶片净同化量计算的基础上，植物固碳功能评估参数的计算公式为：

$$W_d(C) = E_d \times M(CO_2)/1000 \tag{3-3}$$

式中，W_d 为植物固碳功能评估参数，代表叶片单位叶面积每天吸收的 CO_2 的质量（$g/m^2 \cdot d$）；E_d 为植物单位叶面积一日内净同化总量（$mmol/m^2 \cdot d$），$M(CO_2)$ 为 CO_2 的摩尔质量，等于 44g/mol。

2）降温功能。降温功能通过计算和处理植物的蒸腾速率监测数据获取，基于植物单位叶面积一日内净同化总量评估结果，计算植物单位叶面积一日内的蒸腾强度，公式如下：

$$E_0 = E_d \times M(H_2O) \tag{3-4}$$

式中，E_0 为植物单位叶面积在一日内的蒸腾耗水质量（$kg/m^2 \cdot d$）；E_d 为植物单位叶面积一日内净同化总量（$mmol/m^2 \cdot d$）；$M(H_2O)$ 为 H_2O 的摩尔质量，等于 18g/mol。

植物的蒸腾作用伴随着能量的消耗和潜热的转换，本书中以 L 表示蒸发潜热，指在温度 T 时，1g 水蒸发气化所需的热量（cal），计算公式为：

$$L = 597 - \frac{5}{9}T \tag{3-5}$$

式中，T 为叶面温度（℃），本研究中使用夏季经验值 32℃；597 为 0℃ 时的蒸发潜热（cal）。因此，$L = 579.22cal/g \cdot ℃$，等于 $2425.1J/g \cdot ℃$（杨士弘，1994）。因此植物蒸腾的耗热量的计算公式为：

$$Q = E_0 \times L \tag{3-6}$$

式中，Q 为植物的蒸腾作用导致周围单位体积空气损失的热量（$J/m^2 \cdot d$）。

在计算植物的蒸腾降温时，还需要考虑到空气流动和辐射作用导致空气与叶片之间进行的热量扩散和交换。以城市小气候一般尺度的 $1000m^3$ 空气柱体为计算单元，由于植物蒸腾消耗热量（Q），导致周围空气温度下降，气温差值（ΔT）即为降温功能评估参数，计算公式为

$$W_d(T) = \Delta T = \frac{Q}{\rho_c} \qquad (3\text{-}7)$$

式中，$W_d(T)$ 为植物降温功能评估参数（℃），等于单位面积的降温量（ΔT）；ρ_c 为空气的容积热容量（$J \cdot m^{-3} \cdot ℃^{-1}$），等于 1256。

3）滞尘功能。滞尘功能通过计算植物单位叶面积在一天内的滞尘质量获取。实测实验在雨后一周采集植物叶片进行淋洗，并分别测量叶片淋洗前后质量的差值作为叶片滞尘总量。滞尘功能评估参数的计算公式：

$$W_d(P) = \frac{Q_T(P)}{7A} \qquad (3\text{-}8)$$

式中，$W_d(P)$ 为植被的滞尘功能评估参数（$g/m^2 \cdot d$），表示植物单位叶面积每天滞尘的平均质量；$Q_T(P)$ 为植物叶片的滞尘总量（g）；A 为叶片面积（m^2）。

本研究进一步汇总整理了文献资料中地理位置、气候条件与研究区相似的京津冀地区夏季生态调节功能的相关研究成果，补充常见植物物种生态调节功能评估参数数据，并对缺失的植物物种参数计算其同属、同科植物物种的生态调节功能参数平均值（Wang et al.，2021c）。

（3）公园绿地生态调节功能评估模型

基于单株植物生态功能评估的相关研究（薛海丽等，2018），其固碳、降温、滞尘等生态功能的定量评价计算公式为

$$F_N = W_d(N) \times \mathrm{LAI}_F \times a \qquad (3\text{-}9)$$

式中，F_N 为植物在夏季一日内的生态调节功能量化值，包括固碳量 F_C、降温 F_T 和滞尘量 F_P；$W_d(N)$ 为生态调节功能评估参数，包括固碳参数 $I(C)$、降温参数 $W_d(T)$ 和滞尘参数 $W_d(P)$；LAI_F 为通过实测所得的植物的平均叶面积指数；a 为植株投影面积。根据单株植物生态功能评价原理，公园绿地生态调节功能评估模型为

$$R_{Ni} = W_d(N) \times \mathrm{LAI}_R \times A \qquad (3\text{-}10)$$

式中，R_{Ni} 为基于遥感影像计算所得的公园绿地单位植被面积的夏季一日内生态调节功量化值；$W_d(N)$ 为生态调节功能评估参数，在本研究中分别使用常绿乔木、落叶乔木、灌木和草本植物物种的生态功能参数均值；LAI_R 为评价单元或植被斑块基于遥感影像所得的平均叶面积指数，A 为对应评价单元或植被斑块的面积（m^2）。

本研究以绿地单位面积绿地在夏季一日内的生态调节功能均值表示公园绿地的单位绿地面积的生态调节功能。计算公式为

$$E_{Ni} = \frac{\sum\limits_{i=1}^{n} R_{Ni}}{\sum\limits_{i=1}^{n} A_i} \ (i = 1,2,3,\cdots,n) \qquad (3\text{-}11)$$

式中，E_{Ni} 包括固碳功能均值（$gC/m^2 \cdot d$）、降温功能均值（℃）、滞尘功能均值（$g/m^2 \cdot d$）；i 指第 i 个植被斑块；R_{Ni} 为第 i 个栅格单元或植被斑块的生态调节功能量化值；A_i 为第 i 个栅格单元或植被斑块的面积。

3.1.2.3 公园绿地使用行为强度

公园绿地空间为居民户外使用行为提供了支撑性的物质环境。公园绿地中居民的使用行为密度，或称为使用行为强度，能够反映空间物理环境支持居民在公园绿地内进行使用行为的能力（Wang et al., 2019），并且在很大程度上取决于公园绿地空间所提供的功能类型与水平（Mu et al., 2021）。当前对公园绿地使用行为强度的评估主要从使用过程与使用结果两方面开展。其中，使用过程评估方法主要使用现场观测方法记录一天内特定时间段内公园绿地内的人数，如由调查者标记特定空间或道路范围内公园绿地使用者的数量（任斌斌等，2012），或结合手机拍照和园内监控视频记录不同空间内公园绿地使用者的数量等（余汇芸和包志毅，2011；Mu et al., 2021），这些方法通常所需工作量较大，且无法反映整个公园绿地范围内居民使用行为强度空间分布的差异。对使用结果的评估则主要基于多源数据分析公园绿地内使用者轨迹密度的空间分布特征，如通过 GPS 接收器、在线地图调查工具等收集公园绿地使用者的活动轨迹（Gerstenberg et al., 2020；Zhai et al., 2021），或户外社交媒体数据收集公园绿地使用路径等（Norman and Pickering, 2017；Havinga et al., 2020）。户外社交媒体数据能够在短时间内获得大量用户的公园绿地使用轨迹，在近年来的研究中得到了较多应用，包括国外户外社交平台 GPSies、MapMyFitness、Strava 等（Norman and Pickering, 2017）及国内平台咕咚运动、六只脚等（Dai et al., 2019；Wang et al., 2022）。

因此，本研究选取户外社交平台六只脚中发生在公园绿地内的用户轨迹数据表征居民在公园绿地内的使用行为（图 3-2）。首先通过平均值计算及柱状图分析等方法，描述性统计研究区公园绿地内的使用行为特征；然后在 ArcGIS 10.2 中采用 50m 搜索半径的核密度分析方法，获得分辨率 1m×1m 的居民使用行为强度的空间分布（Gerstenberg et al., 2020；Havinga et al., 2020）；并应用全局自相关分析研究区公园绿地内居民使用行为强度的空间分布特征。

3.1.3 统计分析方法

本研究以公园绿地使用行为强度为因变量、公园绿地要素指标为自变量、公园绿地功能为中介变量，采用基于结构模型方程分析方法验证公园绿地要素通过以绿地功能为中介的路径促进居民使用行为的研究假设。如图 3-8 所示，公园绿地要素特征、社会文化功能和生态调节功能为潜在变量，分别由研究区公园绿地的实际要素与功能评估指标作为观察变量进行表征；居民使用行为强度为观察变量，由基于户外社交平台用户轨迹的分析数据描述。H_1 和 H_2 分别为社会文化功能和生态调节功能作为中介变量的假设路径，c 为公园绿地要素特征对居民使用行为强度影响的总效应，a_1、a_2 为公园绿地要素对社会文化功能和生态调节功能的标准化影响系数，b_1、b_2 为公园绿地功能对使用行为强度的标准化影响系数。

本研究使用 SPSS Amos 23.0（Analysis of Moment Structure，矩结构分析）进行结构模型方程分析。在模型构建前对假设模型进行检验和修正，首先对测量模型的观察变量进行

KMO 检验和 Bartlett 球形检验以判断观察变量的组合是否符合因子分析条件；然后对自变量与中介变量、因变量进行多重共线性诊断以避免模型因分析变量之间共线性导致的偏差。在模型分析中，通过计算模型的比较性配适指标（Comparative Fit Index，CFI）、规范拟合指数（the Bentler-Bonett Normed Fit Index，NFI）、塔克–刘易斯指数（Tucker- Lweis Index，TLI）及近似均方根误差（RMSEA）表征模型拟合优度。

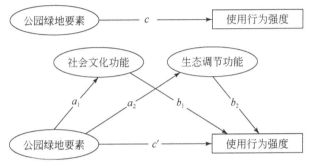

H₁:公园绿地要素→社会文化功能→健康行为强度
H₂:公园绿地要素→生态调节功能→健康行为强度

图 3-8 假设中介模型

基于上文对公园绿地要素、功能和使用行为强度的评估结果，本研究在 ArcCIS 中提取边长为 10m 的网格为分析单元，计算各分析单元内公园绿地内部各类要素面积比/密度、公园绿地功能和使用行为强度平均值作为中介效应模型的分析变量（表 3-8），研究区共包括 201 064 个分析单元。为避免由指标量纲差异导致的统计分析结果偏差，将各指标进行归一化和去中心化处理后应用于模型分析。

表 3-8 分析变量及公园绿地要素与功能指标

变量	指标		
自变量	公园绿地要素	绿色要素（植被）面积比/%	落叶乔木
			常绿乔木
			灌木面积
			草地面积
			铺装绿地
		灰色要素（铺装地面）面积比/%	广场
		蓝色要素（水体）面积比/%	道路
			建筑
			水体
		设施要素密度/（个/m²）	观赏设施
			休憩设施
			互动设施

变量	指标		
中介变量	公园绿地功能	社会文化功能得分均值	游憩功能
			社交功能
			美学功能
		生态调节功能得分均值	固碳功能
			降温功能
			滞尘功能
因变量	公园绿地使用行为强度		

3.2 公园绿地的功能特征

3.2.1 公园绿地社会文化功能

研究区公园绿地游憩功能、社交功能和美学功能的评估结果分别如图 3-9 ~ 图 3-11 所示。配对样本 T 检验的分析结果表明，三类社会文化功能的空间分布存在显著性差异（$p<0.001$）；其 Global Moran's I 分别为 0.951（z-score = 598.905，$p<0.001$）、0.958（z-score = 605.670，$p<0.001$）和 0.949（z-score = 597.697，$p<0.001$），表明三类社会文化功能均呈现空间聚集分布格局。

研究区中所有公园绿地的游憩功能平均标准化得分为 0.448。游憩功能平均水平较高的公园绿地包括玲珑公园（0.597）、海淀公园（0.548）和人定湖公园（0.537）。不同类型公园绿地游憩功能的统计结果见图 3-9a，综合公园的游憩功能平均水平最高（0.505），其次为生态公园（0.472）、专类公园（0.462）、历史名园（0.449），社区公园（0.436）和游园（0.435）的游憩功能平均水平较低。不同面积等级公园绿地游憩功能的统计结果见图 3-9b，其中 10 ~ 50hm² 及 50 ~ 100hm² 的公园绿地的游憩功能平均水平较高（0.477，0.479），小于 10hm² 及大于 100hm² 的公园绿地游憩功能平均水平均较低。

研究区所有公园绿地的社交功能平均标准化得分为 0.427。其中，社交功能平均水平较高的公园绿地为玲珑公园（0.621）、西三旗公园（0.588）和人定湖公园（0.550）。基于公园绿地类型的统计结果见图 3-10a，游园的社交功能平均水平最高（0.503），其次为综合公园（0.495）、社区公园（0.471）、专类公园（0.466），历史名园（0.417）和生态公园（0.415）的社交功能平均值均较低；基于公园绿地面积等级的统计结果见图 3-10b，小于 2hm² 的公园绿地的社交功能平均水平最高（0.552），并且随公园绿地面积等级的增加，其社交功能平均水平显著降低，面积大于 100hm² 的公园绿地的社交功能平均水平最低（0.414）。

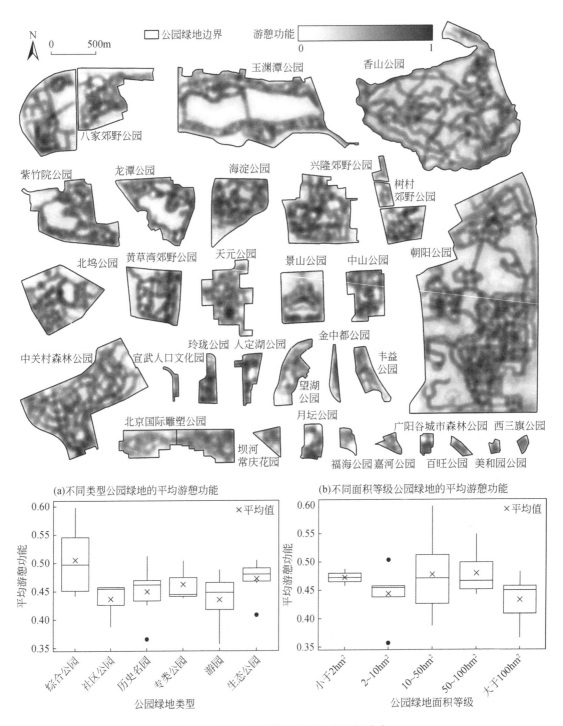

图 3-9　研究区公园绿地游憩功能空间分布

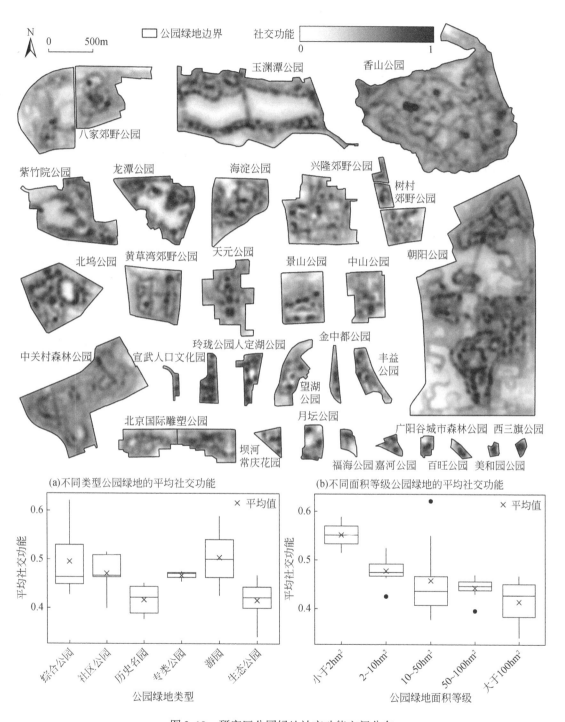

图 3-10　研究区公园绿地社交功能空间分布

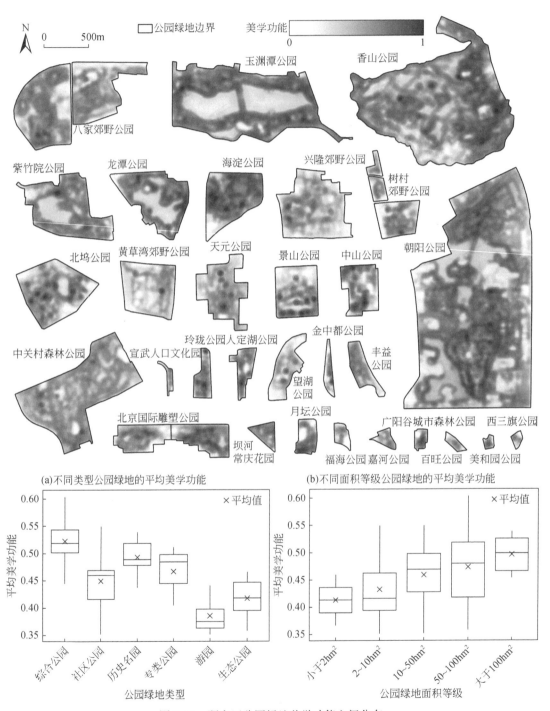

图 3-11　研究区公园绿地美学功能空间分布

研究区公园绿地的美学功能平均标准化得分为 0.484。其中，美学功能平均水平较高的公园绿地为海淀公园（0.603）、玲珑公园（0.522）和坝河常庆花园（0.549）。基于公园绿地类型的统计结果见图 3-11a，综合公园的美学功能平均水平最高（0.522），其次为历史名园（0.493）、专类公园（0.467）、社区公园（0.449），生态公园（0.417）和游园（0.385）的美学功能平均值均较低；基于公园绿地面积等级的统计结果见图 3-11b，大于 $100hm^2$ 的公园绿地的美学功能平均水平最高（0.496），并且随公园绿地面积等级的降低，其美学功能平均水平显著降低，面积小于 $2hm^2$ 的公园绿地的美学功能平均水平最低（0.413）。

3.2.2 公园绿地生态调节功能

研究区公园绿地固碳功能、降温功能和滞尘功能的评估结果分别如图 3-12 ~ 图 3-14 所示。配对样本 T 检验的分析结果表明三类生态调节功能的空间分布存在显著性差异（$p < 0.001$）；其 Global Moran's I 分别为 0.828（z-score = 521.098，$p < 0.001$）、0.827（z-score = 520.867，$p < 0.001$）和 0.824（z-score = 518.975，$p < 0.001$），表明三类生态调节功能均呈现空间聚集分布格局。

研究区公园绿地的固碳功能最大值为 $14.645g/m^2 \cdot d$，平均值为 $3.29g/m^2 \cdot d$。固碳功能平均水平最高的公园绿地为香山公园（$6.624g/m^2 \cdot d$），其他固碳功能平均水平较高的公园绿地包括玲珑公园（$5.090g/m^2 \cdot d$）、丰益公园（$4.872g/m^2 \cdot d$）等。不同类型公园绿地中，综合公园（$3.450g/m^2 \cdot d$）和历史名园（$3.412g/m^{-2} d$）固碳功能平均水平较高；不同面积等级公园绿地中，10 ~ $50hm^2$ 的公园绿地的固碳功能平均水平最高（$3.434g/m^2 \cdot d$），相比之下面积小于 $10hm^2$ 及大于 $50hm^2$ 的公园绿地的固碳功能平均水平均较低，特别是面积小于 $2hm^2$ 的公园绿地的固碳功能平均水平最低（$2.435g/m^2 \cdot d$）。

研究区公园绿地的降温功能最大值为 1.290℃，平均值为 0.285℃。降温功能平均水平较高公园绿地为香山公园（0.575℃）、玲珑公园（0.439℃）、丰益公园（0.419℃）等。基于公园绿地类型的统计结果见图 3-13a，降温功能平均水平最高的公园绿地类型为综合公园（0.298℃）和历史名园（0.296℃），游园的降温功能平均水平最低（0.243℃）；基于公园绿地面积等级的统计结果见图 3-13b，面积在 10 ~ $50hm^2$ 的公园绿地的降温功能平均水平最高（0.297℃），相比之下面积小于 $10hm^2$ 及大于 $50hm^2$ 的公园绿地的降温功能平均水平均较低，尤其是面积小于 $2hm^2$ 公园绿地的降温功能平均水平最低（0.210℃）。

研究区公园绿地的滞尘功能最大值为 $0.264g/m^2 \cdot d$，平均值为 $0.051g/m^2 \cdot d$。滞尘功能平均水平较高公园绿地为香山公园（$0.106g/m^2 \cdot d$）、玲珑公园（$0.077g/m^2 \cdot d$）、丰益公园（$0.070g/m^2 \cdot d$）等。不同类型公园绿地中，历史名园（$0.054g/m^2 \cdot d$）和综合公园（$0.051g/m^2 \cdot d$）的滞尘功能平均水平较高，游园的滞尘功能平均水平最低（$0.041g/m^2 \cdot d$）；不同面积等级公园绿地中，10 ~ $50hm^2$ 的公园绿地的滞尘功能平均水平最高（$0.051g/m^2 \cdot d$），小于 $10hm^2$ 及大于 $50hm^2$ 的公园绿地的滞尘功能平均水平均较低，小于 $2hm^2$ 公园绿地的滞尘功能平均水平最低（$0.035g/m^2 \cdot d$）。

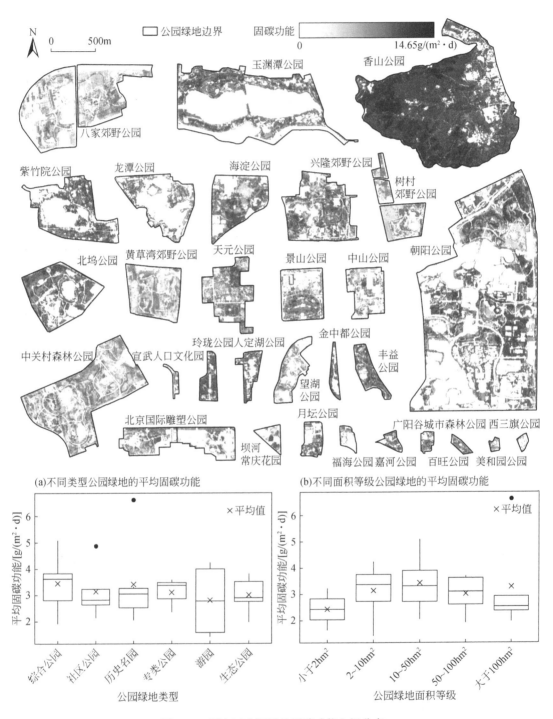

图 3-12　研究区公园绿地固碳功能空间分布

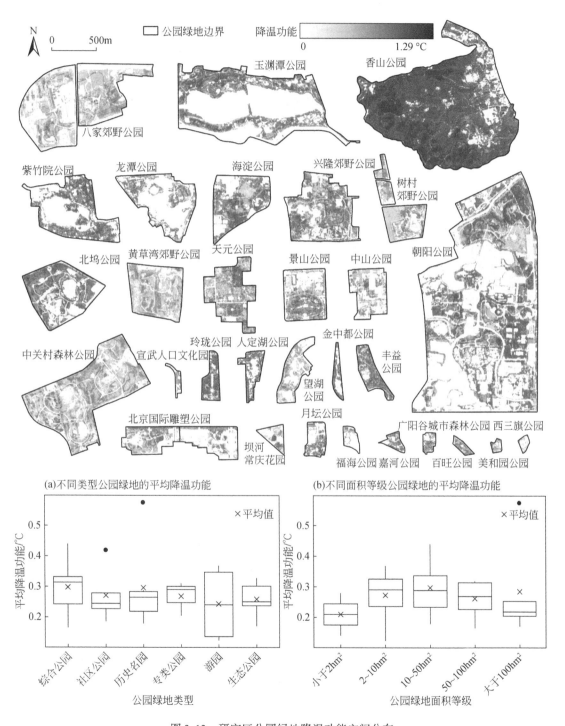

图 3-13 研究区公园绿地降温功能空间分布

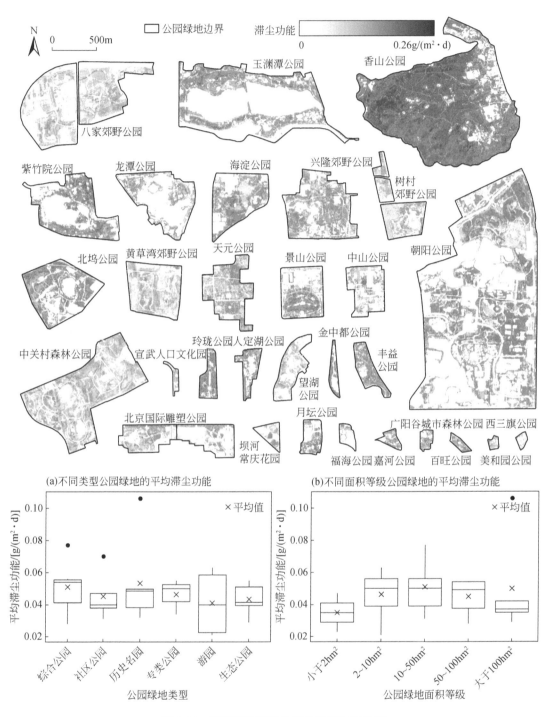

图 3-14 研究区公园绿地滞尘功能空间分布

3.3 居民的公园绿地使用行为强度

3.3.1 公园绿地使用行为强度总体特征

研究区公园绿地内户外社交平台用户使用轨迹的开始时间、日期及轨迹长度的数量分布特征如图 3-15 所示。超过 97% 的公园绿地使用行为集中于 7 ~ 19 时期间，公园绿地使用轨迹数量自 6 时起逐渐增加，在 10 ~ 11 时达到最高，并开始逐渐下降；至 14 时起使用轨迹数量又有所增加，然后再逐渐下降。图 3-15b 表明，公园绿地在全年范围内存在两个使用轨迹数量的高峰时期，即每年的五月期间和十月期间。研究区公园绿地使用轨迹的时间分布特征与城市居民日常作息与活动特征相符，且全年内公园绿地使用高峰时期与国家法定节假日的时间一致，表明基于户外社交媒体的用户轨迹能够在一定程度上反映公园绿地的使用行为强度特征。图 3-15c 的统计结果表明，约 75.12% 的公园绿地使用轨迹超过 1km，其中大多数使用轨迹位于 2 ~ 5km 的区间（29.27%），约有 21.35% 的使用轨迹超过 5km。

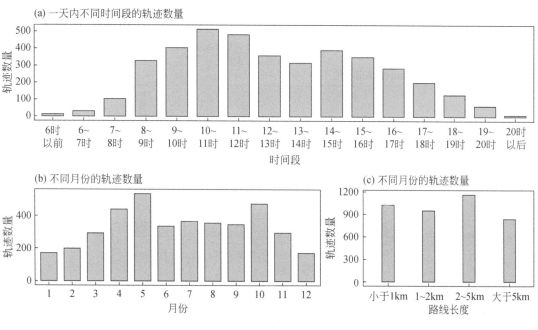

图 3-15 研究区公园绿地使用轨迹特征

不同类型和面积等级公园绿地在全年范围内使用行为强度的差异如图 3-16 所示。其中，社区公园和游园在全年内的使用行为强度较为均匀，冬季的轨迹数量略低于春季；而综合公园、历史名园、专类公园和生态公园均具有在特定月份出现使用行为强度高峰值的特征，如综合公园在 5 月（13.58%）、10 月（11.93%）的轨迹数量比例较高，在 12 月

（3.14%）最低；历史名园在十月（15.52%）和五月（12.40%）的使用行为强度最高，公园绿地的历史文化特色及其独特的季节景观（如玉渊潭公园春季赏樱、香山公园秋季赏红叶）能够吸引居民在假期前往游玩；专类公园在五月（16.83%）和六月（12.87%）的使用行为度强度最高，生态公园在五月（17.40%）、四月（16.24%）和七月（13.92%）的使用行为强度最高，高峰相比公园绿地类型出现较早且在夏季仍保持较高强度，可能与生态公园能够为初春踏青、夏季避暑等活动提供有吸引力的场所有关。不同面积等级公园绿地中，小于 50hm² 公园绿地的使用行为强度在全年内差异较小，通常在 1 月和 12 月期间使用行为强度较低；面积大于 50hm² 的公园绿地则在 5 月和 10 月呈现两个使用行为强度高峰。

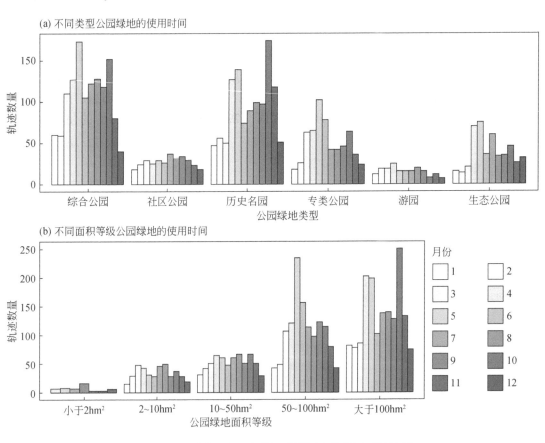

图 3-16　不同类型和面积等级公园绿地的使用时间特征

　　不同类型和面积等级公园绿地内的使用轨迹长度特征如图 3-17 所示。社区公园和游园中多数的使用轨迹长度小于 1km（62.04%，84.95%）；综合公园中以 5km 以上的轨迹长度为主（34.63%），其次为 2～5km（26.14%）；历史名园和生态公园中则以 2～5km 的轨迹长度为主（41.84%，37.85%），并分别有 14.18% 和 32.69% 轨迹长度大于 5km；在专类公园中，1～2km 的轨迹长度占据最高的比例（31.68%）。不同的公园绿地类型中使用轨迹长度特征的差异可能与公园绿地自身特征及吸引力有关，也可能受公园绿地面积的影响。随公园绿地面积等级增加,轨迹长度逐渐增加。在 2~10hm² 的公园绿地中,小于 1km 的轨迹占比 73.63%;在 50~100hm² 的公园绿地内,2~5km 的轨迹比例最高(36.81%);在大于 100hm² 的公园绿地内,大于 5km 的轨迹占比达到 37.52%,小于 1km 的轨迹仅 5.94%。

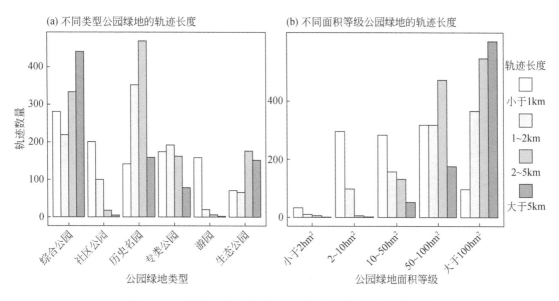

图 3-17　不同类型和面积等级公园绿地内使用轨迹长度特征

3.3.2　公园绿地内居民使用行为强度的空间分布

研究区公园绿地内居民使用行为强度的空间分布如图 3-18 所示,公园绿地内使用行为强度的高值区域主要沿可以进入和到达的道路、广场空间分布,但不同区域之间的使用行为强度有所差异,其 Global Moran's I 为 0.978（z-score=221.671,$p<0.001$）,表明呈现空间聚集分布格局。基于公园绿地类型的统计结果见图 3-18a,平均使用行为强度最高的公园绿地类型为综合公园（0.301）,其次是专类公园和社区公园（0.284）,以及游园（0.275）,平均使用行为强度较低的公园绿地类型为历史名园（0.234）和生态公园（0.212）。图 3-18b 统计了不同面积等级公园绿地的平均使用行为强度,研究区内总体呈现随公园绿地面积增加平均使用行为强度降低的特征,面积较小的公园绿地平均使用行为强度较高,大于 100hm² 的公园绿地平均使用行为强度最低（0.161）。这一特征主要是由于大型公园绿地中为营造较为稳定的自然生境或维护绿地景观效果而存在大面积不可进入的绿地和水体空间,因此居民可以使用的空间面积比例相对于社区公园等小型公园绿地而言偏低。

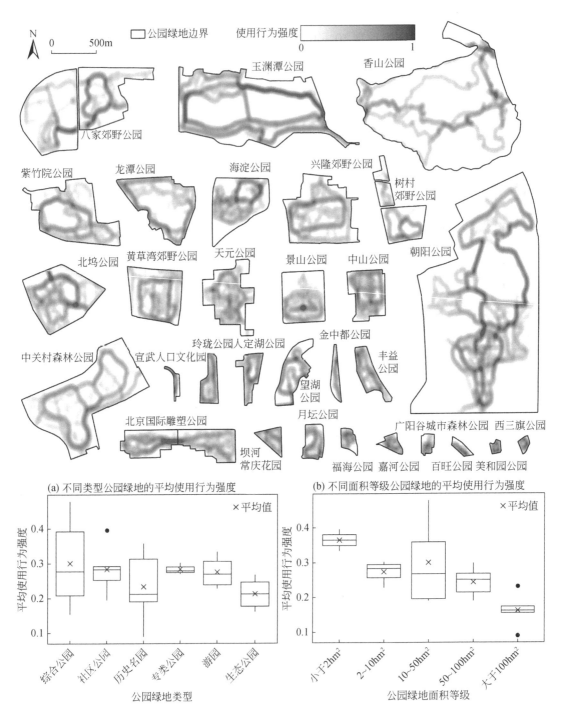

图 3-18　公园绿地内的使用行为强度

3.4 公园绿地功能与居民使用行为的关联特征

3.4.1 模型检验与修正

对模型自变量的多重共线性诊断结果表明，所有因子的 VIF 值均小于 2，不存共线性问题；对模型中介变量的多重共线性分析结果表明，社会文化功能的三个观察变量之间 VIF 值均小于 2，生态调节功能的三个观察变量之间存在较为明显的共线性（VIF>10），因此在模型分析中仅保留了与因变量相关性最高的降温功能作为表征生态调节功能的观察变量。

对结构模型方程中构成三个潜变量的观察变量的 KMO 检验和巴特利球形检验结果如表 3-9 所示。其中，公园绿地社会文化功能和生态调节功能观察变量的 KMO 值均大于 0.5，且 Bartlett 球形检验显著性 $p<0.001$，表明公园绿地社会文化功能和生态调节功能观察变量符合因子分析条件，可以构成测量模型。然而，公园绿地要素特征的各观察变量的 KMO 值为 0.446，不符合因子分析条件。因此，本研究将公园绿地绿色要素、灰色要素、蓝色要素（水体）和设施要素分别作为结构方程模型的潜在变量，并分别对包含多个观察变量的绿色要素、灰色要素和是设施要素特征进行 KMO 检验和 Bartlett 球形检验，结果表明各组观察变量 KMO 值均大于 0.5，且 Bartlett 球形检验显著性 $p<0.001$，符合因子分析条件，可以构成测量模型。最终本章研究的公园绿地要素对居民使用行为影响路径的假设中介模型被修正如图 3-19 所示。修正后的假设中介路径包括：

H_1：公园绿地绿色要素→社会文化功能→使用行为强度

H_2：公园绿地灰色要素→社会文化功能→使用行为强度

H_3：公园绿地蓝色要素→社会文化功能→使用行为强度

H_4：公园绿地设施要素→社会文化功能→使用行为强度

H_5：公园绿地绿色要素→生态调节功能→使用行为强度

H_6：公园绿地灰色要素→生态调节功能→使用行为强度

H_7：公园绿地蓝色要素→生态调节功能→使用行为强度

H_8：公园绿地设施要素→生态调节功能→使用行为强度

表 3-9 观察变量 KMO 检验和 Bartlett 球形检验

	KMO 值	Bartlett 球形检验显著性（p）
社会文化功能	0.670	0.000
生态调节功能	0.626	0.000
公园绿地要素特征	0.446	0.000
公园绿地绿色要素	0.644	0.000
公园绿地灰色要素	0.593	0.000
公园绿地设施要素	0.567	0.000

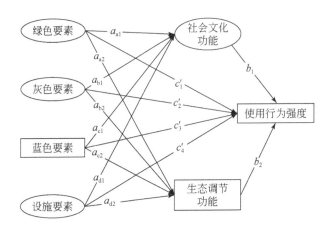

图 3-19　修正后的假设中介模型

3.4.2　中介模型分析结果

结构模型方程分析所得的各观察变量的标准化回归系数如表 3-10 所示，表 3-11 为结构模型方程的直接路径分析结果。调整后的模型拟合优度指标结果证明本研究所提出的公园绿地要素通过以绿地功能为中介的路径促进居民使用行为的假设成立 （CFI＝0.950，NFI＝0.951，TLI＝0.928，RSMEA＝0.055，$p<0.001$）。分析结果表明，总体而言，假设模型中各潜在变量均对公园绿地使用行为具有显著的积极贡献 （$p<0.001$）；公园绿地中的绿色要素、灰色要素、蓝色要素及设施要素也均在不同程度上对居民使用行为有显著的积极贡献 （$p<0.001$）。其中，公园绿地灰色要素对使用行为的直接积极影响最为显著 （$\beta＝0.160$，$p<0.001$），其次为绿色要素 （$\beta＝0.148$，$p<0.001$），这可能由于公园绿地内居民能够接近和进入的道路、广场等硬质铺装空间能够支持居民进行散步、跑步等活动，其中道路在公园绿地灰色要素促进居民使用行为的直接影响路径中贡献最为突出 （$\beta＝0.829$，$p<0.001$）。

公园绿地的不同功能类型中，社会文化功能和生态调节功能均对居民使用行为有显著的积极贡献 （$\beta＝0.723$，$p<0.001$；$\beta＝0.018$，$p<0.001$），社会文化功能对居民使用行为的直接影响高于生态调节功能对使用行为强度的影响。其中，公园绿地的游憩功能 （$\beta＝0.879$，$p<0.001$） 和美学功能 （$\beta＝0.853$，$p<0.001$） 在公园绿地社会文化功能促进居民使用行为的直接影响路径中相比社交功能的贡献更为突出 （$\beta＝0.776$，$p<0.001$）。公园绿地所提供的社会文化功能对居民使用行为强度的影响也相比不同公园绿地要素类型对居民使用行为强度的影响更为显著。上述分析结果表明，本研究所提出的公园绿地可能通过提供不同功能影响居民使用行为的假设路径成立，公园绿地内不同要素可通过提供社会文化功能的路径促进居民使用行为。下文对假设模型中介效应的分析结果也进一步证实了该假设。

表 3-10 测量模型标准化回归系数

测量模型		β	S. E.	C. R.	p
观察变量	潜变量				
游憩功能	←社会文化功能	0.879	—	—	0.000
社交功能		0.776	0.002	494.529	0.000
美学功能		0.853	0.002	507.618	0.000
灌木	←绿色要素	0.406	—	—	0.000
草地		0.446	0.008	145.853	0.000
常绿乔木		0.090	0.007	36.212	0.000
落叶乔木		0.468	0.009	152.23	0.000
铺装绿地		0.510	0.007	155.371	0.000
广场	←灰色要素	0.363	—	—	0.000
道路		0.829	0.016	117.628	0.000
建筑		0.044	0.008	16.896	0.000
观赏设施	←设施要素	0.602	—	—	0.000
休憩设施		0.813	0.008	147.648	0.000
互动设施		0.158	0.005	60.415	0.000

表 3-11 结构模型方程分析结果

	路径	β	S. E.	C. R.	p
c'_1	绿色要素→使用行为强度	0.148	0.013	25.893	0.000
c'_2	灰色要素→使用行为强度	0.160	0.017	29.647	0.000
c'_3	蓝色要素→使用行为强度	0.007	0.002	14.257	0.005
c'_4	设施要素→使用行为强度	0.035	0.007	-2.004	0.000
a_{a1}	绿色要素→社会文化功能	0.264	0.011	93.117	0.000
a_{a2}	绿色要素→生态调节功能	0.595	0.010	123.585	0.000
a_{b1}	灰色要素→社会文化功能	0.616	0.008	128.955	0.000
a_{b2}	灰色要素→生态调节功能	-0.029	0.015	-7.771	0.000
a_{c1}	蓝色要素→社会文化功能	0.142	0.001	85.911	0.000
a_{c2}	蓝色要素→生态调节功能	-0.194	0.003	-89.325	0.000
a_{d1}	设施要素→社会文化功能	0.337	0.002	139.644	0.000
a_{d2}	设施要素→生态调节功能	-0.187	0.008	-69.125	0.000
b_1	社会文化功能→使用行为强度	0.723	0.013	103.500	0.000
b_2	生态调节功能→使用行为强度	0.018	0.002	17.764	0.000

注：模型拟合优度 CFI=0.950，NFI=0.951，TLI=0.928，RSMEA=0.055，$p<0.001$

本研究计算的不同假设路径的中介效应标准化回归系数如表 3-12 所示。公园绿地中社会文化功能在不同公园绿地要素特征促进使用行为强度的路径中发挥着中介作用，中介效应均占总效应的80%以上。这表明不同公园绿地要素主要通过提供社会文化功能的中介路径促进公园绿地内的使用行为；其中公园绿地蓝色要素（水体）通过提供社会文化功能的中介路径对居民使用行为强度的促进占总效应的99.26%，中介效应最为显著。该结果表明，本研究所提出的公园绿地通过提高社会文化功能促进居民使用行为的假设路径成立，公园绿地主要通过提供社会文化功能的路径促进居民的使用行为，并且中介效应显著高于公园绿地要素对居民使用行为影响的直接效应。

表3-12　公园绿地功能的中介效应分析结果

	中介路径	中介效应	遮掩效应	占总效应比例
H_1	绿色要素→社会文化功能→使用行为强度	0.580	—	80.79%
H_2	灰色要素→社会文化功能→使用行为强度	0.736	—	82.14%
H_3	蓝色要素→社会文化功能→使用行为强度	0.936	—	99.26%
H_4	设施要素→社会文化功能→使用行为强度	0.874	—	96.15%
H_5	绿色要素→生态调节功能→使用行为强度	0.067	—	32.84%
H_6	灰色要素→生态调节功能→使用行为强度	—	0.003	2.00%
H_7	蓝色要素→生态调节功能→使用行为强度	—	0.499	98.62%
H_8	设施要素→生态调节功能→使用行为强度	—	0.096	73.32%

公园绿地的生态调节功能在不同公园绿地要素特征促进使用行为强度的路径中的作用有所差异。其中，生态调节功能在绿色要素对使用行为的影响路径中发挥着中介作用，但其中介效应仅占总效应的32.84%；而生态调节功能在灰色要素、蓝色要素和设施要素促进居民使用行为的积极影响中发挥着遮掩作用（刘振亮等，2021），其遮掩效应的影响分别占总效应的2.00%，98.62%和73.32%。这可能由于公园绿地中具有较高生态调节功能的区域大多植被密集且难以接近、缺少活动空间，在一定程度上抑制了公园绿地通过提供生态调节功能对居民使用行为的积极影响。因此，本研究所提出的公园绿地通过提供生态调节功能促进居民使用行为的假设路径不成立。相比于公园绿地要素特征及公园绿地生态调节功能，公园绿地所提供的社会文化功能是设计层面促进居民使用行为最为显著的公园绿地暴露特征指标。

3.5　促进居民使用行为的关键公园绿地功能特征

本章结合实地调查与植物生理参数监测、遥感影像处理和网络社交媒体照片与用户使用轨迹等多源数据，在场地尺度上量化评估了公园绿地暴露特征，包括与居民健康相关的公园绿地社会文化和生态调节功能；基于公园绿地使用轨迹数据识别了公园绿地内居民使用行为强度的空间异质性，并通过中介效应分析方法探究了设计层面公园绿地功能与居民使用行为的关联特征，主要研究结论如下。

（1）场地尺度下的公园绿地暴露特征

本研究调查和评估了场地尺度下公园绿地社会文化功能和生态调节功能特征。基于对场地尺度下公园绿地实地调查和遥感影像分析获得了公园绿地内绿色要素（常绿乔木、落叶乔木、灌木、草地）、灰色要素（道路、广场、建筑）、蓝色要素（水体）和设施要素（观赏设施、休憩设施、互动设施）的空间分布。在此基础上，结合户外社交媒体数据和植物生理参数监测，对公园绿地的社会文化和生态调节功能进行了空间定量评估。

评估结果表明，研究区公园绿地的三类社会文化功能的平均标准化得分在不同类型和面积等级公园绿地之间有所差异，其中综合公园平均游憩功能和美学功能水平最高（0.505，0.522），游园具有最高的平均社交功能水平（0.503）；面积 $50 \sim 100 hm^2$ 的公园绿地平均游憩功能水平最高（0.479），面积大于 $100 hm^2$ 的公园绿地具有最高的平均美学功能水平（0.496），面积小于 $2 hm^2$ 的公园绿地具有最高的平均社交功能水平（0.552）。总体上，面积较大的综合公园能够提供较高的美学和游憩功能，而面积较小的游园具有更高的社交功能。

研究区公园绿地的三类生态调节功能在不同公园绿地的空间分布较为一致，其中综合公园提供的平均固碳功能和降温功能水平较高，夏季单位绿地面积在一日内平均能够固碳 3.450g，降温 0.298℃，历史名园的滞尘功能水平较高，夏季单位绿地面积在一日内平均能够滞尘 0.054g；$10 \sim 50 hm^2$ 的公园绿地提供的三类生态调节功能均高于其他面积等级的公园绿地，夏季单位绿地面积平均在一日内能够固碳 3.434g，降温 0.297℃，滞尘 0.051g。不同于公园绿地社会文化功能在不同公园绿地类型之间的差异，公园绿地提供的生态调节功能与植被平均 NDVI 关系密切，总体上中等面积等级（$10 \sim 50 hm^2$）的综合公园和历史名园能够提供较高水平的固碳、降温和滞尘功能，而面积较小或较大的其他类型公园绿地提供的生态调节功能平均水平较低。

（2）公园绿地内的居民使用行为特征

本研究使用户外社交平台（六只脚）的用户轨迹数据表征居民在公园绿地内的使用行为。对公园绿地使用轨迹总体特征的分析结果表明，一日内超过 97% 的公园绿地使用行为集中于 7 ~ 19 时期间；全年范围内公园绿地在 5 月和 10 月期间存在两个使用行为强度的高峰时期，其中面积较大的综合公园、历史名园、专类公园和生态公园内使用行为强度高峰更为突出。在公园绿地使用轨迹长度方面，大多数使用轨迹长度超过 1km（75.12%），其中 29.27% 的公园绿地使用轨迹长度为 2 ~ 5km；并且随公园绿地面积等级增加，公园绿地使用轨迹的长度也有所增加，大于 $100 hm^2$ 的公园绿地内，大于 5km 的轨迹占比达到 37.52%，小于 1km 的轨迹仅 5.94%。

本研究进一步通过核密度分析方法识别了研究区公园绿地内使用行为强度的空间分布特征，公园绿地内使用行为强度的高值区域主要沿可以进入和到达的道路、广场空间分布。不同公园绿地类型中，综合公园的平均使用行为强度最高（0.301），其次是专类公园和社区公园（0.284）及游园（0.275）；不同面积等级的公园绿地中，面积较小的公园绿地平均使用强度较高，主要是由于大型公园绿地中为营造较为稳定的自然生境或维护绿地景观效果而存在大面积不可进入的绿地和水体空间，因此居民可以使用的空间面积占比相对于社区公园等小型公园绿地而言较低。

（3）设计层面影响居民健康的关键公园绿地客观暴露指标

通过基于户外社交媒体数据的公园绿地使用轨迹数据，本研究通过结构模型方程分析检验了公园绿地通过提供社会文化功能和生态调节功能的中介路径促进居民使用行为的假设。研究结果表明，社会文化功能对居民使用行为的促进相比绿地要素的直接影响更为显著（$\beta = 0.723$，$p < 0.001$），并且高于公园绿地生态调节功能对居民使用行为的影响（$\beta = 0.018$，$p < 0.001$）。公园绿地中不同要素通过提供社会文化功能促进使用行为的中介路径的显著性均高于公园绿地要素对使用行为的直接影响，中介效应占总效应的80%以上。其中，公园绿地蓝色要素（水体）对居民使用行为的促进作用中99.26%通过提供社会文化功能的中介路径实现，中介效应最为显著。然而，公园绿地的生态调节功能仅在绿色要素促进使用行为的路径中发挥了32.84%的中介效应，小于绿色要素对居民使用行为的直接影响；并且公园绿地的生态调节功能在灰色要素、蓝色要素和设施要素促进居民使用行为的路径中存在遮掩作用。

上述结果表明，公园绿地主要通过提供社会文化功能的路径促进居民的使用行为，并且中介效应显著高于公园绿地要素对居民使用行为影响的直接效应。相比于公园绿地要素特征，社会文化功能是设计层面促进居民使用行为的更为显著的公园绿地客观暴露特征指标。因此，本研究将公园绿地的社会文化功能视为设计层面影响居民健康的关键公园绿地客观暴露指标，并将在接下来的实证研究中进一步分析不同社会文化功能类型在影响居民使用行为类型方面的作用和差异，并作为开展公园绿地多尺度暴露特征对居民健康促进路径研究的指标选择依据。

第4章 公园绿地布局与居民健康的关联特征

识别规划层面影响居民健康的公园绿地布局特征是探索和构建公园绿地对居民健康促进路径的关键环节。本章将以街道为分析单元，使用多源数据评估街道尺度下公园绿地可获得性、可达性、吸引力的布局特征指标，并基于社会调查数据库获取研究区居民自评健康水平特征。在以居民人口统计学特征与所在街道社会环境特征为控制变量的前提下，通过多元回归分析方法探究不同公园绿地布局特征指标对居民健康影响的差异，并识别规划层面促进居民健康的关键公园绿地客观暴露特征指标。研究内容具体包括以下两个方面：①基于多源数据评估街道范围内公园绿地可获得性、可达性、吸引力的布局特征指标；②在控制影响居民健康的其他因素的前提下，探究不同公园绿地布局特征指标与居民健康的关联特征。

4.1 数据与方法

4.1.1 数据来源与预处理

依据前文对规划层面绿地暴露特征相关研究的梳理，本章将以北京市中心城区的128个街道为分析单元，从公园绿地可获得性、可达性和吸引力三个方面量化公园绿地暴露特征。考虑到居住区周边适宜日常步行的社区生活圈范围内是满足居民日常工作与生活等各类需求的基本单元（孙道胜等，2016），本研究分别评估了公园绿地在各街道范围内的总体空间布局特征及居住区周边范围内的空间布局特征，一并作为表征规划层面公园绿地暴露特征的指标。北京市中心城区居住区边界通过对百度地图的栅格计算和矢量数据校正获取，共提取居住区5320个（图4-1），并以居住区边界周边1km缓冲区作为社区生活圈范围。此外，由于居住在街道区划边界位置的居民日常可能会在两个街道交界范围内活动，在统计分析中以各街道边界以内及其周边1km缓冲区为分析范围（Liu et al.，2021b）。

4.1.2 指标选取与量化评估

4.1.2.1 公园绿地布局特征

（1）公园绿地可获得性

本研究构建了以下公园绿地可获得性指标体系（表4-1），分别在街道和居住区周边1km范围内通过两方面指标表征公园绿地的可获得性，即分析范围内单位面积的公园绿地数量和公园绿地面积特征（Nutsford et al., 2013; Wu and Kim, 2021）。研究区各街道人口数量依据北京市第七次全国人口普查公报确定，各指标在 ArcGIS 10.2 中使用分区统计等分析工具进行计算。

图 4-1　北京市中心城区居住区空间分布

表 4-1　公园绿地可获得性指标

分析内容	可获得性指标及缩写符号
公园绿地数量指标	街道及周边范围公园绿地密度（PD）
	居住区周边范围公园绿地密度（PDR）
	街道及周边范围每万人拥有的公园绿地数量（PN）
公园绿地面积指标	街道及周边范围公园绿地面积比（PAP）
	居住区周边范围公园绿地面积比（PAR）
	街道及周边范围人均公园绿地面积（PA）

（2）公园绿地可达性

基于道路网络分析方法模拟居民以不同出行方式到达目的地的潜在路径，已经在当前可达性相关研究中广泛应用（Gupta et al., 2016; Zhang et al., 2022a），包括估算设施点的最大服务范围、确定资源分配规划的最佳路线及城市绿地与设施点的可达性评估等（Oh and Jeong, 2007; Sister et al., 2010）。因此，本研究将基于道路网络分析方法评估研究区公园绿地的可达性特征，并构建了以下公园绿地可达性指标体系（表 4-2），包括公园绿地服务区分布指标和到达公园绿地的最短时间指标。依据有关居民出行时间偏好的研究可知，人们到达公园绿地最主要的交通方式为步行，其次为公共交通和自驾车出行（Zhang et al.，2021b）。大多数步行前往公园绿地的人希望花费的时间在 10 分钟以内；大多数自驾车前往公园绿地的人希望花费时间在 15 分钟以内（Dai，2011；Shan，2014；Zhang et al.，2021b）。因此本研究选择步行 10 分钟、车行 15 分钟、公交 20 分钟为阈值，分别计算了以公园绿地出入口为起点步行 10 分钟、车行 15 分钟、公交 20 分钟的服务区范围所覆盖的街道面积比及所覆盖的居住区数量比。先前有研究发现了在居住区周边规划面积大于 2hm² 的公园绿地对于居民户外活动的重要性（Comber et al.，2008；Zhang et al.，2021b），因此本研究将大于 2hm² 公园绿地的服务区分布指标和到达大于 2hm² 公园绿地的最短时间指标也分别纳入指标体系。

表 4-2　公园绿地可达性指标

分析内容		可达性指标及缩写符号
公园绿地 服务区	步行出行 10 分钟 服务区	公园绿地步行服务区覆盖的街道面积比（PSW）
		公园绿地步行服务区覆盖的居住区数量比（PSWR）
		大于 2hm² 公园绿地步行服务区覆盖的街道面积比（PSW2）
		大于 2hm² 公园绿地步行服务区覆盖的居住区数量比（PSWR2）
	车行出行 15 分钟 服务区	公园绿地车行服务区覆盖的街道面积比（PSD）
		公园绿地车行服务区覆盖的居住区数量比（PSDR）
		大于 2hm² 公园绿地车行服务区覆盖的街道面积比（PSD2）
		大于 2hm² 公园绿地车行服务区覆盖的居住区数量比（PSDR2）
	公交出行 20 分钟 服务区	公园绿地公交服务区覆盖的街道面积比（PSP）
		公园绿地公交服务区覆盖的居住区数量比（PSPR）
		大于 2hm² 公园绿地公交服务区覆盖的街道面积比（PSP2）
		大于 2hm² 公园绿地公交服务区覆盖的居住区数量比（PSPR2）
到达公园绿地 最短时间	步行出行 最短时间	从街道内各居住区步行到达公园绿地的平均最短时间（PRW）
		从街道内各居住区步行到达大于 2hm² 公园绿地的平均最短时间（PRW2）
	车行出行 最短时间	从街道内各居住区车行到达公园绿地的平均最短时间（PRD）
		从街道内各居住区车行到达大于 2hm² 公园绿地的平均最短时间（PRD2）
	公交出行 最短时间	从街道内各居住区公交到达公园绿地的平均最短时间（PRP）
		从街道内各居住区公交到达大于 2hm² 公园绿地的平均最短时间（PRP2）

本研究使用 ArcGIS 10.2 中的网络分析模块（Network Analyst）进行基于道路网络分析方法的公园绿地可达性指标计算。首先以各公园绿地入口为起点，以道路交叉口、地下通道和天桥为步行路线阻抗点，以道路交叉口为车行路线阻抗点，以道路交叉口、公交站点为公交路线阻抗点（在途经阻抗点时时间延迟 1 分钟），计算各公园绿地的 10 分钟步行服务区、15 分钟车行服务区及 20 分钟公交服务区。研究区道路数据来源于网络开源地图 OpenStreetMap（OSM）。OSM 道路数据包括 27 类道路分类属性（fclass 字段），在 ArcGIS 10.2 中依据表 4-3 将其按照我国城市一般道路等级特征进行分级，并确定步行或车行通过

相应道路时的速度。

表 4-3 城市道路等级与速度

道路等级	OSM_fclass 字段	步行速度 / (m/min)	车行速度 / (km/h)	公交速度 / (km/h)
高架及快速路	motorway, motorway_link, trunk, trunk_link	—	70	50
城市主干道	secondary, secondary_link, primary, primary_link	75	60	40
城市次干道	tertiary, tertiary_link	75	50	40
城市支路	residential, unclassified	75	30	40
郊区道路	track, track_g–ade1-track_grade5	75	30	40
内部道路	bridleway, living_street, path, service	75	30	—
人行道路	footway, pedestrian, steps, cycleway	75	—	—
其他未知道路	unknown	75	—	—

其次，以各居住区中心点为起点，公园绿地出入口为终点，计算从各居住区出发到达最近公园绿地的路线长度及耗费时间。在分析中同样为步行、车行、公交路径设置对应的速度、阻抗点及延迟时间，并依据公式 4-1 计算各街道中从居住区出发到达最近公园绿地的平均最短时间：

$$\mathrm{Avg}_T = \frac{\sum_{i=1}^{N} \min T_i}{N} \qquad (4\text{-}1)$$

式中，Avg_T 为从街道各居住区到最近公园绿地的平均最短时间，用以表示各街道公园绿地的可达性；N 为所分析街道的居住区总数；$\min T_i$ 为第 i 个居住区到达最近公园绿地入口的最短时间。本研究中从街道各居住区到最近公园绿地的平均最短时间越小，则对应街道的公园绿地可达性越高，故在后文分析中计算 Avg_T 的负值表征各街道的公园绿地可达性水平。

（3）公园绿地吸引力性

为评估公园绿地是否能够满足居民的期望和需求，本研究构建了以下综合考虑公园绿地实际使用水平和绿地功能水平的吸引力评估指标体系（表 4-4）。其中，公园绿地实际使用水平基于社交媒体数据分别计算街道及周边范围公园绿地的平均社交媒体轨迹数量和平均社交媒体照片数量，反映公园绿地的受欢迎程度；公园绿地功能则基于本书第 3 章对公园绿地社会文化功能和生态调节功能评估结果进行计算。

表 4-4 公园绿地吸引力指标

分析内容	吸引力指标及缩写符号
公园绿地实际使用水平	街道及周边范围公园绿地的平均社交媒体轨迹数量（NT）
	街道及周边范围公园绿地的平均社交媒体照片数量（NP）

分析内容	吸引力指标及缩写符号
公园绿地功能	街道及周边范围公园绿地的平均生态调节功能水平（REF）
	街道及周边范围公园绿地的平均社交功能评分（CEFS）
	街道及周边范围公园绿地的平均游憩功能评分（CEFR）
	街道及周边范围公园绿地的平均美学功能评分（CEFA）

第 3 章对公园绿地功能评估的结果表明，公园绿地提供的三类生态调节功能在空间分布上具有较高的一致性，街道中各公园绿地的 NDVI 均值表征其平均生态调节功能水平。

不同类型和面积等级公园绿地的平均美学功能、社交功能、游憩功能统计结果，按照排序进行赋分，采用矩阵评分法制定了不同类型和面积等级公园绿地的功能评分标准（图4-2）。研究区内各公园绿地的社会文化功能得分详见附录 A。

美学功能

面积等级及评分 \ 公园类型及评分		综合公园	社区公园	历史名园	专类公园	游园	生态公园
		5	2	4	3	0	1
小于2hm²	1	6	3	5	4	1	2
2~10hm²	2	7	4	6	5	2	3
10~50hm²	3	8	5	7	6	3	4
50~100hm²	4	9	6	8	7	4	5
大于100hm²	5	10	7	9	8	5	6

社交功能

面积等级及评分 \ 公园类型及评分		综合公园	社区公园	历史名园	专类公园	游园	生态公园
		4	3	1	2	5	0
小于2hm²	5	9	8	6	7	10	5
2~10hm²	4	8	7	5	6	9	4
10~50hm²	3	7	6	4	5	8	3
50~100hm²	2	6	5	3	4	7	2
大于100hm²	1	5	4	2	3	6	1

游憩功能

面积等级及评分 \ 公园类型及评分		综合公园	社区公园	历史名园	专类公园	游园	生态公园
		5	1	2	3	0	4
小于2hm²	3	8	4	5	6	3	7
2~10hm²	2	7	3	4	5	2	6
10~50hm²	4	9	5	6	7	4	8
50~100hm²	5	10	6	7	8	5	9
大于100hm²	1	6	2	3	4	1	5

图 4-2 公园绿地社会文化功能评分矩阵

4.1.2.2 城市居民自评健康水平

本研究使用北京大学开放研究数据平台于 2018 年公开的"北京社会经济发展年度调查-2015"（BAS2015）中的相关社会调查数据获取城市居民自评健康水平。"北京社会经济发展年度调查"（Beijing Area Study）是由北京大学中国国情研究中心自 1995 年起进行的一项年度调查研究。该调查采用横截面式的问卷调查方法，通过采访员问卷面访的方式，获取北京市居民个人层面的数据。BAS2015 的调查样本采用"GPS/GIS 辅助的区域抽样"方法，以单元格内人口数为规模度量，按照分层多阶段的概率与规模成比例（probabilities proportional to size, PPS）抽样方式进行选取。初级抽样单位为 30″×30″经纬度组成的单元格，简称半分格。在调查中共随机抽取了位于北京市市辖区范围内的半分格 80 个，分别位于 64 个街道，共向北京市辖区内居住 6 个月以上且年龄 18 岁以上的中国公民发放问卷 4572 份，实际有效问卷 2610 份。其中，位于北京市中心城区范围内的半分格共计 60 个，位于 42 个街道，实际发放问卷 3376 份，有效问卷 1922 份。

BAS2015 中提供了受访者自评身体健康水平和精神健康水平的相关调查结果。居民身体健康自评及精神健康自评分别通过问题"F8. 总的来说，您认为您的健康状况是很好，比较好，一般，比较差，还是很差？"和"F10. 总的来说，您认为您的精神健康状况是很好，比较好，一般，比较差，还是很差？"的结果获得，受访者对这两个问题的答复使用李克特（Likert）量表依据规则编码为"1–很好，2–比较好，3–一般，4–比较差，5–很差"；居民身体健康和精神健康变化自评分别通过问题"F9. 与去年相比，您的健康状况是更好了，大致相同，还是有所下降？"和"F11. 与去年相比，您的精神健康状况是更好了，大致相同，还是有所下降？"的结果获得，受访者的回答使用李克特量表依据规则编码为"1–更好了，3–大致相同，5–有所下降"。本研究将以上述四个问题的调查结果作为因变量分析公园绿地布局与居民健康的关联特征。由于上述题目均为反向计分方式的问卷调查，因此本研究对问卷调查结果进行了反向编码处理，并对反向编码后的结果采用均值插补法处理缺失值。

4.1.2.3 社会人口与经济环境特征

依据前文总结的影响居民健康的其他个人与社会环境特征，本研究构建了公园绿地布局与居民健康关联特征研究的控制变量指标体系（表4-5），包括居民的人口统计学特征指标和所在街道的社会环境特征指标。

表 4-5　居民个人与街道特征指标

指标			数据源
个人层面	性别、年龄、教育、婚姻状况、收入		BAS2015 调查数据
街道层面	社会经济特征	街道人口密度（PPD）	WorldPop 数据集
		经济发展水平（GDP）	中国 GDP 公里网格数据集
		夜间灯光指数（NLI）	夜光遥感影像（Luojia1-01）
		其他娱乐场所密度（EPD）	百度地图 POI

		指标	数据源
街道层面	生态环境特征	街道绿化率（DG）	高分辨率遥感影像（GF-2）
		居住区绿化率（RG）	高分辨率遥感影像（GF-2）
		空气污染水平（PM）	中国高分辨率空气污染数据集
		夏季地表温度（ST）	热红外遥感影像（Landsat 8）

其中，居民的人口统计学特征指标包括年龄、性别、学历、婚姻状况、收入五个方面，相关数据基于 BAS2015 调查中对应问题获得。其中，居民性别通过问题"A0. 采访对象的性别"获得；居民年龄通过问题"A1. 请问您是哪年出生的?"进行计算；居民的教育水平使用居民的受教育年限表征，通过问题"A5. 您上过多少年学?"获得；居民婚姻状况通过问题"K17. 您目前的婚姻状况：1-单身，2-已婚"获得；居民收入通过问题"K22. 您全年的总收入是多少?"获得。本研究以上述问题的调查结果作为居民社会人口特征的控制变量分析公园绿地布局与居民健康的关联特征，并采用均值插补法处理问卷缺失值。

街道社会环境特征则包括社会经济特征和生态环境特征两部分，以表征城市居民所在街道的社会环境特征差异。其中，社会经济特征包括街道人口密度、经济发展水平、夜间灯光指数、其他娱乐场所密度四个指标。人口分布数据来自分辨率 100m 的 WorldPop 全球人口网格计数数据集；各街道经济发展水平使用 GDP 表征，来源于中国科学院院资源环境科学与数据中心发布的 2015 年中国 GDP 空间分布公里网格数据集，空间分辨率为 1km，单位为万元/km^2；夜间灯光数据来自空间分辨率 100m 的珞珈一号（Luojia1-01）夜光遥感卫星，选取植冠层对灯光遮挡较少的冬季影像为数据源（2018 年 11 月 23 日）；其他娱乐场所密度以百度地图开放平台为数据源获取研究区娱乐场所 POI 数据进行空间统计分析。生态环境特征包括街道绿化率、居住区绿化率、空气污染水平及夏季地表温度四个指标。其中，街道绿化率和居住区内绿化率基于高分辨率遥感影像（GF-2）分别以各街道和居住区边界为分析单元计算植被覆盖度；空气污染水平数据来源于北京师范大学全球变化与地球系统科学研究院发布的 CHAP（China High Air Pollutants）数据集，选用 2018 年空间分辨率 1km 的 PM$_{2.5}$浓度数据；夏季地表温度数据使用 Landsat 8 遥感影像（2017 年 7 月 10 日）基于大气校正法反演计算。研究区各街道的社会环境特征基础数据的空间分布特征如图 4-3 所示。

4.1.3 统计分析方法

（1）描述性统计与相关性分析

在对研究区公园绿地布局特征定量空间化评估的基础上，通过计算平均值及柱状图等分析方法，描述研究区公园绿地布局特征、居民自评健康水平，以及居民个人与街道水平的控制变量特征。为比较不同公园绿地布局特征指标之间的差异，本研究还计算了不同公园绿地布局指标之间的 Pearson 相关系数。

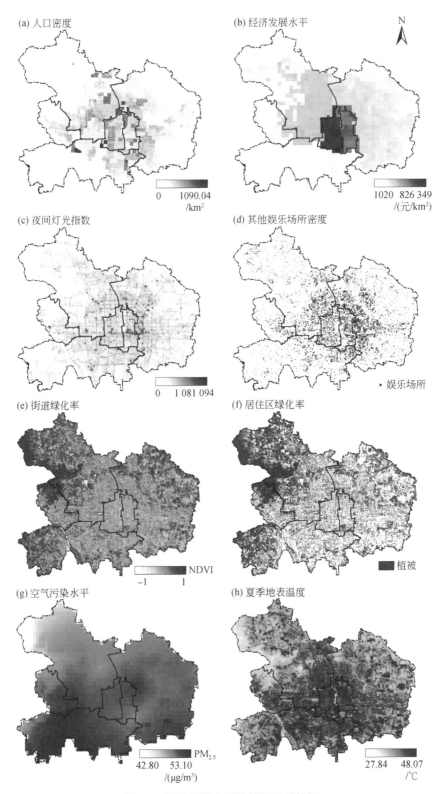

图 4-3　研究区社会环境特征基础数据

（2）多元回归分析

为探究公园绿地布局与居民健康的关联特征，本研究构建了以城市居民自评健康水平为因变量，公园绿地布局特征为自变量，居民个体人口统计学特征和所在街道社会环境特征为控制变量的多元回归分析模型，以初步探究不同公园绿地布局特征指标与居民自评健康水平的关联。回归分析模型如公式 4-2 所示：

$$SRH_m = \beta_0 + \sum_{l=1}^{n} \beta_l PA_l + \sum_{i=1}^{a} \beta_i IV_i + \sum_{j=1}^{b} \beta_j SV_j + \varepsilon \qquad (4\text{-}2)$$

式中，SRH_m 为受访者自评健康水平（包括身体健康、精神健康、身体健康变化和精神健康变化）；PA_l 为第 l 项公园绿地布局特征的指标；n 为表征公园绿地可获得性、可达性、吸引力特征的指标总数；IV_i 和 SV_j 分别为受访者的第 i 项人口统计学特征（$a=5$）及所在街道的第 j 项社会环境特征（$b=8$）；β_0 为模型截距；β_i，β_j 和 β_l 为不同变量的标准化回归系数；ε 为误差项。

（3）共线性与嵌套性检验

本研究在回归分析前对所有变量进行归一化和去中心化处理，为避免回归分析变量间的多重共线性，计算了所有变量的方差膨胀系数（VIF），各变量的 VIF 计算结果均小于 10，表明不存在严重的多重共线性问题。本章研究中涉及两个尺度的变量，即城市居民个体尺度自评健康水平变量和人口统计学控制变量、街道尺度的公园绿地布局特征变量和社会环境控制变量。对于居住在相同街道的城市居民而言，其对应的公园绿地布局和社会环境特征是一致的，分析数据可能会因为存在嵌套结构而导致回归系数估计错误（Koo and Li，2016）。为避免数据嵌套结构的影响，本研究计算了各组分析数据组内相关系数（Intraclass Correlation Coefficient，ICC）以检验样本是否存在数据嵌套问题；分析结果表明（表 4-6），各组数据的 ICC 值均小于 0.059，表明不存在数据嵌套结构（Cohen，1977）；此外，本研究在回归分析中采用了基于聚类稳健标准误的普通最小二乘（Ordinary Least Square，OLS）方法，该方法可避免回归估计时存在的嵌套结构问题（Koo and Li，2016）。

表 4-6　组内相关系数检验

	ICC	95% ICC	p
公园绿地可获得性	0.029	0.025 ~ 0.033	<0.001
公园绿地可达性	0.046	0.041 ~ 0.050	<0.001
公园绿地吸引力	0.009	0.006 ~ 0.012	<0.001

4.2　公园绿地的布局特征

4.2.1　公园绿地可获得性

研究区各街道的公园绿地可获得性特征如图 4-4 所示。人均公园绿地面积在东城区和

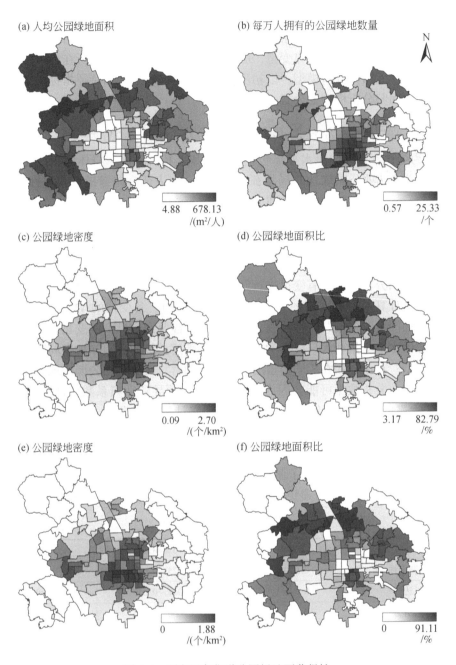

(a) 人均公园绿地面积

(b) 每万人拥有的公园绿地数量

4.88　678.13
/(m²/人)

0.57　25.33
/个

(c) 公园绿地密度

(d) 公园绿地面积比

0.09　2.70
/(个/km²)

3.17　82.79
/%

(e) 公园绿地密度

(f) 公园绿地面积比

0　1.88
/(个/km²)

0　91.11
/%

图 4-4　研究区各街道公园绿地可获得性

西城区各街道相对较低，海淀区香山街道人均公园绿地面积最高，达到 678.13m²/人，而中关村街道人均公园绿地面积仅 4.88m²/人。每万人拥有的公园绿地数量呈现了几乎相反的空间分布格局，东城区前门街道每万人拥有的公园绿地数量最多（25.33 个/万人），但海淀区学院路街道每万人拥有的公园绿地数量仅为 0.53 个/万人。街道及周边范围内公园绿地密度与居住区周边范围公园绿地密度具有相似的空间分布特征，并且街道及周边范围内公园绿地面积比与居住区周边范围公园绿地面积比的空间分布特征也基本相似，但公园绿地密度和公园绿地面积比的空间分布特征有所差异。其中，公园绿地密度高值区域主要集中在东城区和西城区及其他四区位于四环路以内区域，东城区前门街道及周边范围、居住区周边范围的公园绿地密度最高，分别为 2.70 个/km² 和 1.88 个/km²；朝阳区金盏乡及周边范围公园绿地密度最低，仅 0.09 个/km²，并且金盏乡内居住区周边 1km 范围内没有公园绿地。公园绿地面积比的高值区域则主要分布在北京市五环路周边区域，包括海淀区东南部、朝阳区西北部、丰台区中部、石景山区及东城区南部的部分街道，海淀区学院路街道及周边范围内有较多面积较大的公园绿地，包括奥林匹克森林公园、树村郊野公园等，该街道及周边范围公园绿地面积比达到 82.79%，西城区椿树街道及周边公园绿地面积比最低仅 3.17%；东城区前门街道居住区周边范围公园绿地面积比最高为 91.11%。这一结果反映了各街道内公园绿地的不同空间布局特征，在人口密度高的街道内大多分布了较高密度的小型公园绿地，但人均公园绿地面积及居住区周边公园绿地的总面积并不高；而在人口密度较低的街道内的公园绿地面积通常较大，虽然公园绿地密度较低，但人均公园绿地面积通常较高。

4.2.2 公园绿地可达性

本研究识别了步行、自驾车和公交三种出行方式的公园绿地服务区覆盖范围，以及从居住区出发到达公园绿地的耗时最短路径。如图 4-5 所示，研究区内公园绿地 10 分钟步行服务区总面积约 399.61km²，其中东城区和西城区的公园绿地步行服务区分布较为集中；面积大于 2hm² 的公园绿地 10 分钟步行服务区总面积约 334.44km²，相比全部公园绿地服务区的空间分布，东城区和西城区范围内的公园绿地服务区面积有所减少，但周边四区变化不大。图 4-5c 和图 4-5d 分别为从各居住区步行到达公园绿地及大于 2hm² 公园绿地入口耗时最短的路径。其中，从朝阳区晴翠园小区步行到达公园绿地的耗时最长，达到 71.55 分钟，路径长度约 5366.25m；从海淀区香山 81 号院步行达到大于 2hm² 的公园绿地入口的耗时最长，达到 100.45 分钟，路径长度约 7458.67m。研究区内有 3231 个居住区步行到达最近公园绿地的时间小于 10 分钟，约占所有居住区的 61.12%；但仅有 2415 个居住区的居民能够在 10 分钟以内步行到达最近的面积不小于 2hm² 的公园绿地（45.76%）。

研究区各街道公园绿地步行可达性的评估结果如图 4-6 所示。东城区前门街道、大栅栏街道、牛街街道、广安门内街道等公园绿地步行服务区覆盖的街道面积比较高，均达到 95% 以上；朝阳区安贞街道，石景山区八宝山街道、八角街道及东城、西城区、丰台区的 15 个街道内公园绿地步行服务区覆盖的居住区数量比均达到 100%。西城区广安门内街道中面积大于 2hm² 公园绿地步行服务区覆盖的街道面积比最高（90.38%）；并且东城区崇文门街道、天坛街道，石景山区八宝山街道等 6 个街道面积大于 2hm² 公园绿地步行服务区覆盖的居住区数量比达到 100%。研究区街道居住区到达公园绿地的平均最短时间的分析结果表明，朝阳区金盏乡内从各居住区步行到达公园绿地的平均最短时间最长（48.18 分钟），朝阳区三间房乡、孙河乡和小红门乡内居住区步行到达公园绿地的平均最

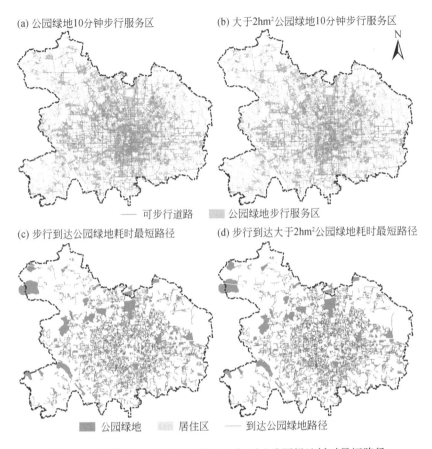

(a) 公园绿地10分钟步行服务区   (b) 大于2hm²公园绿地10分钟步行服务区

—— 可步行道路   ■ 公园绿地步行服务区

(c) 步行到达公园绿地耗时最短路径   (d) 步行到达大于2hm²公园绿地耗时最短路径

■ 公园绿地   居住区   —— 到达公园绿地路径

图4-5 公园绿地 10 分钟步行服务区与到达公园绿地耗时最短路径

短时间均超过 15 分钟，但东城区前门街道、景山街道、东华门街道等街道内居住区到达公园绿地的平均最短时间均不超过 5 分钟；石景山区鲁谷街道、八宝山街及东城区景山街道内居住区到达大于 2hm² 公园绿地的平均最短时间也不超过 5 分钟。

    基于车行的公园绿地服务区和耗时最短路径如图 4-7 所示。公园绿地 15 分钟车行服务区总面积约 1050.64km²，在研究范围内分布广泛；图 4-7b 为面积大于 2hm² 的公园绿地 15 分钟车行服务区，总面积约 1019.57km²，相比于所有公园绿地的车行服务区差异不大。图 4-7c 和图 4-7d 分别为从研究区内各居住区车行到达公园绿地及大于 2hm² 公园绿地入口的耗时最短路径。其中，从朝阳区晴翠园小区驾车到达公园绿地的耗时最长，约为 12.05 分钟，路径长度约 5312.02m；从晴翠园驾车达到面积大于 2hm² 的公园绿地入口的耗时也最长，达到 13.14 分钟，路径长度约 5350.76m，研究区内各居住区的居民均能够在驾车 15 分钟以内的时间内到达最近的公园绿地。

(a) 公园绿地步行服务区覆盖的街道面积比

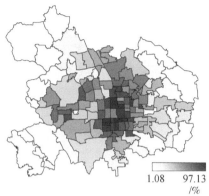

1.08　97.13
/%

(b) 公园绿地步行服务区覆盖的居住区数量比

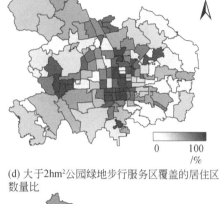

0　100
/%

(c) 大于2hm²公园绿地步行服务区覆盖的街道
　面积比

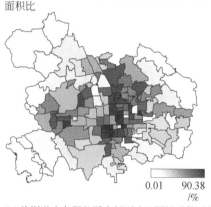

0.01　90.38
/%

(d) 大于2hm²公园绿地步行服务区覆盖的居住区
　数量比

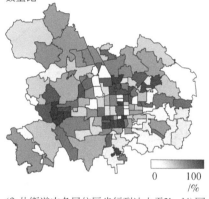

0　100
/%

(e) 从街道内各居住区步行到达公园绿地的平均
　最短时间

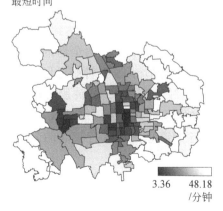

3.36　48.18
/分钟

(f) 从街道内各居住区步行到达大于2hm²公园
　绿地的平均最短时间

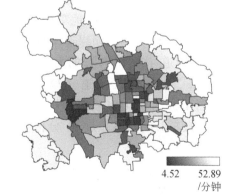

4.52　52.89
/分钟

图4-6　研究区各街道公园绿地步行可达性

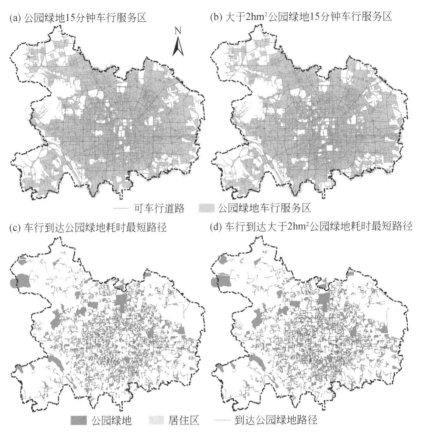

图 4-7　公园绿地 15 分钟车行服务区与到达公园绿地耗时最短路径

　　研究区各街道公园绿地车行可达性评估结果如图 4-8 所示。研究区 6 个行政区内共有45 个街道（35.16%）的公园绿地车行 15 分钟服务区覆盖街道面积比达到 100%，并有101 个街道（78.91%）的公园绿地车行 15 分钟服务区覆盖了街道内全部的居住区；研究区内有 38 个街道（29.69%）的大于 2hm² 公园绿地的车行 15 分钟服务区覆盖街道面积比达到 100%，并有 93 个街道（72.66%）的公园绿地车行 15 分钟服务区覆盖了街道内全部。图 4-8e 和图 4-8f 表明，从各街道的居住区车行到达公园绿地及大于 2hm² 公园绿地的平均最短时间均不超过 15 分钟，研究内各街道总体均具有较高的公园绿地车行可达性。

　　通过公交出行的公园绿地服务区和耗时最短路径如图 4-9 所示。研究区内公园绿地 20分钟公交服务区总面积约 487.76km²，面积大于 2hm² 的公园绿地 20 分钟公交服务区总面积约 476.16km²，相比于所有公园绿地的公交服务区差异不大。图 4-9c 和图 4-9d 分别为从研究区内各居住区通过公交到达公园绿地及大于 2hm² 公园绿地入口的耗时最短路径。其中，从朝阳区长小店中街乘公交到达公园绿地的耗时最长，约为 21.99 分钟，路径长度约 7994.10m；从丰台区槐树岭公交总站乘公交达到面积大于 2hm² 的公园绿地的耗时最长，约为 38.73 分钟，路径长度约 13 817.22m。研究区内有 2998 个居住区的居民通过公交到达公园绿地的平均最短时间小于 20 分钟，约占所有居住区的 56.37%；但仅有 2909 个居住区的居民能够在 20 分钟以内通过公交到达大于 2hm² 的公园绿地，约占所有居住区的 54.68%。

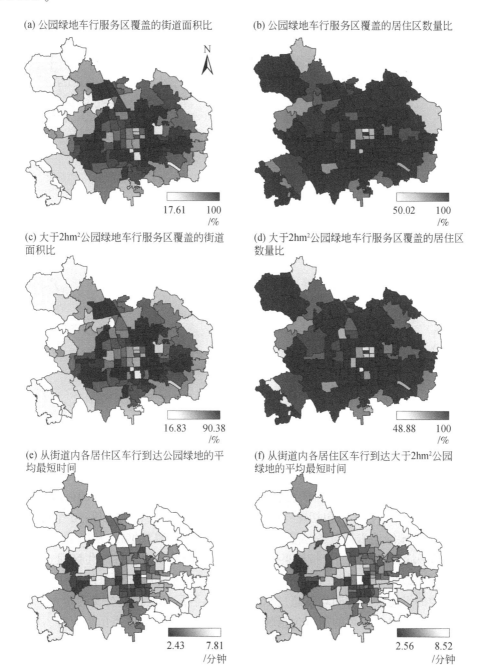

(a) 公园绿地车行服务区覆盖的街道面积比

(b) 公园绿地车行服务区覆盖的居住区数量比

(c) 大于2hm²公园绿地车行服务区覆盖的街道面积比

(d) 大于2hm²公园绿地车行服务区覆盖的居住区数量比

(e) 从街道内各居住区车行到达公园绿地的平均最短时间

(f) 从街道内各居住区车行到达大于2hm²公园绿地的平均最短时间

图 4-8　研究区各街道公园绿地车行可达性

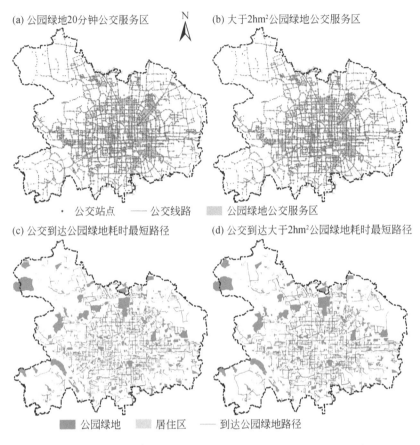

(a) 公园绿地20分钟公交服务区　　(b) 大于2hm²公园绿地公交服务区

· 公交站点　—— 公交线路　■ 公园绿地公交服务区

(c) 公交到达公园绿地耗时最短路径　(d) 公交到达大于2hm²公园绿地耗时最短路径

■ 公园绿地　■ 居住区　—— 到达公园绿地路径

图4-9　公园绿地20分钟公交服务区与到达公园绿地耗时最短路径

　　研究区各街道公园绿地公交可达性评估结果如图4-10所示。朝阳区劲松街道和建外街道、东城区崇文门街道、西城区金融街街道等12个街道的公园绿地公交服务区覆盖的街道面积比较高，达到90%以上；6个行政区内共计21个街道内公园绿地步行服务区覆盖的居住区数量比达到100%。面积大于2hm²公园绿地步行服务区覆盖的街道面积比较高的街道主要位于朝阳区西侧，包括建外街道、左家庄街道、劲松街道等；6个行政区内共计21个街道内公园绿地步行服务区覆盖的居住区数量比达到100%。从街道内各居住区到达公园绿地的平均最短时间的分析结果表明，朝阳区金盏乡内从各居住区通过公交到达公园绿地的平均最短时间最长（16.11分钟），但研究区内所有街道从居住区通过公交到达公园绿地的平均最短时间均不超过20分钟。从各居住区通过公交到达大于2hm²公园绿地的平均最短时间较短的街道包括朝阳区将台街道、海淀区香山街道等，朝阳区金盏乡内从各居住区通过公交到达大于2hm²公园绿地所需的平均最短时间最长（26.74分钟）。

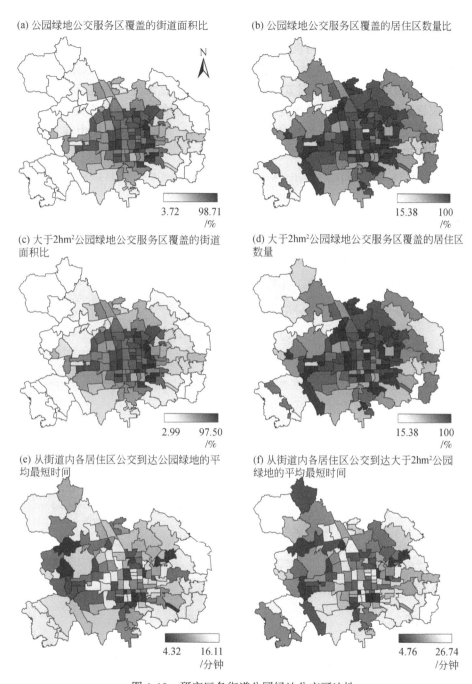

图 4-10　研究区各街道公园绿地公交可达性

4.2.3　公园绿地吸引力

研究区各街道的公园绿地吸引力特征如图 4-11 所示。其中，研究区各街道内公园绿地的平均社交平台轨迹数量和照片数量的空间分布格局基本一致，高值区均集中在海淀区中部、石景山区北部区域，其中海淀区香山街道内分布有香山公园、国家植物园和西山国家森林公园北区，公园绿地的平均轨迹数量最多（301.13 条），青龙桥街道内分布有圆明园遗址公园、颐和园及百望山森林公园南区，公园绿地的平均照片数量最多（1659.14 张）。各街道内公园绿地平均生态调节功能的高值区集中在海淀区西北部、南部及石景山区北部；公园绿地的平均游憩功能和美学功能也呈现相似的空间分布格局，而各街道内公园绿地的平均社交功能呈现几乎相反的空间分布格局，高值区主要集中在东城区和西城区，其他四区街道内公园绿地平均社交功能得分较低。

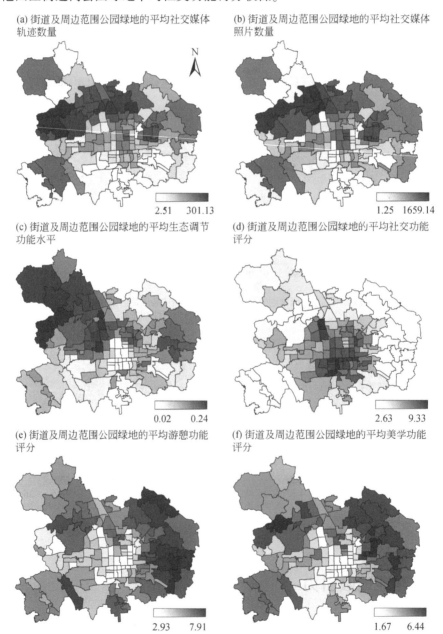

图 4-11　研究区各街道公园绿地吸引力

4.2.4 公园绿地布局特征的相关性分析

公园绿地可获得性指标之间的 Pearson 相关系数如表 4-7 所示。分析结果表明,与公园绿地面积相关[街道及周边范围人均公园绿地面积(PA)、街道及周边范围公园绿地面积比(PAP)、居住区周边范围公园绿地面积比(PAR)]的可获得性指标之间存在显著正相关关系($p<0.01$),与公园绿地数量相关[街道每万人拥有的公园绿地数量(PN)、街道及周边范围公园绿地密度(PD)、居住区周边范围公园绿地密度(PDR)]的可获得性指标之间也分别存在显著正相关关系($p<0.01$)。该结果表明,本研究中表征公园绿地数量与面积可获得性的指标在研究区内分别呈现相似的空间分布特征。

表 4-7　公园绿地可获得性指标 Pearson 相关系数

	PN	PD	PAP	PDR	PAR
PA	0.349 **	−0.098	0.449 **	−0.132	0.614 **
PN		0.642 **	0.340 **	0.568 **	0.304 **
PD			0.398 **	0.859 **	0.093
PAP				0.286 **	0.687 **
PDR					0.070

** $p<0.01$；* $p<0.05$

在所有公园绿地可获得性指标中,街道及周边范围公园绿地面积比(PAP)与其他指标均呈现显著正相关关系($p<0.01$),但街道及周边范围公园绿地密度(PD)以及居住区周边范围公园绿地密度(PDR),与街道及周边范围人均公园绿地面积(PA)和居住区周边范围公园绿地面积比(PAR)之间均不存在显著相关关系。这一结果表明具有街道或居住区周边范围内较高的公园绿地密度并不意味着具有较大的公园绿地面积比,如研究内东城区、西城区的部分街道内存在大量小型公园绿地(游园或社区公园),公园绿地密度和每万人拥有的公园绿地数量(PD,PDR,PN)较高,但街道及周边范围人均公园绿地面积(PA)及居住区周边范围公园绿地面积比(PAR)较低。

表 4-8 为公园绿地步行、车行、公交可达性指标的相关性分析结果。公园绿地步行可达性指标之间均存在较为显著的正相关关系($p<0.01$),表明衡量公园绿地步行可达性的不同指标在研究区内的空间特征较为相似。公园绿地车行可达性和公交可达性指标之间也总体上存在较为显著的正相关关系,但公园绿地的车行和公交服务区覆盖的居住区数量比(PSDR、PSDR2、PSPR、PSPR2)与从街道内各居住区通过车行或公交到达公园绿地的平均最短时间(PRD、PRD2、PRP)之间不存在显著相关关系($p>0.05$)。

表 4-8　公园绿地可达性指标 Pearson 相关系数（1）

		PSW2	PSWR	PSWR2	PRW	PRW2
	PSW	0.834 **	0.727 **	0.454 **	0.673 **	0.565 **
	PSW2		0.624 **	0.714 **	0.580 **	0.671 **
步行可达性	PSWR			0.742 **	0.776 **	0.686 **
	PSWR2				0.549 **	0.739 **
	PRW					0.866 **
		PSD2	PSDR	PSDR2	PRD	PRD2
	PSD	0.958 **	0.360 **	0.383 **	0.350 **	0.302 **
	PSD2		0.350 **	0.421 **	0.323 **	0.304 **
车行可达性	PSDR			0.939 **	0.146	0.097
	PSDR2				0.139	0.137
	PRD					0.842 **
		PSP2	PSPR	PSPR2	PRP	PRP2
	PSP	0.998 **	0.658 **	0.662 **	0.218 *	0.281 **
	PSP2		0.657 **	0.664 **	0.221 *	0.288 **
公交可达性	PSPR			0.993 **	0.135	0.249 **
	PSPR2				0.166	0.278 **
	PRP					0.781 **

** $p<0.01$，* $p<0.05$

本研究进一步分析了公园绿地步行、车行和公交可达性指标之间的相关性（表 4-9），结果表明，公园绿地步行、车行和公交可达性之间也普遍存在较为显著的正相关关系，表明研究区内基于不同交通方式的公园绿地可达性的空间特征较为一致。其中，公园绿地的车行服务区覆盖的居住区数量比（PSDR、PSDR2）与公园绿地步行可达性指标之间不存在显著的关联关系或显著性较低，这可能是由于研究区内大多数街道的公园绿地的车行服务区覆盖的居住区数量比均较高（72.66% 的街道覆盖率为 100%），在各街道之间的差异较小。总体而言，研究区内具有较高公园绿地步行可达性的街道也同时具有较高的公园绿地车行和公交可达性，考虑到城市居民在使用公园绿地过程中主要以步行出行方式为主，因此本研究在后续分析中将以公园绿地的步行可达性指标表征各街道的公园绿地总体可达性水平。

表 4-9　公园绿地可达性指标 Pearson 相关系数（2）

		PSD	PSD2	PSDR	PSDR2	PRD	PRD2
	PSW	0.481 **	0.466 **	0.000 ***	0.049	0.650 **	0.572 **
	PSW2	0.402 **	0.405 **	0.065	0.128	0.560 **	0.644 **
步行可达性–	PSWR	0.356 **	0.344 **	0.128	0.147	0.766 **	0.648 **
车行可达性	PSWR2	0.185 *	0.200 *	0.128	0.169	0.541 **	0.687 **
	PRW	0.376 **	0.373 **	0.167	0.191 *	0.872 **	0.771 **
	PRW2	0.356 **	0.375 **	0.151	0.222 *	0.757 **	0.863 **

续表

		PSP	PSP2	PSPR	PSPR2	PRP	PRP2
步行可达性–公交可达性	PSW	0.715 **	0.714 **	0.425 **	0.431 **	0.384 **	0.322 **
	PSW2	0.544 **	0.547 **	0.345 **	0.362 **	0.343 **	0.411 **
	PSWR	0.386 **	0.382 **	0.311 **	0.320 **	0.522 **	0.414 **
	PSWR2	0.125	0.129	0.176 *	0.202 *	0.372 **	0.442 **
	PRW	0.464 **	0.466 **	0.360 **	0.397 **	0.781 **	0.675 **
	PRW2	0.373 **	0.379 **	0.315 **	0.367 **	0.646 **	0.682 **
		PSP	PSP2	PSPR	PSPR2	PRP	PRP2
车行可达性–公交可达性	PSD	0.687 **	0.682 **	0.531 **	0.532 **	0.138	0.256 **
	PSD2	0.681 **	0.679 **	0.510 **	0.514 **	0.155	0.283 **
	PSDR	0.063	0.064	0.245 **	0.253 **	0.224 *	0.256 **
	PSDR2	0.114	0.116	0.209 *	0.235 **	0.230 **	0.255 **
	PRD	0.442 **	0.442 **	0.333 **	0.351 **	0.673 **	0.554 **
	PRD2	0.339 **	0.344 **	0.226 *	0.259 **	0.599 **	0.584 **

*** $p<0.001$，** $p<0.01$，* $p<0.05$

公园绿地吸引力指标之间的相关系数如表 4-10 所示。分析结果表明，公园绿地的平均社交功能评分（CEFS）与其他指标之间存在显著的负相关关系（$p<0.01$）；平均游憩功能评分（CEFR）与平均美学功能评分（CEFA）之间显著正相关，但与公园绿地平均社交媒体轨迹数量（NT）、平均社交媒体照片数量（NP）及平均生态调节功能水平（REF）之间没有显著的相关关系。该结果表明本研究所评估的不同公园绿地吸引力指标的空间分布格局存在差异，能够反映不同的公园绿地吸引力特征，其中公园绿地的平均游憩功能评分（CEFR）、平均美学功能评分（CEFA）、平均社交媒体轨迹数量（NT）、平均社交媒体照片数量（NP）之间的空间分布一致性较高。

表 4-10　公园绿地吸引力指标 Pearson 相关系数

	CEFR	CEFS	NT	NP	REF
CEFA	0.809 **	−0.788 **	0.404 **	0.396 **	0.307 **
CEFR		−0.812 **	0.080	0.096	0.139
CEFS			−0.288 **	−0.222 *	−0.258 **
NT				0.610 **	0.353 **
NP					0.315 **

** $p<0.01$，* $p<0.05$

研究区公园绿地可获得性、可达性、吸引力指标之间的相关系数如表 4-11 所示。分析结果表明，公园绿地可获得性与可达性特征之间总体存在较为显著的正相关关系，其中街道及周边范围公园绿地密度（PD）和居住区周边范围公园绿地密度（PDR）与公园绿地步行服务区覆盖的街道面积比（PSW）之间相关性较强（$r>0.6$，$p<0.01$），街道及周

边范围公园绿地面积比（PAP）与可达性指标之间的相关性较弱（$r<0.3$）；街道及周边范围每万人拥有的公园绿地数量（PN）及居住区周边范围公园绿地面积比（PAR）与公园绿地可达性指标之间不存在显著相关关系或相关性较弱。

表4-11 公园绿地可获得性、可达性、吸引力的布局指标相关系数

		PSW	PSW2	PSWR	PSWR2	PRW	PRW2
可获得性–可达性	PA	−0.203*	−0.181*	−0.086	−0.029	−0.083	−0.108
	PN	0.459**	0.234**	0.354**	0.065	0.315**	0.202*
	PD	0.778**	0.520**	0.501**	0.199*	0.481**	0.362**
	PAP	0.327**	0.253**	0.199*	0.125	0.260**	0.216*
	PDR	0.816**	0.628**	0.649**	0.401**	0.598**	0.500**
	PAR	0.060	0.086	−0.009	0.039	0.112	0.094
		NT	NP	REF	CEFA	CEFR	CEFS
可获得性–吸引力	PA	0.603**	0.478**	0.170	0.400**	0.191*	−0.395**
	PN	−0.073	−0.093	−0.358**	−0.364**	−0.320**	0.339**
	PD	−0.224*	−0.198*	−0.454**	−0.594**	−0.538**	0.659**
	PAP	0.226*	0.484**	−0.066	0.140	−0.064	0.102
	PDR	−0.239**	−0.260**	−0.428**	−0.622**	−0.585**	0.675**
	PAR	0.383**	0.572**	0.098	0.330**	0.105	−0.140
		NT	NP	REF	CEFA	CEFR	CEFS
可达性–吸引力	PSW	−0.217*	−0.190*	−0.404**	−0.549**	−0.548**	0.692**
	PSW2	−0.155	−0.111	−0.346**	−0.280**	−0.335**	0.471**
	PSWR	−0.212*	−0.267**	−0.364**	−0.488**	−0.447**	0.509**
	PSWR2	−0.104	−0.128	−0.256**	−0.120	−0.150	0.178*
	PRW	−0.152	−0.115	−0.270**	−0.408**	−0.438**	0.567**
	PRW2	−0.216*	−0.135	−0.301**	−0.221*	−0.270**	0.390**

** $p<0.01$，* $p<0.05$

公园绿地可获得性和吸引力指标之间的相关关系中，街道及周边范围人均公园绿地面积（PA）和居住区周边范围公园绿地面积比（PAR）与公园绿地美学价值（CEFA）、公园绿地的平均社交媒体轨迹数量（NT）和平均社交媒体照片数量（NP）存在较为显著的正相关关系（$r>0.3$，$p<0.01$），街道及周边范围每万人拥有的公园绿地数量（PN）、公园绿地密度（PD）及居住区周边范围公园绿地密度（PDR）与公园绿地的平均美学功能（CEFA）、平均游憩功能（CEFR）及平均生态调节功能（REF）之间存在显著的负相关关系（$r>0.3$，$p<0.01$），但与公园绿地平均社交功能（CEFS）之间存在显著的正相关关系（$r>0.3$，$p<0.01$），表明公园绿地可获得性与吸引力指标的空间布局存在一定的差异。

公园绿地可达性与吸引力指标之间总体存在较为显著的负相关关系。其中，公园绿地步行服务区覆盖的街道面积比（PSW）、大于$2hm^2$公园绿地步行服务区覆盖的街道面积比（PSW2）、公园绿地步行服务区覆盖的居住区数量比（PSWR）、步行到达公园绿地的平均最短时间（PWR）和步行到达面积大于 2hm² 公园绿地的平均最短时间（PWR2）与公园绿地平均美学功能（CEFA）、平均游憩功能（CEFR）和平均生态调节功能（REF）存在较为显著的负相关关系（$p<0.01$），但与公园绿地平均社交功能（CEFS）存在正相关关系；大于 2hm² 公园绿地步行服务区覆盖的居住区数量比（PSWR2）与公园绿地平均社交功能（CEFS）存在正相关关系、与平均生态调节功能（REF）存在负相关关系，但与其他公园绿地吸引力指标不存在显著关联；公园绿地可获得性指标与公园绿地平均社交媒体轨迹数量（NT）和社交媒体照片数量（NP）也不存在显著性相关关系或相关相关性较弱（$r<0.3$），表明可达性与吸引力指标空间布局大多呈现相反的空间格局，具有较高公园绿地可达性的街道内的公园绿地平均吸引力水平可能较低。

4.3 城市居民自评健康水平

城市居民自评健康水平的统计结果见图 4-12 和表 4-12。基于 BAS2015 的研究区 1922 个样本的城市居民自评身体健康水平、精神健康水平、身体健康变化及精神健康变化的平均值分别为 3.730、3.978、2.912 和 2.985；其中居民自评身体健康水平和身体健康变化得分的标准差（0.629 和 0.606）相比于自评精神健康水平和精神健康变化略高。该分析结果表明，受访者的平均健康水平较高，且健康状况相比于前一年大致相同，但受访者之间身体健康水平相比于精神健康水平在人群间差异更大。

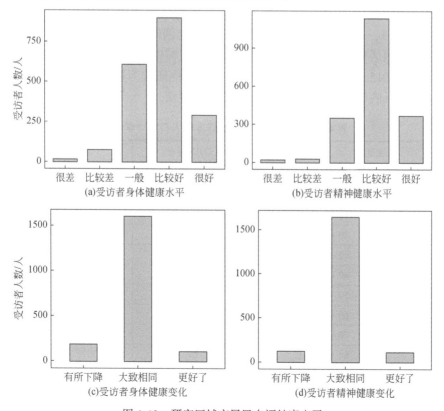

图 4-12　研究区城市居民自评健康水平

表 4-12 研究区城市居民自评健康水平的统计

健康指标	平均值	中位数	标准差
身体健康	3.730	4（比较好）	0.629
精神健康	3.978	4（比较好）	0.449
身体健康变化	2.912	3（大致相同）	0.606
精神健康变化	2.985	3（大致相同）	0.522

4.4 人口与社会–环境特征

4.4.1 研究样本人口统计学特征

本研究使用的 BAS2015 调查中受访者样本的人口统计学特征与 2015 年北京市城镇人口总体特征[①]的对比如表 4-13 所示。BAS2015 样本中女性受访者比例（52.81%）略高于北京市城镇人口总体性别比例（47.85%）；小于 49 岁的样本比例（53.64%）略低于北京市城镇 49 岁以下年龄比例（66.29%），这可能是由于 BAS2015 调查采取入户调查的方式，因居民日常上学、上班等原因导致采集到的中青年居民样本比例偏低、老年居民受访者比例偏高；具有大学专科及以上学历的受访者比例（37.70%）也略低于北京市城镇总体水平（42.33%），这可能也与样本中老年受访者比例偏高有关；受访者的平均收入水平略高于北京市城镇居民平均水平；婚姻状况与北京市城镇特征较为一致。总体而言，本研究所使用的 BAS2015 调查样本的受访者人口统计学特征较为接近北京市城镇人口总体特征，能够较好地反映研究区居民人口统计学与健康特征。

表 4-13 北京市及本研究样本的人口统计学特征

变量		BAS2015 样本	北京市城镇人口总体
性别*/%	男性	47.19	52.15
	女性	52.81	47.85
年龄（分组）**/%	15～19 岁	1.37	3.67
	20～29 岁	18.85	23.69
	30～39 岁	18.11	21.02
	40～49 岁	15.31	17.91
	50～59 岁	19.54	16.35
	60～69 岁	17.48	9.90
	70～79 岁	6.65	4.89
	80 岁及以上	2.69	2.56

---

① http://nj.tjj.beijing.gov.cn/nj/main/2016-tjnj/zk/indexch.htm.

变量		BAS2015 样本	北京市城镇人口总体
学历 * * /%	未上过学	4.45	1.95
	小学	8.38	10.31
	初中	25.66	25.34
	普通高中	18.19	13.53
	职高/中专	5.62	6.53
	大学专科	12.30	13.49
	大学本科	20.73	22.15
	研究生	4.67	6.69
收入平均 *** /元		66986	52859
婚姻 **** /%	已婚	77.25	77.17
	单身	22.75	22.83

＊数据来自《北京人口普查统计年鉴 2020》；＊＊数据来自《2015 年北京市 1% 人口抽样调查资料》；＊＊＊数据来自《北京统计年鉴 2021》；＊＊＊＊数据来自《2015 年北京市 1% 人口抽样调查资料》

4.4.2 街道社会环境特征

研究区各街道的社会环境特征如图 4-13 所示。在街道社会经济特征方面，研究区各街道人口密度（PPD）和经济发展水平（GDP）呈现从内向外逐渐降低的空间格局。其中，西城区广安门外街道人口密度最高（342.77 人/hm²），西城区西长安街街道的平均经济发展水平最高（764 490 万元/km²），丰台区西部、海淀区西北部及朝阳区东部的部分街道人口密度和经济发展水平相对较低；夜间灯光指数（NLI）和其他娱乐场所密度（EPD）较高的街道均位于朝阳区东部和东城区西部，朝阳区建外街道具有最高的平均夜间灯光指数（182 881.73），三里屯街道具有最高的其他娱乐场所密度（105.89 个/km²）。

在街道生态环境方面，研究区各街道绿化率（DG）及居住区绿化率（RG）呈现相似的空间分布格局，海淀区西北部及丰台区西部绿化水平较高，其中海淀区香山街道具有最高的总体绿化水平（85.05%），万柳地区的居住区周边绿化水平最高（66.85%）；各街道的空气污染水平（PM）差异不大，永定河沿线一带具有较高的年均 $PM_{2.5}$ 浓度，其中丰台区宛平城街道 $PM_{2.5}$ 浓度最高（52.39μg/m³）；夏季地表温度（ST）较高的区域则集中位于东城区、西城区及丰台区东部，其中西城区大栅栏街道夏季平均地表温度最高（46.35℃）。上述结果表明，研究区各街道的社会经济与生态环境背景存在一定的差异，可能对居民健康产生不同程度的潜在影响。

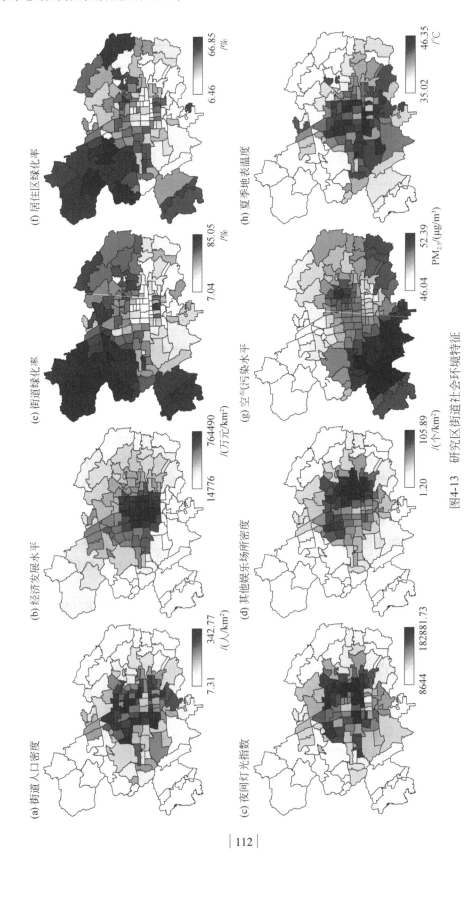

图4-13 研究区街道社会环境特征

4.5 公园绿地布局与居民健康的关联特征

4.5.1 居民身体健康

以 BAS2015 调查数据中受访者的自评身体健康水平为因变量，表 4-14 为不同公园绿地布局特征指标对受访者身体健康影响的模型分析结果。模型 1～模型 3 分别在综合考虑影响居民健康的人口统计学特征及所在街道社会环境特征的基线模型的基础上，分析了公园绿地可获得性、可达性和吸引力指标对受访者身体健康的影响；模型 4 则在基线模型的基础上进一步综合考虑了模型 1～模型 3 中对受访者身体健康具有显著影响的公园绿地布局指标（$p<0.05$）。

表 4-14 公园绿地布局对受访者身体健康影响的模型分析结果

变量		基线模型	模型 1	模型 2	模型 3	模型 4
截距（Intercept）		−0.050	−0.049	−0.052	−0.049	−0.054
性别	男性	Ref.	Ref.	Ref.	Ref.	Ref.
	女性	−0.018	−0.021	−0.020	−0.011	−0.015
年龄		−0.307 ***	−0.302 ***	−0.308 ***	−0.295 ***	−0.303 ***
学历		0.010	0.020	0.010	0.015	0.018
收入		0.089 ***	0.091 ***	0.090 ***	0.088 ***	0.082 ***
婚姻	未婚	Ref.	Ref.	Ref.	Ref.	Ref.
	已婚	0.077	0.077	0.081	0.071	0.080
PPD		0.098 *	0.112 *	0.099 *	0.129 **	0.161 *
GDP		−0.002	−0.015	−0.033	0.025	−0.080
NLI		−0.004	0.030	−0.021	−0.054	−0.017
EPD		−0.098 *	−0.121 *	−0.021	−0.033	−0.023 *
DG		0.016	0.042	0.006	0.027	0.064
RG		0.017	0.024	0.0198	0.001	0.042
PM		−0.046 *	−0.036	−0.039 *	−0.125 *	−0.016
ST		0.052	0.081	0.015	0.045	0.043
PA			−0.049			
PN			−0.022			
PD			0.136 *			0.161 *
PAP			−0.063			
PDR			−0.120 *			−0.056 *
PAR			0.050			
PSW				0.329		

变量	基线模型	模型1	模型2	模型3	模型4
PSW2			−0.417*		−0.069*
PSWR			−0.233		
PSWR2			0.514***		0.207**
PRW			−0.076		
PRW2			−0.110*		−0.119*
CEFA				−0.004	
CEFR				−0.050	
CEFS				−0.118*	−0.090*
REF				0.058	
NT				−0.024	
NP				0.068	
R^2	0.138	0.143	0.147	0.144	0.149

***$p<0.001$，**$p<0.01$，*$p<0.05$

通过比较基线模型和模型1～模型3的拟合优度可知，公园绿地的三类空间布局特征均对受访者身体健康有显著的积极影响，其中公园绿地可达性特征对受访者身体健康的影响最为显著（$R^2=0.147$）。公园绿地可达性指标中，大于2hm²公园绿地步行服务区覆盖的居住区数量比（PSWR2）对受访者身体健康具有最显著的积极影响（$\beta=0.514$，$p<0.001$），然而，大于2hm²公园绿地步行服务区覆盖的街道面积比（PSW2）可能对受访者身体健康存在一定的负面影响（$\beta=-0.417$，$p<0.05$），对此的解释可能是由于与居住区附近具有较多小型公园绿地的街道相比，居住区附近存在面积大于2hm²的公园绿地对于居民身体健康更为有利。从街道内各居住区步行到达公园绿地的平均最短时间（PRW）对受访者的身体健康没有显著影响，但从街道内各居住区步行到达大于2hm²公园绿地平均最短时间（PRW2）对受访者的身体健康水平存在显著的负面影响（$\beta=-0.110$，$p<0.01$），这表明从居住区步行到达面积大于2hm²的公园绿地的时间越短对促进居民身体健康越有利。公园绿地的吸引力和可获得性指标也对于受访者身体健康存在一定的显著影响（$R^2=0.144$，$R^2=0.143$），其中公园绿地的平均社交功能（CEFS）也对受访者身体健康具有较为显著的负面影响（$\beta=-0.118$，$p<0.05$），街道及周边范围和居住区范围公园绿地密度（PD，PDR）则分别对受访者健康有显著的积极和消极影响（$\beta=0.136$，$p<0.05$；$\beta=-0.120$，$p<0.05$）。

综合考虑模型1～模型3中对受访者身体健康具有显著影响的公园绿地布局指标（$p<0.05$），模型4的分析结果能够为识别街道尺度下影响身体健康的关键公园绿地暴露特征指标提供参考（$R^2=0.149$）：大于2hm²公园绿地出行服务区覆盖的居住区数量比（PSWR2）对受访者身体健康有最为显著的积极影响（$\beta=0.207$，$p<0.01$），街道及周边范围公园绿地密度（PD，$\beta=0.161$，$p<0.05$）和到达大于2hm²公园绿地的平均最短时间（PRW2，$\beta=0.119$，$p<0.05$）也对居民身体健康有较为显著的积极影响。

4.5.2 居民精神健康

以 BAS2015 调查数据中受访者的自评精神健康水平为因变量，表 4-15 为不同公园绿地布局特征对受访者精神健康影响的模型分析结果。模型 1～模型 3 分别在综合考虑影响居民健康的人口统计学特征及所在街道社会环境特征的基线模型的基础上，分析了公园绿地可获得性、可达性和吸引力指标对受访者精神健康的影响；模型 4 则在基线模型的基础上进一步综合考虑了模型 1～模型 3 中对受访者精神健康具有显著影响的公园绿地布局指标（$p<0.05$）。

表 4-15　公园绿地布局对居民精神健康影响的模型分析结果

变量		基线模型	模型 1	模型 2	模型 3	模型 4
截距（Intercept）		−0.055	−0.053	−0.054	−0.051	−0.051
性别	男性	Ref.	Ref.	Ref.	Ref.	Ref.
	女性	0.008	0.015	0.013	0.022	0.019
年龄		−0.132 ***	−0.118 ***	−0.118 ***	−0.109 ***	−0.120 ***
学历		0.091 ***	0.087 **	0.092 **	0.096 ***	0.088 **
收入		0.053 *	0.057 *	0.057 *	0.055 *	0.055 *
婚姻	未婚	Ref.	Ref.	Ref.	Ref.	Ref.
	已婚	0.066	0.058	0.061	0.050	0.053
PPD		0.000	−0.024	0.029	0.034	−0.010
GDP		0.027	0.121 **	0.043	0.020	0.045
NLI		0.086	0.108 *	0.162 *	0.013	0.002
EPD		−0.094 *	−0.080	−0.033	−0.017	0.049
DG		0.238 ***	0.306 **	0.285 **	0.312 ***	0.286 ***
RG		0.015	0.015	0.022	−0.042	−0.015
PM		0.103 **	0.183 ***	0.111 **	0.219 ***	0.231 ***
ST		0.116 *	0.183 *	0.214 **	0.296 ***	0.277 **
PA			0.077			
PN			−0.122 **			−0.083 *
PD			0.028			
PAP			0.037			
PDR			−0.107			
PAR			0.017			
PSW				−0.048		
PSW2				−0.255		
PSWR				−0.332 *		−0.008
PSWR2				0.585 ***		0.172 **

变量	基线模型	模型 1	模型 2	模型 3	模型 4
PRW			0.170		
PRW2			−0.215 *		−0.171 *
CEFA				0.145 **	0.175 **
CEFR				−0.024	
CEFS				−0.038	
REF				0.053 *	0.034 *
NT				0.041	
NP				0.144 **	0.076 *
R^2	0.083	0.098	0.097	0.104	0.107

*** $p < 0.001$，** $p < 0.01$，* $p < 0.05$

通过比较基线模型和模型 1 ~ 模型 3 的拟合优度可知，公园绿地的三类空间布局特征均对受访者精神健康有显著的积极影响，其中公园绿地吸引力特征对受访者精神健康的积极影响最为显著（ $R^2 = 0.104$ ）。公园绿地吸引力指标中，街道范围内公园绿地平均美学功能（CEFA）对受访者精神健康的积极影响最为显著（ $\beta = 0.145$ ， $p < 0.01$ ），街道范围内的公园绿地的平均社交媒体平台照片数量（NP， $\beta = 0.144$ ， $p < 0.01$ ）和平均生态调节功能（REF， $\beta = 0.053$ ， $p < 0.05$ ）也对受访者的精神健康水平具有一定的积极影响。前文相关性分析结果表明，研究区各街道公园绿地的平均美学功能（CEFA）、平均生态调节功能（REF）及平均社交媒体平台照片数量（NP）之间存在显著正相关关系（ $p < 0.01$ ），表明提升公园绿地的美学功能将有机会同时促进公园绿地的实际使用水平和生态调节功能，从而促进城市居民的精神健康。公园绿地的可获得性和可达性指标也对受访者精神健康有一定的显著影响（ $R^2 = 0.098$ ； $R^2 = 0.097$ ），其中街道及周边范围每万人拥有的公园绿地数量（PN）对受访者精神健康具有显著的负面影响（ $\beta = -0.122$ ， $p < 0.01$ ），公园绿地步行服务区覆盖的居住区数量比（PSWR）和从街道内各居民区步行到达大于 $2hm^2$ 公园绿地平均最短时间（PRW2）也对受访者精神健康具有显著的负面影响（ $\beta = -0.332$ ， $p < 0.05$ ； $\beta = -0.215$ ， $p < 0.05$ ）；但大于 $2hm^2$ 公园绿地步行服务区覆盖的居住区数量比（PSWR2）对受访者精神健康存在显著积极影响（ $\beta = 0.585$ ， $p < 0.001$ ）。前文相关性分析结果发现街道及周边范围内公园绿地的平均美学功能（CEFA）与街道及周边范围每万人拥有的公园绿地数量（PN）存在显著负相关关系，上述结果同样表明在居住区周边布局具有较高美学功能水平的大于 $2hm^2$ 公园绿地相比于提供大量小型公园绿地对促进居民健康的重要性更为突出。

模型 4 的分析结果表明（ $R^2 = 0.107$ ），街道及周边范围内公园绿地的平均美学功能（CEFA）对居民精神健康的积极影响最为显著（ $\beta = 0.175$ ， $p < 0.01$ ），大于 $2hm^2$ 公园绿地步行服务区覆盖的居住区数量比（PSWR2）对居民精神健康也具有较为显著的积极影响（ $\beta = 0.172$ ， $p < 0.01$ ），是规划层面影响居民精神健康的关键公园绿地暴露特征指标。

4.6 影响居民健康的关键公园绿地布局特征

本章研究通过对高分辨率遥感影像数据、道路网络数据、户外社交媒体数据等多源数据的处理和分析，以街道为分析单元量化评估了公园绿地可获得性、可达性、吸引力的布局特征，并基于 BAS2015 中的受访者健康自评数据，在以居民人口统计学特征和所在街道社会环境特征为控制变量的前提下，通过多元回归分析方法探究了公园绿地布局特征与自评身体健康水平、精神健康水平、身体健康变化及精神健康变化之间的关联特征。主要研究结论如下：

4.6.1 街道尺度下的公园绿地暴露特征

本章研究从公园绿地布局的可获得性、可达性、吸引力三个方面量化评估了街道尺度下的公园绿地暴露特征。其中，表征公园绿地可获得性的六个指标中，与公园绿地数量或密度相关的街道及周边范围每万人拥有的公园绿地数量（PN）、街道及周边范围公园绿地密度（PD）、居住区周边范围公园绿地密度（PDR）均在研究区呈现中部高、四周低的空间格局；而与公园绿地面积相关的街道及周边范围人均公园绿地面积（PA）、街道及周边范围公园绿地面积比（PAP）、居住区周边范围公园绿地面积比（PAR）则呈现不同的空间格局，高值街道集中在北京市四环路至五环路区域。这一结果表明东城区和西城区内的街道虽然公园绿地密度较高，但公园绿地的平均面积较小；周边四区街道内公园绿地平均面积较大，但公园绿地密度相对较低。

公园绿地可达性指标在研究区内总体均呈现中部高、四周低的空间分布特征，具有较高公园绿地可达性的街道大多位于东城区和西城区，其他四区部分街道公园绿地可达性较低。研究区内公园绿地步行、车行及公交服务区面积分别为 399.61km²、1050.64km² 和 487.76km²；各居住区总体均具有较高的公园绿地可达性，其中 61.12% 的居住区步行到达公园绿地的最短时间不超过 10 分钟，从各居住区车行到达公园绿地所需的平均最短时间不超过 15 分钟，以及 56.37% 的居住区通过公交到达公园绿地的最短时间不超过 20 分钟。然而，面积大于 2hm² 的公园绿地可达性的空间格局与所有公园绿地的可达性特征存在一定的差异；表明部分街道内虽然公园绿地可达性较高，但多以面积小于 2hm² 的小型公园绿地为主。

表征公园绿地吸引力特征的六个指标中，街道及周边范围公园绿地的平均社交媒体轨迹数量（NT）和平均社交媒体照片数量（NP）的空间分布基本一致，公园绿地的平均生态调节功能（RER）的平均空间分布也与之相似，主要集中在海淀区中部、西北部和石景山区北部区域；公园绿地的平均游憩功能（CEFR）和平均美学功能（CEFA）也呈现类似的空间分布格局，而公园绿地平均社交功能（CEFS）的空间分布格局与之相反，高值集中在东城区和西城区。总体而言，东城区和西城区较高密度的小型公园绿地能够提供较高水平的社交功能，而周边四区各街道内面积较大的公园绿地则在提供美学和游憩功能方面更为突出，因能够吸引更多居民前往而具有较高的实际使用水平。

对不同公园绿地布局特征的相关性分析结果表明，公园绿地可获得性、可达性和吸引力特征的空间分布存在一定差异，其中公园绿地可获得性和可达性指标之间总体存在较为显著的正相关关系或不显著相关关系，而可达性与吸引力指标的空间布局大多呈现相反的空间格局，具有较高公园绿地可达性的街道内的公园绿地平均吸引力水平通常较低。分析结果表明不同的公园绿地布局指标能够反映不同的公园绿地暴露特征，因而可能对居民健康的存在不同程度的影响。

4.6.2　公园绿地布局特征与居民健康的关联特征

基于对公园绿地布局特征的定量评估，结合 BAS2015 获得研究区 30 个街道的 1922 个居民的自评身体健康水平、精神健康水平、身体健康变化和精神健康变化数据，本研究通过多元回归分析探究了公园绿地布局与居民健康的关联特征。依据回归分析拟合优度，在控制居民社会人口特征与街道社会环境特征变量的情况下，城市居民的身体健康水平受到公园绿地可达性的影响最为显著（$R^2 = 0.147$），身体健康变化则受到公园绿地可获得性的影响最为显著（$R^2 = 0.078$），而公园绿地的吸引力对居民精神健康水平和精神健康变化有最为显著的影响（$R^2 = 0.104$，$R^2 = 0.053$）。该结果表明，不同的公园绿地布局特征对居民健康的不同维度的影响有所差异，较高的公园绿地可达性和可获得性水平能够为居民接触自然以及在公园绿地内的使用行为提供便利，可能通过提高居民的公园绿地使用频率影响居民的身体健康水平；而具有较高吸引力的公园绿地能够为居民提供多样的活动空间，支持居民在公园绿地内多样的使用行为类型和更高的公园绿地使用时长，从而对居民精神健康水平产生显著的积极影响，但公园绿地促进居民健康的实际路径还有待下文进一步分析和验证。

4.6.3　规划层面影响居民健康的公园绿地客观暴露特征指标

公园绿地布局与居民健康的关联模型的多元回归分析系数表明不同公园绿地布局指标对居民健康的影响有显著差异，并为识别规划层面影响居民健康的关键公园绿地客观暴露特征指标提供了参考。

（1）身体健康

大于 $2hm^2$ 公园绿地步行服务区覆盖的居住区数量比（PSWR2）对受访者身体健康有最为显著的积极影响（$\beta = 0.207$，$p < 0.01$），街道及周边范围公园绿地密度（PD，$\beta = 0.161$，$p < 0.05$）和大于 $2hm^2$ 公园绿地步行服务区覆盖的街道面积比（PRW2，$\beta = -0.119$，$p < 0.05$）也对居民身体健康有较为显著的积极影响。

（2）精神健康

街道及周边范围内公园绿地的平均美学功能（CEFA）对居民精神健康的积极影响最为显著（$\beta = 0.175$，$p < 0.01$），大于 $2hm^2$ 公园绿地步行服务区覆盖的居住区数量比（PSWR2）对居民精神健康也具有较为显著的积极影响（$\beta = 0.172$，$p < 0.01$）。

综上所述，本章研究探究了街道尺度下不同公园绿地布局特征与居民自评健康水平的关联特征，并在此基础上识别了规划层面影响居民健康的关键公园绿地客观暴露指标。然而，受研究所用社会调查数据的限制，公园绿地布局特征如何通过影响居民公园绿地使用剂量促进健康的路径尚不明确。因此，下一章将结合对研究区城市居民公园绿地主观暴露特征及其自评健康水平的实地调查，进一步探究和构建公园绿地对居民健康的促进路径。

第 5 章 | 公园绿地对居民健康的影响路径

本研究在第 3 章证实了公园绿地能够通过提供社会文化功能影响居民的使用行为，在第 4 章证实了公园绿地的可获得性、可达性和吸引力等布局特征能够显著影响居民的自评身体健康与精神健康状况。在此基础上，本章将基于对居民公园绿地主观暴露特征及自评健康状况的实地调查，探究设计与规划层面公园绿地暴露特征对居民公园绿地主观暴露特征的影响及其与自评健康状况的关联，并构建和量化综合多尺度暴露特征的公园绿地对居民健康的促进路径。研究内容具体包括以下三个方面：①通过问卷调查和行为观察获得研究区公园绿地内居民所在空间点位、公园绿地主观暴露特征、自评健康状况及其他人口统计学特征等信息；②在控制人口统计学特征与街道社会环境特征的前提下，探究公园绿地主观暴露特征的影响因素及其与居民健康的关联；③提出公园绿地促进居民健康的假设路径并加以验证和量化。

5.1 数据与方法

5.1.1 公园绿地受访者问卷调查

（1）调查问卷设计与预调研

本研究设计了公园绿地的居民使用特征的调查问卷，具体包括以下三个部分的内容。

第一部分是受访者的公园绿地主观暴露特征调查。首先通过问题"您在过去一年内使用公园绿地的频率？［单选题：1. 一年一次（几乎不）；2. 每年五次及以下（很少）；3. 每一两个月一次（偶尔）；4. 每月一到三次（定期）；5. 每周一次及以上（经常）；6. 几乎每天都来］"获得受访者的公园绿地使用频率特征，以及通过问题"您每次使用公园绿地的时间大约多长？［单选题：1. 30 分钟以下；2. 30 分钟～1 小时；3. 1～2 小时；4. 2～3 小时；5. 3 小时以上］"获得受访者的公园绿地使用时长特征；然后通过问题"您在公园绿地中主要进行什么活动？［不限选项：1. 静态活动（静坐、阅读、钓鱼、摄影、观鸟等）；2. 动态活动（散步、跑步、太极、打球、跳绳等）］"获得受访者在公园绿地中的使用行为类型偏好。此部分问卷还包括了与受访者公园绿地使用特征相关的其他问题，包括到达公园绿地的交通方式、到达公园绿地所用的时间、同行者特征及受访者对所在居住区绿化环境的满意度等。

第二部分是受访者自评健康状况调查。该部分基于北京社会经济发展年度调查问卷（BAS2015），受访者自评健康状况通过以下四个问题获得："总的来说，您认为您的健康状况如何？［单选题：1. 很差；2. 比较差；3. 一般；4. 比较好；5. 很好］"；"总的来说，您认为您的精神健康状况如何？［单选题：1. 非常差；2. 比较差；3. 一般；4. 比较好；5. 非常好］"；"与去年相比，您的健康状况如何？［单选题：1. 差很多；2. 差一点；3. 大致相同；4. 好一点；5. 好很多］"；"与去年相比，您的精神健康状况如何？［单选题：1. 差很多；2. 差一点；3. 大致相同；4. 好一点；5. 好很多］"。调查结果分别表征受访者的身体健康水平、精神健康水平、身体健康变化及精神健康变化状况。

第三部分为人口统计学特征调查。依据前文总结的可能影响居民健康的人口统计学特征，调查了受访者的性别、年龄、学历、收入、婚姻状况。为降低问卷调查的敏感程度，有关收入的问题还提供了 6 个收入等级以便受访者选择"您全年的总收入是：［单选题：1. 小于 25000 元；2. 25000 ~ 45000 元；2. 45000 ~ 60000 元；4. 60000 ~ 90000 元；5. 90000 ~ 140000 元；6. 大于 140000 元］"，收入等级依据《北京市统计年鉴 2021》中全市居民人均可支配收入（按收入水平分）划分的低收入户、中低收入户、中等收入户、中高收入户、高收入户的收入水平确定[①]。另外，有研究表明家中有未成年子女的居民可能具有更高的公园绿地使用频率（Wu and Kim，2021），因此问卷通过问题："您与未成年子女同住？［单选题：1. 是；2. 否］"获得受访者的家庭结构特征。

为保证问卷内容和题目设计的合理性，本研究在问卷初步设计完成后，首先对调查问卷进行了预调研和信度检验。预调研的两次调查分别于 2021 年 4 月 18 日和 4 月 25 日间隔 7 天时间开展，共计 21 人参与，收回问卷 42 份。21 位参与者两次测试结果中各问题的 Cronbach's α 范围为 0.974 ~ 1.000，表明调查问卷具有较高的外部一致性，调查结果不会受到时间等外在因素变化的影响，能够较为稳定可靠地反映在一定时间内受访者的公园绿地主观暴露特征及自评健康水平。在接受问卷预调研的 21 人中，15 人为风景园林或景观生态专业领域研究生及从业者，6 人为非专业人士。测试完成后，通过与受访者进行交流来了解其在完成问卷调查过程中所遇到的问题。本研究收集和汇总了受访者对问卷内容及调查过程的反馈，并据此修改了问卷中部分问题的表述和作答方式，以提高问卷题目的合理性、简明性以及题目的可理解性，以完善和形成正式调查问卷。

（2）正式问卷调查

正式问卷调查于 2021 年 9 ~ 10 月、2022 年 5 ~ 7 月在研究区 30 个公园绿地分别开展。在问卷调查过程中，首先询问和确认受访者为本地居民或在已经在当前住处居住至少一年，以确保受访者为当地常住居民。在每个公园绿地发放调查问卷 30 份以上，共计发放和收回问卷 1064 份。在问卷录入过程中排除了题目填写不完整、存在异常数据的问卷，最终共获得有效问卷 1017 份。调查问卷的有效率为 95.58%，各公园绿地有效问卷最多 36 份，最少 31 份。

（3）问卷数据处理

问卷调查结束后，将数据录入 Excel 并进行编码处理。在汇总原始数据的基础上，本研究结合受访者的公园绿地使用频率和使用时长两个指标进一步计算了受访者在一年内的公园绿地累计使用时长。具体来说，在问题"14. 您在过去一年内使用公园绿地的频率"中选择"大概一年一次、每年五次以下、每一两个月一次、每月一到三次、每周一次及以

---

① https://nj. tjj. beijing. gov. cn/nj/main/2021-tjnj/zk/indexch. htm.

上、几乎每天"的结果分别对应的一年内使用公园绿地 1 次、5 次、10 次、30 次、100 次、300 次；在问题"22. 您每次使用公园绿地的时间大约多长"中选择"30 分钟以下、30 分钟~1 小时、1~2 小时、2~3 小时、3 小时以上"的结果分别对应每次使用公园绿地 0.5 小时、1 小时、1.5 小时、2.5 小时和 3 小时。使用两个问题结果的乘积作为受访者一年的公园绿地累计使用时长，依据计算结果进行分组和编码。将处理后的问卷结合对受访者所在空间的定位与相关空间信息提取进行后续统计分析。

5.1.2　受访者空间定位与数据库构建

在公园绿地对居民健康促进路径研究中，为了明确场地尺度下公园绿地社会文化功能如何通过影响居民的使用行为类型促进居民健康，本研究对公园绿地中居民使用行为进行了观察与记录。在问卷调查的同时，由调查者记录受访者在接受问卷调查前正在进行的行为类型，并使用手持式 GPS（Unistrong，MG758）记录受访者所在的地理坐标。实地调查结束后，将受访者空间定位数据导入 ArcGIS 10.2，并结合第 3 章对研究区公园绿地社会文化功能的评估结果，提取受访者所在点位的社会文化功能值，构建对应受访者问卷调查结果、使用行为类型、所在空间点位的社会文化功能值，以及所在街道公园绿地布局特征和社会环境特征的分析数据库，该数据库共包括 1017 条数据，将用于以下描述性统计。在探究公园绿地对居民健康促进路径的回归分析和路径分析中，考虑到受访者居住地或工作地所在街道与公园绿地所在街道的一致性，本研究进一步筛选了通过步行或骑行在 20 分钟以内到达公园绿地的受访者调查数据作为探究公园绿地对居民健康促进路径的回归分析与路径分析的样本数据，共包括 624 条数据。

5.1.3　统计分析方法

（1）描述性统计

通过柱状图、直方图等分析方法，对本章公园绿地问卷调查结果进行描述性统计，以初步归纳和分析受访者人口统计学特征、公园绿地主观暴露特征、行为偏好及自评健康水平，并比较不同受访者群体（如不同性别和年龄段）及不同公园绿地类型中受访者公园绿地主观暴露特征与健康水平的差异。

（2）二元逻辑回归与多元线性回归

为分析受访者的公园绿地主观暴露特征的影响因素，以及探究公园绿地使用行为和使用剂量对居民健康的影响特征，本研究构建了多个多元线性回归模型。在以受访者人口统计学特征和所在街道社会环境特征为控制变量的前提下，初步探究公园绿地对居民健康促进路径中设计和规划层面公园绿地客观暴露特征与受访者公园绿地主观暴露特征及其自评健康水平的关系，为构建公园绿地对居民健康促进路径中相关指标及级联关系的确定提供定量分析依据。其中，公园绿地使用行为类型包括动态行为和静态行为两类，可以将其视为二值变量。然而在实际调查过程中发现，许多受访者在公园绿地中并不仅进行单一的活动类型，问题"您在公园绿地中主要进行什么活动？"被设定为不限选项题目。因此，本研究将针对动态行为、静态行为分组进行二元逻辑回归分析，以探究相关变量对受访者在公园绿地中使用行为类型的影响，并通过多元线性回归探究不同使用行为类型与居民健康的关联特征，具体分析模型如下：

$$PB = \ln\left(\frac{P}{1-P}\right) = \beta_0 + \sum_{i=1}^{a} \beta_i \, IV_i + \sum_{j=1}^{b} \beta_j \, SV_j + \sum_{l=1}^{n} \beta_l \, OPU_l + \varepsilon \qquad (5\text{-}1)$$

$$SRH_i = \beta_0 + \beta_l \, PB_l + \sum_{i=1}^{a} \beta_i \, IV_i + \sum_{j=1}^{b} \beta_j \, SV_j + \varepsilon \qquad (5\text{-}2)$$

式中，PB 为受访者在公园绿地中进行动态或静态行为的可能性；SRH_i 为受访者自评健康水平（包括身体健康、精神健康、身体健康变化和精神健康变化）；$\ln[P/(1-P)]$ 为受访者在公园绿地中进行动态或静态行为的优势比（Odds Ratio，OR），大于 1 代表正向影响，小于 1 代表负向影响；PB_l 则为受访者在公园绿地中正在进行的使用行为类型；IV_i 和 SV_j 分别为受访者的第 i 项人口统计学特征（$a=5$）及所在街道的第 j 项社会环境特征（$b=8$）；OPU_l 为第 l 项可能影响受访者公园使用行为类型的其他指标（包括工作状态、家中是否有未成年子女、到达公园绿地的交通方式等，$m=7$）；β_0 为模型截距；β_i，β_j，β_k 和 β_l 分别为不同变量的标准化回归系数；ε 为误差项。

本研究使用问卷调查获取的受访者公园绿地使用频率和使用时长，以及通过对问卷调查结果计算所得的公园绿地累计使用时长表征受访者的公园绿地使用剂量特征。公园绿地使用剂量的影响因素及其与健康自评水平关联特征的分析模型如下：

$$PU_k = \beta_0 + \sum_{i=1}^{a} \beta_i \, IV_i + \sum_{j=1}^{b} \beta_j \, SV_j + \sum_{l=1}^{n} \beta_l \, OPU_l + \varepsilon \qquad (5\text{-}3)$$

$$SRH_i = \beta_0 + \sum_{k=1}^{m} \beta_k \, PU_k + \sum_{i=1}^{a} \beta_i \, IV_i + \sum_{j=1}^{b} \beta_j \, SV_j + \sum_{l=1}^{n} \beta_l \, OPU_l + \varepsilon \qquad (5\text{-}4)$$

式中，SRH_i 为受访者自评健康水平（包括身体健康、精神健康、身体健康变化和精神健康变化）；PU_k 为受访者的第 k 项公园绿地使用剂量特征（包括使用频率、使用时长及全年累计使用时长，$m=3$）；IV_i 和 SV_j 分别为受访者的第 i 项人口统计学特征（$a=5$）及所在街道的第 j 项社会环境特征（$b=8$）；OPU_l 为第 l 项可能影响受访者公园绿地使用剂量特征的其他指标（$m=7$）；β_0 为模型截距；β_k，β_i，β_j 和 β_l 分别为不同变量的标准化回归系数；ε 为误差项。

在回归分析前，对所有变量进行归一化和去中心化处理。为避免回归分析变量间的多重共线性，本研究计算了所有变量的方差膨胀系数（VIF），各变量的 VIF 计算结果均小于 10，表明不存在严重的多重共线性问题。本章同样涉及设计和规划两个尺度下的公园绿地暴露特征，分析数据可能存在嵌套结构。因此本章也分别计算了包含公园绿地可获得性、可达性、吸引力指标的组内相关系数（ICC）。对三组数据的分析结果表明，其 ICC 值分别为 0.025，0.019，0.041（$p<0.001$），表明各组样本之间具有较高的独立性。因此，本章研究中所使用的综合多尺度公园绿地客观暴露特征、受访者公园绿地主观暴露特征及其自评健康状况的分析数据不存在数据嵌套问题，能够支持使用回归分析方法探究公园绿地客观暴露特征对居民公园绿地主观暴露特征的影响及其与居民健康状况的关联。

（3）路径分析与图示化分析

近年来，许多研究在构建城市绿地对居民健康影响的理论研究的基础上构建假设影响路径，并结合调查与实验数据利用验证性数据分析检验研究假设并构建量化路径，如路径分析（Pathway Analysis）方法（Dzhambov et al.，2018；Yang et al.，2020；Zhang et al.，2022b；Zhang et al.，2022d）。本研究在基于回归分析结果构建公园绿地促进居民健康的假设路径的基础上，应用 Amos 23.0 进行验证性路径分析，依据模型修正系数（Modification Indices，MI）进行模型优化调整，以量化公园绿地对不同维度的居民自评健康状况的促进路径。在路径分析中计算 CFI、NFI、TLI 及 RMSEA 表征模型拟合优度。为图示化公园绿地对居民健康的促进路径，本研究以路径分析的标准化系数为权重构建桑基图（Sankey Diagram）展示公园绿地主观与客观暴露特征在促进居民健康路径中的重要性。

5.2　公园绿地受访者特征

5.2.1　受访者的人口统计学特征

本研究基于研究区内公园绿地问卷调查结果对比了受访者人口统计学特征与北京市城镇人口总体特征。如表 5-1 所示，公园绿地受访者人口统计学特征与北京市城镇人口总体特征存在一定差异。其中，研究区公园绿地受访者中女性（56.04%）的比例高于北京市总体的女性居民比例（48.86%）。公园绿地受访者以老龄人口为主，55 岁以上的受访者占比 50.24%，远超过北京市总体的老龄人口比例（24.06%）。研究区公园绿地受访者的学历水平相比于北京市总体水平也较高，约 51.33% 的受访者具有大学及以上学历，而这一比例在北京市人口中仅为 42.33%。受访者的平均收入水平与北京市城镇居民家庭人均可支配收入水平基本相当。在婚姻状况方面，研究区公园绿地中已婚受访者比例为92.33%，高于北京市 77.17% 的平均水平。

表 5-1　北京市居民及受访者人口统计学特征

变量		问卷调查样本	北京市
性别 *	男性	43.96%	51.14%
	女性	56.04%	48.86%
年龄 *	15～19 岁	—	2.90%
	20～24 岁	3.54%	6.17%
	25～34 岁	7.87%	20.13%
	35～44 岁	18.68%	17.11%
	45～54 岁	19.67%	14.79%
	55～64 岁	27.53%	13.77%
	65～74 岁	15.34%	5.50%
	75 岁及以上	7.37%	4.79%

续表

变量		问卷调查样本	北京市
学历**	小学及以下	3.25%	12.27%
	初中	12.68%	25.34%
	高中（职高/中专）	32.74%	20.06%
	大学	40.51%	35.64%
	研究生	10.82%	6.69%
收入（平均）***/元		68620	69434
婚姻****	已婚	92.33%	77.17%
	单身	7.67%	22.83%

＊数据来自《北京人口普查统计年鉴2020》；＊＊数据来自《2015年北京市1%人口抽样调查资料》；＊＊＊数据来自《北京统计年鉴2021》；＊＊＊＊数据来自《2015年北京市1%人口抽样调查资料》

进一步比较不同类型和面积等级公园绿地中受访者年龄特征可以发现，不同类型和面积等级公园绿地中受访者的年龄构成有所差异（图5-1）。尽管55~64岁的受访者比例在各类公园绿地中均最高，但相比之下专类公园中18~24岁和25~34岁受访者比例均超过该年龄段在其他类型公园绿地中的比例（5.66%和13.21%），表明34岁以下居民可能更喜欢专类公园；75岁及以上居民可能更喜欢社区公园、历史名园和专类公园，分别占三类公园绿地受访者比例的9.82%、12.02%和9.43%。不同面积等级公园绿地中受访者的年龄特征没有较为明显的规律，其中小于2hm²公园绿地中55~64岁和65~74岁的受访者比例远超过其他面积等级的公园绿地（40.00%和27.69%），大于100hm²公园绿地中35~44岁受访者的比例也显著较高（27.33%）。

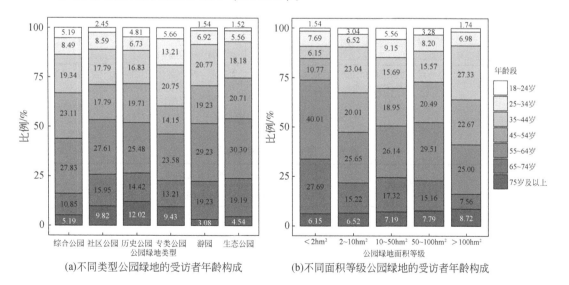

(a)不同类型公园绿地的受访者年龄构成　　(b)不同面积等级公园绿地的受访者年龄构成

图 5-1　不同类型和面积等级公园绿地受访者年龄特征

5.2.2 受访者的自评健康水平

公园绿地受访者自评健康调查数据表明，大多数受访者认为自己的身体和精神健康水平一般或比较好；身体和精神健康水平与去年大致相同或变好一点（图5-2）。具体来看，公园绿地受访者的精神健康水平总体上好于身体健康水平，有48.38%的受访者认为自己的精神健康水平比较好或非常好，有43.36%的受访者认为自己的身体健康水平比较好或非常好；在健康状况变化特征方面，有34.71%的受访者认为自己的身体健康水平相比上一年度有所改善；有44.30%的受访者认为自己的精神健康状况相比上一年度有所改善（表5-2）。

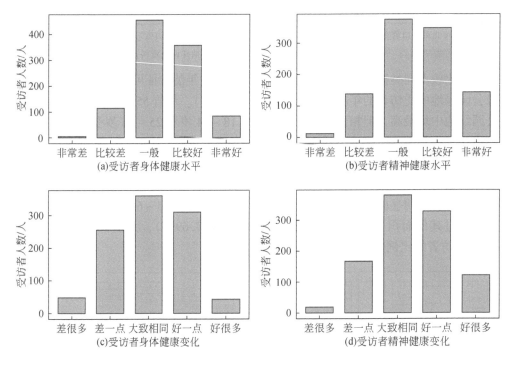

图 5-2　受访者自评健康水平

表 5-2　受访者自评健康水平

指标	平均值	受访者比例/%				
		非常差	比较差	一般	比较好	非常好
身体健康	3.40	0.49	11.21	44.84	35.20	8.26
精神健康	3.47	1.18	13.57	36.87	34.32	14.06
身体健康变化	3.04	4.72	25.17	35.40	30.48	4.23
精神健康变化	3.36	1.87	16.42	37.36	32.35	12.00

不同性别受访者的健康水平存在一定的差异（图5-3）。总体上，女性在不同方面的

自评健康水平均优于男性。其中，女性受访者自评身体健康水平均值为 3.46，男性为 3.31；其中 47.72% 的女性受访者自评身体健康水平为比较好或非常好，但仅 38.03% 的男性受访者自评身体健康水平为比较好或非常好。女性受访者自评精神健康水平均值为 3.49，男性为 3.43，其中 50.17% 的女性受访者自评精神健康水平为比较好或非常好，46.08% 的男性受访者自评精神健康水平为比较好或非常好。在健康状况的变化特征方面，女性受访者自评身体、精神健康变化特征的均值分别为 3.08 和 3.38，男性为 3.00 和 3.34，其中 36.31% 的女性受访者认为自己的身体健康状况相比上一年度有所改善，45.26% 的女性受访者认为自己的精神健康状况相比上一年度有所改善；这一比例在男性受访者中分别为 32.66% 和 43.18%，均低于女性受访者。

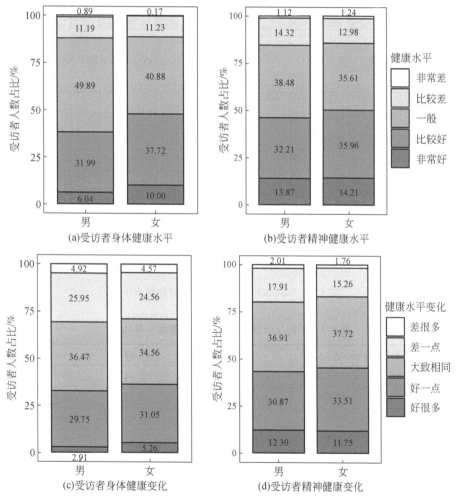

图 5-3　不同性别受访者的自评健康水平

　　不同年龄段受访者的健康状况也存在一定的差异（图 5-4 和表 5-3）。75 岁及以上受访者的自评身体健康（3.17）和身体健康变化（2.83）水平均为最低；18～24 岁的受访者自评身体健康水平最高（3.53），25～34 岁的受访者也报告了较高的身体健康变化水平

（3.16）。其中，75 岁及以上受访者中仅有 32.00% 认为自己的身体健康水平为比较好或非常好，在 18～24 岁受访者中这一比例为 52.77%；并且 75 岁及以上受访者中仅有 26.67% 认为自己的身体健康状况比上一年度好一点或好很多。

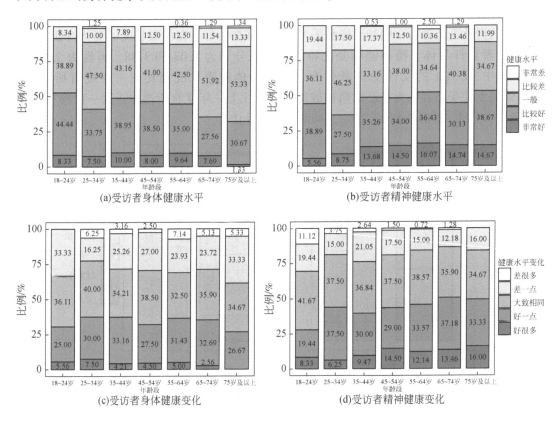

图 5-4　不同年龄段受访者的自评健康水平

表 5-3　不同年龄段受访者自评健康水平平均值

指标	18～24 岁	25～34 岁	35～44 岁	45～54 岁	55～64 岁	65～74 岁	75 岁及以上
身体健康	3.53	3.36	3.51	3.42	3.41	3.29	3.17
精神健康	3.31	3.28	3.44	3.49	3.53	3.44	3.56
身体健康变化	3.03	3.16	3.10	3.05	3.03	3.04	2.83
精神健康变化	2.94	3.28	3.23	3.38	3.41	3.49	3.48

在精神健康方面，25～34 岁的受访者自评精神健康水平最低（3.28），18～24 岁的受访者报告了较低的平均精神健康变化水平（2.94）；而 75 岁以上的受访者报告了较高的自评精神健康水平（3.56），65～74 岁的受访者报告了最高的平均精神健康变化水平（3.49）。其中，75 岁及以上受访者中 53.34% 认为自己的精神健康水平比较好或非常好，在 25～34 岁受访者中这一比例仅为 36.25%；以及 50.64% 的 65～74 岁受访者认为自己的精神健康水平比上一年度好一点或好很多，但仅有 27.77% 的 18～24 岁受访者认为自己的

精神健康水平比上一年度好一点或好很多。这一结果表明，不同年龄段群体所面临的健康问题有所不同，相比于老年人面对身体机能下降的身体健康问题，青年人和中年人则面临着较大的精神压力和心理健康风险。

5.2.3 受访者的公园绿地主观暴露特征

5.2.3.1 公园绿地使用行为

受访者在公园绿地中的空间定位及其使用行为类型的空间分布如图 5-5 所示。受访者使用行为所在的空间点位主要分布于可以进入和到达的公园绿地道路和广场周边。依据受访者的身体活动状态，约 68.34% 的受访者在公园绿地中进行包括散步、跑步、跳舞等在内的动态行为，31.66% 的受访者在公园绿地中进行休息、聊天、摄影、唱歌等在内的静态行为（图 5-6）。

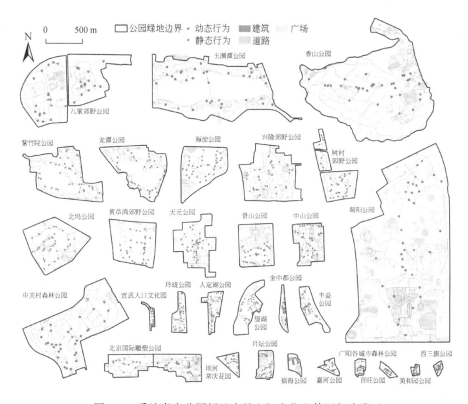

图 5-5 受访者在公园绿地中的空间定位和使用行为类型

研究区内受访者中，女性（71.05%）进行动态行为比例高于男性（64.88%）。随年龄增加受访者进行静态行为的可能有所增加，65 岁以上的受访者进行静态行为的比例超过 40%。在不同类型公园绿地中，社区公园和游园中有超过 40% 的受访者进行静态行为；而在综合公园、历史公园和生态公园中进行动态行为的受访者比例均超过 70%。在不同面

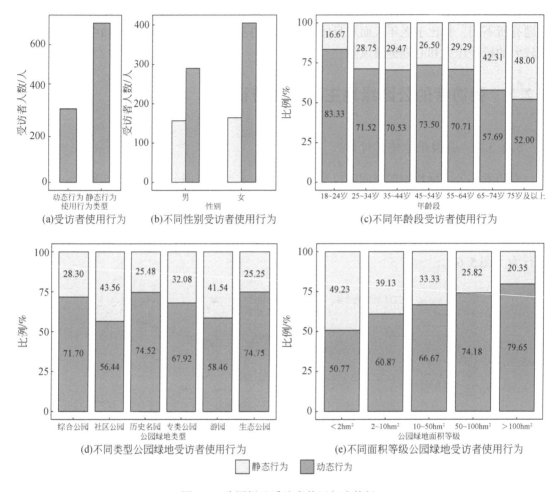

(a)受访者使用行为　(b)不同性别受访者使用行为　(c)不同年龄段受访者使用行为

(d)不同类型公园绿地受访者使用行为　(e)不同面积等级公园绿地受访者使用行为

静态行为　动态行为

图 5-6　公园绿地受访者使用行为特征

积等级公园绿地中，小于 2hm² 的公园绿地中进行动态行为和静态行为的受访者比例大致相当；但随公园绿地面积增加，进行动态行为的受访者比例不断增加，在大于 100hm² 的公园绿地中，进行动态行为的受访者比例达 79.65%。

5.2.3.2　公园绿地使用剂量

（1）公园绿地使用频率

受访者的公园绿地使用频率特征如图 5-7 和表 5-4 所示。大多数受访者的公园绿地使用频率为每月一到三次及以上（共计 73.26%），24.88% 的受访者几乎每天都使用公园绿地。不同性别受访者中，女性的公园绿地使用频率明显高于男性，大多数女性受访者几乎每天都使用公园绿地（26.32%），大多数男性受访者每月使用公园绿地一到三次（28.19%）；但女性受访者中公园绿地使用频率仅一年一次的比例（1.57%）略高于男性（0.67%）。不同年龄段受访者中的公园绿地使用频率随年龄增加而有所提高，44 岁以下的受访者的公园绿地使用频率大多为在每月一到三次或仅每月一次，但 55 岁以上的受访者大多几乎每天都使用公园绿地，其中 42.67% 的 75 岁及以上受访者几乎每天都使用公园绿地。此外，27.78% 的 18 ~ 24 岁受访者和 27.50% 的 25 ~ 34 岁受访者公园绿地使用频率在每周一次及以上或几乎每天使用，这些受访者大多为在公园绿地周边居住或工作的年轻居民，通常因就近选择穿行公园绿地通勤、或于午休时间在公园绿地内散步休息而使得使用频率显现较高水平。

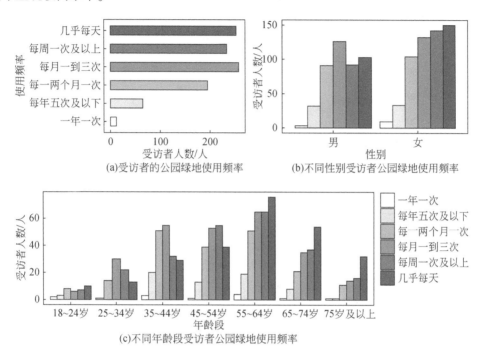

(a)受访者的公园绿地使用频率

(b)不同性别受访者公园绿地使用频率

(c)不同年龄段受访者公园绿地使用频率

图 5-7　受访者的公园绿地使用频率

表 5-4　受访者的公园绿地使用频率

变量		受访者的公园绿地使用频率比例/%					
		一年一次	每年五次及以下	每一两个月一次	每月一到三次	每周一次及以上	几乎每天
全部受访者		1.18	6.39	19.17	25.37	23.01	24.88
性别	男性	0.67	7.16	20.36	28.19	20.58	23.04
	女性	1.57	5.79	18.25	23.16	24.91	26.32
年龄段	18 ~ 24 岁	5.56	8.33	22.22	16.67	19.44	27.78
	25 ~ 34 岁	0.00	1.25	17.50	37.50	27.50	16.25
	35 ~ 44 岁	1.58	10.53	26.84	28.95	16.84	15.26
	45 ~ 54 岁	0.50	6.50	19.50	26.50	27.50	19.50
	55 ~ 64 岁	1.44	6.79	18.21	23.21	23.21	27.14
	65 ~ 74 岁	0.63	5.13	13.46	22.44	23.72	34.62
	75 岁及以上	1.33	1.33	14.67	18.67	21.33	42.67

对于不同类型或面积等级公园绿地中受访者使用频率的分析结果表明（图 5-8），社区公园、历史名园及专类公园内受访者的公园绿地使用频率较高（大多为几乎每天使用）；其次为游园（大多为每周一次及以上）；综合公园和生态公园内受访者的公园绿地使用频率最低（大多数受访者使用频率为每月一到三次）。随公园绿地面积的增加，受访者使用频率有所下降，小于 10hm² 的公园绿地内受访者大多几乎每天使用公园绿地，而面积大于 50hm² 的公园绿地内受访者大多每月使用一到三次。这表明面积较小的社区公园、历史名园及专类公园是服务于城市居民日常户外活动的主要场所。

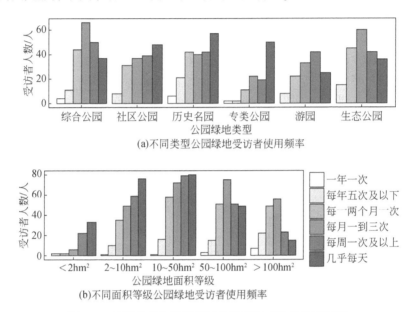

(a)不同类型公园绿地受访者使用频率

(b)不同面积等级公园绿地受访者使用频率

图 5-8　不同类型和面积等级公园绿地受访者使用频率

（2）公园绿地单次使用时长

受访者的公园绿地单次使用时长特征如表 5-5 和图 5-9 所示。大多数受访者每次使用公园绿地 1～2 小时（36.09%），其次为 30 分钟～1 小时（29.60%）及 2～3 小时（21.24%）。不同性别受访者的公园绿地单次使用时长特征较为相似，其中每次使用公园绿地超过 1 小时的男性比例（64.66%）略高于女性（60.53%）。在不同年龄段受访者中，34 岁及以下的受访者每次使用公园绿地 30 分钟～1 小时的比例均超过 30.00%；35 岁及以上受访者在大多使用公园绿地 1～2 小时，其中 55～64 岁受访者每次使用公园绿地 1～2 小时的比例最高（39.29%）；尽管 75 岁及以上受访者每次使用公园绿地 2～3 小时的比例（26.67%）在各年龄段中较高，但公园绿地单次使用时长在 3 小时以上的比例（1.33%）显著低于其他年龄段。

对于不同类型或面积等级公园绿地中受访者单次使用时长的分析结果表明（图 5-10），综合公园、生态公园和历史名园内受访者的公园绿地单次使用时长较长（大多为 1～2 小时），而社区公园、专类公园和游园内受访者的公园绿地单次使用时长大多仅为 30 分钟～1 小时。随公园绿地面积等级的增加，受访者的公园绿地单次使用时长也不断增加，面积小于 10hm² 的公园绿地内受访者的单次使用时长大多为 30 分钟～1 小时，10～

100hm² 的公园绿地内受访者的单次使用时长为 1 ~ 2 小时的人数最多，而面积大于 100hm² 的公园绿地内受访者的单次使用时长为 2 ~ 3 小时的人数最多。

表 5-5 受访者的公园绿地单次使用时长统计

变量		受访者的公园绿地单次使用时长比例/%				
		30 分钟以下	30 分钟~1 小时	1 ~ 2 小时	2 ~ 3 小时	3 小时以上
全部受访者		8.06	29.60	36.09	21.24	5.01
性别	男性	7.38	27.96	37.36	22.15	5.15
	女性	8.59	30.88	35.09	20.53	4.91
年龄段	18 ~ 24 岁	8.33	36.11	36.11	16.67	2.78
	25 ~ 34 岁	6.25	36.25	31.25	22.50	3.75
	35 ~ 44 岁	10.53	30.00	31.05	21.58	6.84
	45 ~ 54 岁	8.50	26.50	36.00	23.00	6.00
	55 ~ 64 岁	6.43	27.86	39.29	20.71	5.71
	65 ~ 74 岁	10.89	30.13	38.46	17.31	3.21
	75 岁及以上	2.67	32.00	37.33	26.67	1.33

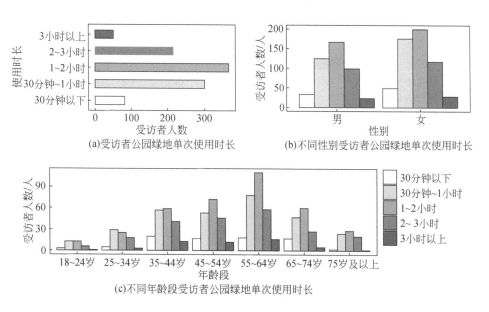

(a)受访者公园绿地单次使用时长

(b)不同性别受访者公园绿地单次使用时长

(c)不同年龄段受访者公园绿地单次使用时长

图 5-9 受访者的公园绿地单次使用时长

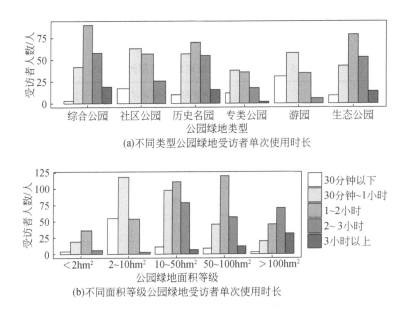

(a)不同类型公园绿地受访者单次使用时长

(b)不同面积等级公园绿地受访者单次使用时长

图 5-10 不同类型和面积等级公园绿地受访者单次使用时长

（3）公园绿地累计使用时长

受访者的公园绿地累计使用时长特征如图 5-11 和表 5-6 所示。本研究中受访者在一年内累计使用公园绿地时间为 10 ~ 50 小时（34.51%）和 200 小时以上（27.14%）的比例较高。不同性别受访者的公园绿地累计使用时长特征差异不大，均以每年使用 10 ~ 50 小时为主，其中女性每年累计使用公园绿地 200 小时以上的比例（28.42%）略高于男性

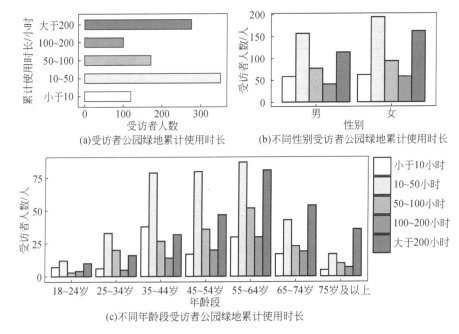

(a)受访者公园绿地累计使用时长

(b)不同性别受访者公园绿地累计使用时长

(c)不同年龄段受访者公园绿地累计使用时长

图 5-11 受访者的公园绿地累计使用时长

（25.50%）。不同年龄段受访者中，64 岁及以下的受访者以每年累计使用公园绿地 10 ~ 50 小时为主，其中 55 ~ 64 岁受访者每年累计使用公园绿地 10 ~ 50 小时和超过 200 小时的比例较为相近（31.07%，28.93%）；65 岁 ~ 74 岁及 74 岁以上受访者大多在一年内累计使用公园绿地时长超过 200 小时（34.62%，48.00%）。

表 5-6　受访者的公园绿地累计使用时长统计

相关变量		受访者的公园绿地累计使用时长比例/%				
		小于 10 小时	10 ~ 50 小时	50 ~ 100 小时	100 ~ 200 小时	大于 200 小时
全部受访者		11.81	34.51	16.81	9.73	27.14
性别	男性	12.98	35.12	17.23	9.17	25.50
	女性	10.87	34.04	16.49	10.18	28.42
年龄段	18 ~ 24 岁	19.45	33.33	8.33	11.11	27.78
	25 ~ 34 岁	7.50	41.25	25.00	6.25	20.00
	35 ~ 44 岁	20.00	41.58	14.21	7.37	16.84
	45 ~ 54 岁	8.50	40.00	18.00	10.00	23.50
	55 ~ 64 岁	10.72	31.07	18.57	10.71	28.93
	65 ~ 74 岁	10.90	27.56	14.74	12.18	34.62
	75 岁及以上	6.67	22.67	13.33	9.33	48.00

结合受访者的公园绿地使用频率及使用时长特征，以上统计分析结果反映了不同受访者群体的两种主要的公园绿地使用剂量特征：年龄大于 55 岁的中老年受访者大多将公园绿地作为日常活动场所，虽然单次公园绿地的时长较短，但因具有较高的使用频率而在全年内具有较高的公园绿地累计使用时长；而 55 岁以下的青年和中年人受访者可能主要在节假日或工作休息日将使用公园绿地作为休闲娱乐活动的方式，虽然单次公园绿地使用时长较长，但因其公园绿地使用频率较低，在全年内的公园绿地累计使用时长也较短。

对不同类型或面积等级公园绿地中受访者累计使用时长的分析结果表明（图 5-12），社区公园、历史名园和专类公园中的受访者在一年内的公园绿地累计使用时长较长；综合公园和生态公园中受访者的公园绿地累计使用时长以每年 10 ~ 50 小时为主。面积小于 2hm² 的公园绿地中，受访者每年累计使用公园绿地超过 200 小时的比例最高，随公园绿地面积增加，受访者累计使用公园绿地超过 200 小时以上的比例不断降低。该结果同样体现了小型社区公园和专类公园在服务于城市居民日常户外活动方面的重要价值。

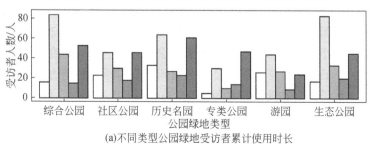

(a)不同类型公园绿地受访者累计使用时长

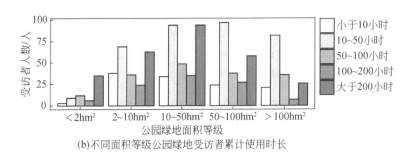

(b)不同面积等级公园绿地受访者累计使用时长

图5-12 不同类型和面积等级公园绿地受访者累计使用时长

5.2.4 受访者的其他特征

本研究基于问卷调查获取了可能影响居民公园绿地主观暴露特征其他个人特征和公园绿地使用特征。其中，受访者的工作状态、家中是否有未成年子女、对居住区绿化满意度的统计结果如图5-13所示。50.84%的受访者目前已经退休，40.22%的受访者有全职工作；约37.17%的受访者家中有未成年子女；大多数受访者对所在居住区的绿化环境非常不满意或不太满意（共44.54%）或认为较为一般（30.97%），这可能会促使受访者通过使用公园绿地等其他城市公共绿地的途径，寻求接触自然的机会。

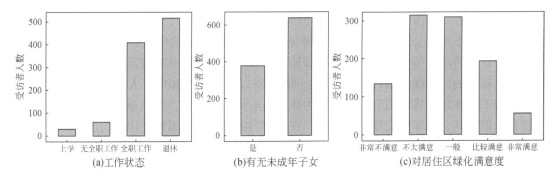

图5-13 受访者其他个人特征

受访者的其他公园绿地使用特征包括到达公园绿地的交通方式、到达公园绿地所需时长及同行者特征。如图5-14所示，大多数受访者通过步行到达公园绿地（43.85%），其次为通过公共交通（20.45%）、骑车（18.58%）和自驾车（17.12%）到达公园绿地。大多数受访者到达公园绿地的时间为5~10分钟（33.73%），也有2.65%的受访者到达公园绿地的时间超过1小时。通常步行或骑行到达公园绿地的受访者在路途中花费的时间较短（小于10分钟），而45.67%的通过公共交通到达公园绿地的受访者花费的时间超过30分钟。此外，大多数受访者在使用公园绿地时与孩子（25.66%）、伴侣（24.19%）或朋友（19.37%）同行，20.55%的受访者独自一人使用公园绿地，部分与父母（5.01%）或很多人（如家庭聚会，5.21%）同行。

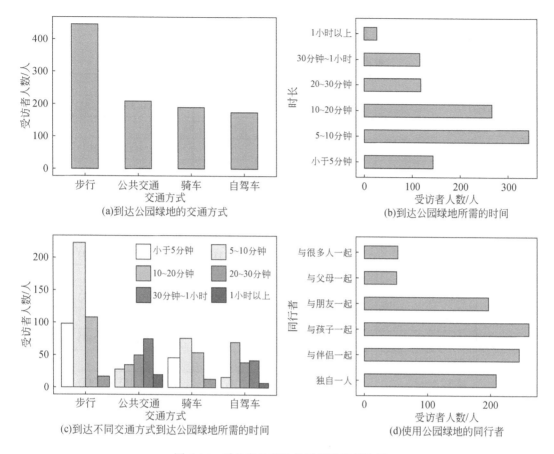

图 5-14 受访者的其他公园绿地使用特征

5.3 公园绿地主观暴露特征的影响因素 及其与居民健康的关联

5.3.1 公园绿地使用行为

（1）公园绿地使用行为的影响因素

受访者在公园绿地内进行动态行为或静态行为可能性的分析结果表明（表 5-7 和表 5-8），婚姻、学历、收入等人口统计学特征对受访者的公园绿地使用行为类型没有显著影响；女性相比男性进行动态行为的可能性更高（$p<0.05$），随受访者年龄增加进行静态行为的可能性有所增加（$p<0.05$）。相比步行到达公园绿地的受访者，骑车（$\beta=-0.583$，$p<0.05$）或自驾车（$\beta=-0.216$，$p<0.01$）到达公园绿地的受访者进行动态行为的可能性更小；与孩子（$p<0.01$）、朋友（$p<0.05$）或很多人（$p<0.1$）同行的受访者可能更倾向于进行静态行为。受访者所在街道的社会环境特征也可能影响其使用行为类型，街道范围

内空气污染水平越高，受访者进行动态行为的可能性越低（$\beta = -0.217$，$p < 0.05$），较高的夏季地表温度则会显著促进静态行为（$\beta = 0.124$，$p < 0.05$）。

表 5-7　公园绿地内动态行为的影响因素

变量		β	Wald	S. E.	OR（95% CI）	VIF
截距（Intercept）		0.888	0.792	0.998	2.431（0.386～21.733）	
性别	男性	Ref.				
	女性	0.540*	7.930	0.192	1.716（1.181～2.507）	
年龄		−0.305*	2.887	0.179	0.737（0.518～1.046）	3.950
婚姻	未婚	Ref.				
	已婚	−0.135	0.114	0.402	0.873（0.383～1.872）	
学历		−0.055	0.185	0.128	0.946（0.735～1.217）	2.066
收入		0.139	1.610	0.110	1.149（0.950～1.490）	1.022
工作状态	上学	Ref.				
	全职工作	−0.309	0.103	0.961	0.734（0.087～4.263）	
	无全职工作	0.205	0.039	1.039	1.228（0.130～8.627）	
	退休	−0.426	0.177	1.013	0.653（0.071～4.260）	
交通方式	步行	Ref.				
	骑车	−0.583*	7.388	0.214	1.791（1.183～2.747）	
	自驾车	−0.216*	2.415	0.510	1.241（0.688～2.253）	
	公共交通	0.249	2.543	0.442	1.283（0.617～2.683）	
到达公园绿地所需时间		−0.127	1.793	0.095	0.881（0.732～1.061）	2.294
是否与未成年子女同住	是	Ref.				
	否	0.265.	2.749	0.160	1.304（0.950～1.781）	
同行者	独自一人	Ref.				
	与伴侣一起	−0.047	0.030	0.267	0.955（0.564～1.612）	
	与朋友一起	0.406	1.785	0.304	1.501（0.832～2.746）	
	与父母一起	−0.503	1.325	0.437	0.605（0.257～1.441）	
	与孩子一起	−0.476.	1.782	0.357	0.621（0.308～1.252）	
	与很多人一起	−0.056	0.016	0.444	1.058（0.451～2.594）	
街道人口密度（PPD）		0.059	0.140	0.157	1.060（0.782～1.446）	2.847
经济发展水平（GDP）		−0.138	1.132	0.129	0.871（0.677～1.126）	2.117
夜间灯光指数（NLI）		−0.001	0.000	0.154	0.999（0.742～1.360）	2.918
其他娱乐场所密度（EPD）		−0.104	0.529	0.144	0.901（0.680～1.196）	2.707
街道绿化率（DG）		0.093*	0.079	0.033	1.011（0.477～1.767）	8.577
居住区绿化率（RG）		0.184	0.781	0.209	1.203（0.797～1.814）	4.010
夏季地表温度（ST）		0.277	1.270	0.245	1.319（0.814～2.133）	7.243
空气污染水平（PM）		−0.217*	3.186	0.121	0.805（0.633～1.020）	1.722

　＊＊＊$p < 0.001$，＊＊$p < 0.01$，＊$p < 0.05$，. $p < 0.1$

表 5-8 公园绿地内静态行为的影响因素

变量		β	Wald	S. E.	OR (95% CI)	VIF
截距 (Intercept)		−0.237	0.085	0.814	0.789 (0.149 ~ 3.732)	
性别	男性	Ref.				
	女性	−0.316*	3.595	0.167	0.729 (0.525 ~ 1.010)	
年龄		0.270*	2.910	0.158	1.310 (0.962 ~ 1.791)	3.950
婚姻	未婚	Ref.				
	已婚	−0.388	1.259	0.345	0.679 (0.342 ~ 1.335)	
学历		0.069	0.365	0.113	1.071 (0.857 ~ 1.339)	2.066
收入		−0.013	0.023	0.084	0.987 (0.835 ~ 1.175)	1.022
工作	上学	Ref.				
	全职工作	0.476	0.376	0.777	1.610 (0.370 ~ 8.056)	
	无全职工作	0.015	0.000	0.834	1.015 (0.206 ~ 5.587)	
	退休	0.739	0.799	0.826	2.093 (0.434 ~ 11.427)	
到达公园绿地交通方式						2.472
交通方式	步行	Ref.				
	骑车	−0.404	4.884	0.183	0.668 (0.466 ~ 0.954)	
	自驾车	0.013	0.07	0.615	1.042 (0.478 ~ 1.151)	
	公共交通	0.024	0.013	0.726	1.111 (0.325 ~ 1.239)	
到达公园绿地所需时间		0.178*	4.610	0.083	1.195 (1.016 ~ 1.408)	2.294
是否与未成年子女同住	是	Ref.				
	否	−0.146	1.051	0.143	0.864 (0.653 ~ 1.144)	
同行者	独自一人	Ref.				
	与伴侣一起	0.311	1.603	0.245	1.364 (0.844 ~ 2.212)	
	与朋友一起	0.076*	0.084	0.262	1.079 (0.645 ~ 1.806)	
	与父母一起	0.202	0.240	0.413	1.224 (0.542 ~ 2.762)	
	与孩子一起	1.052*	6.791	0.404	2.862 (1.295 ~ 6.326)	
	与很多人一起	0.244.	0.378	0.397	1.276 (0.584 ~ 2.782)	
街道人口密度 (PPD)		0.039	0.084	0.136	1.040 (0.796 ~ 1.358)	2.847
经济发展水平 (GDP)		−0.081	0.503	0.114	0.922 (0.736 ~ 1.153)	2.117
夜间灯光指数 (NLI)		0.101	0.587	0.132	1.107 (0.852 ~ 1.435)	2.918
其他娱乐场所密度 (EPD)		0.081	0.415	0.126	1.085 (0.846 ~ 1.390)	2.707
街道绿化率 (DG)		−0.077	0.067	0.297	0.926 (0.513 ~ 1.647)	8.577
居住区绿化率 (RG)		−0.069	0.141	0.183	0.934 (0.653 ~ 1.340)	4.010
夏季地表温度 (ST)		0.124*	0.323	0.218	1.883 (0.575 ~ 1.355)	7.243
空气污染水平 (PM)		0.068	0.398	0.108	1.071 (0.866 ~ 1.324)	1.722

***$p<0.001$，**$p<0.01$，*$p<0.05$，. $p<0.1$

（2）公园绿地使用行为与居民健康的关联特征

以受访者人口统计学特征及其所在街道社会环境特征为控制变量，受访者在公园绿地中使用行为类型对其自评身体健康、精神健康、身体健康变化和精神健康变化状况的影响如表5-9中模型1～模型4对应的结果所示。相比于静态行为，公园绿地内的动态行为对受访者自评身体健康的积极影响更为显著（$\beta = 0.342$，$p<0.001$），对受访者身体健康变化水平的积极影响也较为显著（$\beta = 0.155$，$p<0.05$）。受访者进行动态行为和静态行为对其自评精神健康水平的影响没有显著差异，二者均对于促进精神健康有一定的积极影响。但动态行为相比静态行为对精神健康变化的影响系数为负值（$\beta = -0.110$，$p<0.01$），表明静态行为对受访者精神健康变化水平有更为显著的积极影响。综上可知，场地尺度下公园绿地功能可能通过促进居民在公园绿地内不同使用行为类型的路径对居民健康的不同方面产生积极影响，但这种差异尚缺乏基于对公园绿地客观暴露特征、使用行为类型及居民健康状况的定量研究验证。

表 5-9 公园绿地使用行为与居民健康的关联

变量		模型 1 身体健康	模型 2 精神健康	模型 3 身体健康变化	模型 4 精神健康变化	VIF
截距（Intercept）		−0.348**	0.019	0.000	−0.025	
使用行为类型	静态行为	Ref.	Ref.	Ref.	Ref.	
	动态行为	0.342***	0.015	0.155*	−0.110**	1.049
性别	男性	Ref.	Ref.	Ref.	Ref.	
	女性	0.125	0.042	0.041	0.028	1.023
年龄		−0.177**	0.065	−0.074*	0.110*	1.350
婚姻	未婚	Ref.	Ref.	Ref.	Ref.	
	已婚	0.059	−0.038	−0.061	0.094	1.225
学历		−0.036	0.013	0.021	−0.009*	1.203
收入		0.159***	0.028*	−0.015.	0.007*	1.013
街道人口密度（PPD）		−0.052	0.037	−0.160	0.047	2.654
经济发展水平（GDP）		−0.038	0.103	−0.049	−0.004	1.826
夜间灯光指数（NLI）		0.050	−0.075	0.003	0.027	2.767
其他娱乐场所密度（EPD）		−0.017	−0.023	0.112*	0.010	2.456
街道绿化率（DG）		0.176	0.230**	0.197	−0.050	3.278
居住区绿化率（RG）		−0.011	0.093	0.002	0.005	3.640
夏季地表温度（ST）		0.220*	0.197	0.331**	0.077	7.208
空气污染水平（PM）		−0.048	0.005	0.011	−0.083*	1.747
R^2		0.182	0.139	0.125	0.094	

***$p<0.001$，**$p<0.01$，*$p<0.05$

5.3.2 公园绿地使用剂量

（1）公园绿地使用剂量的影响因素

受访者人口统计学特征和其他特征及其所在街道社会环境因素对公园绿地使用剂量的影响特征如表 5-10 所示。受访者性别、婚姻状况、学历对公园绿地使用剂量特征均没有显著影响，但公园绿地使用频率受到受访者年龄的显著影响，年龄越大的受访者公园绿地使用频率越高（$\beta=0.124$，$p<0.05$）；公园绿地使用时长则受到受访者收入特征的显著影响，受访者的收入水平越高其公园绿地使用时长可能越低（$\beta=-0.026$，$p<0.05$）；受访者的公园绿地累计使用时长不受人口统计学特征的显著影响。

表 5-10 公园绿地使用剂量的影响因素

变量		使用频率	单次使用时长	累计使用时长	VIF
截距（Intercept）		0.554 *	−0.449	0.452	
性别	男性	Ref.	Ref.	Ref.	1.037
	女性	−0.065	−0.028	−0.001	
年龄		0.124 *	0.005	0.097	4.052
婚姻	未婚	Ref.	Ref.	Ref.	1.380
	已婚	0.012	−0.121	0.074	
学历		0.077	−0.025	0.047	2.021
收入		0.038	−0.026 *	−0.019	1.024
工作	上学	Ref.	Ref.	Ref.	7.577
	全职工作	−0.335	0.234	0.391	
	无全职工作	−0.005	0.157	0.571 *	
	退休	0.116	0.272	0.499 **	
交通方式	步行	Ref.	Ref.	Ref.	2.746
	骑车	−0.146 *	0.133 *	0.077	
	自驾车	−0.478 ***	0.667 ***	−0.060	
	公共交通	−0.416 ***	0.534 ***	−0.006	
到达公园绿地所需时间		−0.015	−0.009	−0.045	2.368
同行者	独自一人	Ref.	Ref.	Ref.	3.380
	与伴侣一起	0.023 *	0.082	−0.091	
	与朋友一起	−0.180 *	0.154 *	−0.031	
	与父母一起	−0.410 **	0.151	−0.142.	
	与孩子一起	0.183 *	0.128 *	0.150 *	
	与很多人一起	−0.378 ***	0.179 *	−0.097	
是否与未成年子女同住	是	Ref.	Ref.	Ref.	3.466
	否	−0.049 **	−0.089 *	−0.042 *	

变量	使用频率	单次使用时长	累计使用时长	VIF
对居住区绿化的满意度	-0.246***	0.023	-0.031	1.042
街道人口密度（PPD）	0.096	-0.158*	-0.037	2.732
经济发展水平（GDP）	0.043	0.135	-0.044	1.887
夜间灯光指数（NLI）	0.075	-0.036**	-0.100*	2.862
其他娱乐场所密度（EPD）	-0.056**	-0.130	-0.144.	2.514
街道绿化率（DG）	-0.170	0.187.	-0.028	8.429
居住区绿化率（RG）	0.044.	-0.052	0.036.	3.681
夏季地表温度（ST）	0.140**	0.145*	0.246**	7.502
空气污染水平（PM）	-0.022*	0.040*	-0.106**	1.787
R^2	0.241	0.182	0.109	

***$p<0.001$，**$p<0.01$，*$p<0.05$，.$p<0.1$

受访者的工作状态、到达公园绿地的交通方式等特征对公园绿地使用剂量的不同指标有显著影响；但公园绿地使用剂量与受访者到达公园绿地所需时间并未显示出相关性（$p>0.1$），这与本研究为排除干扰仅分析了步行或骑行20分钟可到达公园的受访者有关。其中，无全职工作（$\beta=0.571$，$p<0.05$）和退休（$\beta=0.499$，$p<0.01$）受访者的累计公园绿地使用时长显著高于其他群体。相比于步行到达公园绿地，通过骑车（$\beta=-0.146$，$p<0.05$）、自驾车（$\beta=-0.478$，$p<0.001$）或公共交通（$\beta=-0.416$，$p<0.001$）方式到达公园绿地的受访者均具有较低的公园绿地使用频率，以及较长的公园绿地使用时长。相比于独自一人使用公园绿地的受访者，与朋友（$\beta=-0.180$，$p<0.05$）、父母（$\beta=-0.410$，$p<0.01$）或很多人（$\beta=-0.378$，$p<0.001$）同行的受访者用频率较低；与朋友（$\beta=0.154$，$p<0.05$）或很多人（$\beta=0.179$，$p<0.05$）同行的受访者单次使用公园绿地的时长较长；但与孩子同行的受访者的公园绿地使用频率、时长和累计使用时长的水平均较高。此外，家中无未成年子女同住的受访者的公园绿地使用频率（$\beta=-0.049$，$p<0.01$）、使用时长（$\beta=-0.089$，$p<0.05$）和累计使用时长（$\beta=-0.042$，$p<0.05$）均显著低于其他受访者，这表明陪伴未成年人进行户外活动是许多受访者使用公园绿地主要动机，是影响居民公园绿地使用剂量的关键因素之一。最后，受访者对居住区绿化的满意度越低，其公园绿地的使用频率可能越高（$\beta=-0.246$，$p<0.001$），该结果也说明了公园绿地能够在一定程度上为居民提供公平地接触自然的机会，以弥补居住区绿化质量差异对居民健康的不平等影响（Ibes，2015）。

受访者所在街道的社会环境因素对公园绿地使用剂量也有显著影响。居住在较高街道人口密度（PPD）街道的受访者具有较高的公园绿地使用频率和较低的使用时长（$p<0.05$）；街道范围内的夜间灯光指数（NLI）对受访者的公园绿地单次使用时长（$p<0.01$）和累计使用时长（$p<0.05$）可能存在负面影响；其他娱乐场所密度（EPD）较高时受访者公园绿地使用频率（$\beta=-0.056$，$p<0.01$）和累计使用时长（$\beta=-0.144$，$p<0.1$）较低；夏季地表温度（ST）较高时，公园绿地使用频率（$\beta=0.140$，$p<0.01$）、单次使用时长（$\beta=0.145$，$p<0.05$）和累计使用时长（$\beta=0.246$，$p<0.01$）均较高，但较高的空气污

染水平（PM）可能会导致公园绿地累计使用时长较低（$\beta=-0.106$，$p<0.01$）。

（2）公园绿地使用剂量与居民健康关联特征

以城市居民人口统计学特征及街道社会环境特征为控制变量，受访者的公园绿地使用剂量特征对居民健康的影响如表 5-11 中模型 1 ~ 模型 4 对应的分析结果所示。受访者的公园绿地使用频率、单次使用时长及累计使用时长对居民健康均有较为显著的积极影响。其中，受访者自评身体健康和精神健康变化状况主要受到公园绿地使用频率影响，公园绿地使用频率越高的居民越有可能报告较高的身体健康（$\beta=0.087$，$p<0.01$）和精神健康变化状况（$\beta=0.061$，$p<0.01$）；受访者公园绿地单次使用时长对其精神健康变化也有一定积极影响（$\beta=0.123$，$p<0.05$）。自评精神健康和身体健康变化状况同样受到公园绿地单次使用时长的显著影响（$\beta=0.054$，$p<0.05$；$\beta=0.064$，$p<0.05$），但身体健康变化状况受公园绿地累计使用时长的影响更为显著（$\beta=0.020$，$p<0.01$）。上述结果表明，规划层面下公园绿地对居民健康的促进路径可能因公园绿地使用剂量特征的差异而有所不同，并通过特定路径对居民健康的不同方面产生积极影响，但不同公园绿地布局特征通过影响公园绿地使用剂量促进居民健康的路径还有待进一步量化研究。

表 5-11 公园绿地使用剂量与居民健康的关联

变量		模型 1 身体健康	模型 2 精神健康	模型 3 身体健康变化	模型 4 精神健康变化	VIF
截距（Intercept）		−0.137	0.009	0.035	−0.112	
使用剂量	使用频率	0.087**	0.004	0.044	0.061**	1.102
	单次使用时长	0.056	0.054*	0.064*	0.123*	1.114
	累计使用时长	0.016	0.009	0.020**	0.010	1.075
性别	男性	Ref.	Ref.	Ref.	Ref.	
	女性	0.155	0.045	0.044	0.027	1.012
年龄		−0.083*	0.054	−0.060	0.091*	1.378
婚姻	未婚	Ref.	Ref.	Ref.	Ref.	
	已婚	0.069	−0.033	−0.061	0.107	1.226
学历		−0.043	0.012	0.020	−0.009*	1.202
收入		0.164**	0.025*	−0.010	0.004*	1.016
街道人口密度（PPD）		−0.031	0.029	−0.142	0.041	2.709
经济发展水平（GDP）		−0.038	0.104	−0.053	−0.023	1.889
夜间灯光指数（NLI）		0.059	−0.081	0.015	0.017	2.805
其他娱乐场所密度（EPD）		−0.017	−0.023	0.116*	0.028	2.504
街道绿化率（DG）		0.148	0.216*	0.176	−0.038	8.392
居住区绿化率（RG）		−0.010	0.090	0.003	0.006	3.652
夏季地表温度（ST）		0.176*	−0.180	0.299**	−0.040	9.410
空气污染水平（PM）		−0.057	0.007	0.010	−0.085*	1.778
R^2		0.168	0.122	0.112	0.141	

*** $p<0.001$，** $p<0.01$，* $p<0.05$

5.4 公园绿地对居民健康影响的量化路径

5.4.1 公园绿地对居民健康影响的假设路径

基于前文所构建的公园绿地对居民健康促进路径的概念模型,本节将结合有关设计和规划层面影响居民健康的关键公园绿地客观暴露特征,以及影响居民健康公园绿地主观暴露特征,构建公园绿地对居民健康假设路径。

(1) 公园绿地促进身体健康的假设路径

前文实证研究结果表明,场地尺度下公园绿地主要通过提供社会文化功能的路径促进居民的使用行为,本章对公园绿地中居民的公园绿地主观暴露特征问卷调查的分析结果进一步发现,公园绿地中的动态行为相比于静态行为对居民身体健康有更为显著的影响。基于以上分析结论,可以提出在设计层面公园绿地通过提供社会文化功能促进居民动态行为并影响身体健康的假设路径。街道尺度下的公园绿地布局特征中,街道及周边范围公园绿地密度(PD)、居住区周边范围公园绿地密度(PDR)、大于2hm²公园绿地步行服务区覆盖的街道面积比(PSW2)、大于2hm²公园绿地步行服务区覆盖的居住区数量比(PSWR2)、从街道内各居住区步行到达大于2hm²公园绿地的平均最短时间(PRW2)和公园绿地的平均社交功能(CEFS)对居民身体健康有显著影响;而本章的问卷调查分析结果表明居民的公园绿地使用频率对居民身体健康具最为显著的积极影响。基于上述结果,本研究提出规划层面上公园绿地促进身体健康的假设路径,即上述公园绿地布局特征指标能够通过提高公园绿地使用频率促进居民身体健康。

此外,前文分析结果表明,居民人口统计学特征及所在街道的社会环境经济特征也可能对身体健康水平有潜在影响。例如居民年龄、收入及所在街道的人口密度(PPD)、其他娱乐场所密度(EPD)、空气污染水平(PM)对自评身体健康水平有显著影响。此外,基于本章问卷调查的统计分析结果表明,居民性别及所在街道的夏季地表温度(ST)也可能与身体健康及公园绿地使用频率、使用行为类型偏好等有显著关联。综合以上结论,本章最终构建的公园绿地促进身体健康的假设路径如图5-15所示,依据前文实证研究结论所提出的相关假设包括:

H_{1a}:居民所处公园绿地空间的游憩功能越高,则进行动态行为的可能性越大;

H_{1b}:居民所处公园绿地空间的社交功能越低,则进行动态行为的可能性越大;

H_{1c}:居民所处公园绿地空间的美学功能越高,则进行动态行为的可能性越大;

H_2:居民进行动态行为的可能性越大,则身体健康水平越高;

H_{3a}:居民所在街道及周边范围公园绿地密度越高,则使用频率可能越高;

H_{3b}:居民所在街道内居住区周边范围公园绿地密度越高,则使用频率可能越低;

H_{3c}:居民所在街道内大于2hm²的公园绿地步行服务区面积比越高,则使用频率可能越低;

H_{3d}:居民所在街道内大于2hm²的公园绿地服务区覆盖的居住区数量比越高,则使用频率可能越高；

H_{3e}：居民所在街道内从各居住区到达大于 $2hm^2$ 的公园绿地所需平均最短时间越短，则使用频率可能越高；

H_{3f}：居民所在街道内公园绿地的平均社交功能越高，则使用频率可能越低；

H_4：居民的公园绿地使用频率越高，则身体健康水平可能越高；

H_{5a}：居民为女性时，身体健康水平可能更高；

H_{5b}：居民的年龄越小，则身体健康水平可能越高；

H_{5c}：居民的收入水平越高，则身体健康水平可能越高；

H_{6a}：居民所在街道的人口密度越高，则身体健康水平可能越高；

H_{6b}：居民所在街道内其他娱乐场所密度越低，则身体健康水平可能越高；

H_{6c}：居民所在街道内空气污染水平越低，则身体健康水平可能越高；

H_{6d}：居民所在街道内夏季地表温度越高，则身体健康水平可能越高；

H_{7a}：居民为女性时，进行动态行为的可能性更高；

H_{7b}：居民的年龄越小，则进行动态行为的可能性越大；

H_{7c}：居民的收入水平越高，则进行动态行为的可能性越大；

H_{8a}：居民所在街道的人口密度越高，则进行动态行为的可能性越大；

H_{8b}：居民所在街道内其他娱乐场所密度越低，则进行动态行为的可能性越大；

H_{8c}：居民所在街道内空气污染水平越低，则进行动态行为的可能性越大；

H_{8d}：居民所在街道内夏季地表温度越高，则进行动态行为的可能性越大；

H_{9a}：居民为女性时，公园绿地使用频率可能更高；

H_{9b}：居民的年龄越大，则公园绿地使用频率可能越高；

H_{9c}：居民的收入水平越高，则公园绿地使用频率可能越高；

H_{10a}：居民所在街道的人口密度越高，则公园绿地使用频率可能越高；

H_{10b}：居民所在街道内其他娱乐场所密度越低，则公园绿地使用频率可能越高；

H_{10c}：居民所在街道内空气污染水平越低，则公园绿地使用频率可能越高；

H_{10d}：居民所在街道内夏季地表温度越高，则公园绿地使用频率可能越高。

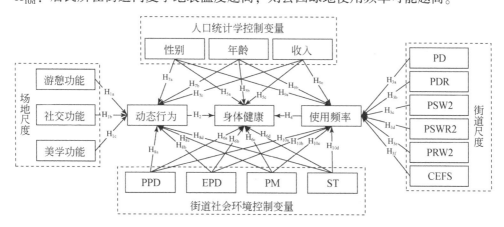

图 5-15　公园绿地对居民身体健康影响的假设路径

（2）公园绿地促进精神健康的假设路径

本章对公园绿地中居民调查问卷的分析结果表明，受访者在公园绿地中的静态行为与动态行为对精神健康的影响没有显著差异，动态行为与静态行为可能在相似水平上对居民精神健康存在积极的影响。基于这一结果，可以提出设计层面公园绿地通过提供社会文化功能促进不同的使用行为类型影响居民精神健康的假设路径。在街道尺度下的公园绿地暴露特征中，街道及周边范围每万人拥有的公园绿地数量（PN）、大于2hm²公园绿地步行服务区覆盖的居住区数量比（PSWR2）、从街道内各居住区步行到达大于2hm²公园绿地平均最短时间（PRW2）、公园绿地的平均美学功能（CEFA）、平均生态调节功能（REF）及平均社交媒体照片数量（NP）对居民精神健康有显著影响；而本章的问卷调查分析结果表明居民的公园绿地单次使用时长对居民精神健康具最为显著的潜在影响。因此，可以提出在规划层面上述公园绿地布局特征指标通过提高居民公园绿地使用时长促进精神健康的假设路径。

前文对影响居民精神健康的人口统计学及社会环境经济特征的分析结果表明，居民年龄、学历和收入以及所在街道的绿化率（DG）、空气污染水平（PM）、夏季地表温度（ST）对居民精神健康有显著影响。本章通过对问卷调查数据的分析进一步发现，居民所在街道的人口密度（PPD）、夜间灯光指数（NLI）也可能与居民精神健康及其公园绿地使用时长、使用行为类型偏好等公园绿地主观暴露特征有显著关联。综合以上结论，本章最终构建的公园绿地促进精神健康的假设路径如图5-16所示，依据前文实证研究结论所提出的相关假设包括：

H_{1a}：居民所处公园绿地空间的游憩功能越低，则进行静态行为的可能性越大；

H_{1b}：居民所处公园绿地空间的社交功能越高，则进行静态行为的可能性越大；

H_{1c}：居民所处公园绿地空间的美学功能越低，则进行静态行为的可能性越大；

H_{2a}：居民所处公园绿地空间的游憩功能越高，则进行动态行为的可能性越大；

H_{2b}：居民所处公园绿地空间的社交功能越低，则进行动态行为的可能性越大；

H_{2c}：居民所处公园绿地空间的美学功能越高，则进行动态行为的可能性越大；

H_{3a}：居民进行静态行为的可能性越大，则精神健康水平越高；

H_{3b}：居民进行动态行为的可能性越大，则精神健康水平越高；

H_{4a}：居民所在街道内每万人拥有的公园绿地数量越多，则单次使用时长可能越短；

H_{4b}：居民所在街道内大于2hm²的公园绿地步行服务区覆盖的居住区数量比越高，则单次使用时长可能越长；

H_{4c}：居民所在街道内从各居住区到达大于2hm²的公园绿地所需平均最短时间越短，则单次使用时长可能越长；

H_{4d}：居民所在街道内公园绿地的平均美学功能越高，则单次使用时长可能越长；

H_{4e}：居民所在街道内公园绿地的平均生态调节功能越高，则单次使用时长可能越长；

H_{4f}：居民所在街道内公园绿地平均社交媒体照片越多，则单次使用时长可能越长；

H_5：居民的公园绿地单次使用时长越长，则精神健康水平可能越高；

H_{6a}：居民的年龄越小，则精神健康水平可能越高；

H_{6b}：居民的收入水平越高，则精神健康水平可能越高；

H_{6c}：居民的学历水平越高，则精神健康水平可能越高；

H_{7a}：居民所在街道人口密度越低，则精神健康水平可能越高；

H_{7b}：居民所在街道夜间灯光指数越低，则精神健康水平可能越高；

H_{7c}：居民所在街道绿化水平越高，则精神健康水平可能越高；

H_{7d}：居民所在街道空气污染水平越高，则精神健康水平可能越高；

H_{7e}：居民所在街道夏季地表温度越高，则精神健康水平可能越高；

H_{8a}：居民的年龄越大，则公园绿地单次使用时长可能越长；

H_{8b}：居民的收入水平越低，则公园绿地单次使用时长可能越长；

H_{8c}：居民的学历水平越低，则公园绿地单次使用时长可能越长；

H_{9a}：居民所在街道人口密度越低，则公园绿地单次使用时长可能越长；

H_{9b}：居民所在街道夜间灯光指数越低，则公园绿地单次使用时长可能越长；

H_{9c}：居民所在街道绿化水平越高，则公园绿地单次使用时长可能越长；

H_{9d}：居民所在街道空气污染水平越高，则公园绿地单次使用时长可能越长；

H_{9e}：居民所在街道夏季地表温度越高，则公园绿地单次使用时长可能越长。

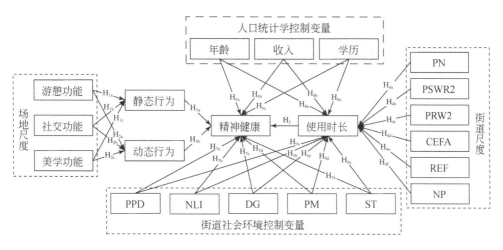

图 5-16 公园绿地对居民精神健康影响的假设路径

（3）公园绿地对身体健康变化影响的假设路径

本章问卷调查分析结果表明，场地尺度下居民在公园绿地空间内的动态行为相比于静态行为对居民身体健康变化有更为显著的积极影响。可以提出设计层面公园绿地通过提供社会文化功能促进居民动态行为并影响居民身体健康变化的假设路径。街道尺度下的公园绿地布局特征中，街道及周边范围每万人拥有的公园绿地数量（PN）、街道及周边范围公园绿地密度（PD）、居住区周边范围公园绿地密度（PDR）、公园绿地步行服务区覆盖的街道面积比（PSW）和公园绿地的平均美学功能（CEFA）对居民身体健康变化有显著影响；本章的问卷调查分析结果表明居民的公园绿地累计使用时长对身体健康变化影响最为显著。因此，本研究提出在规划层面上述公园绿地布局特征指标通过提高居民的公园绿地累计使用时长影响身体健康变化的假设路径。

前文对影响居民身体健康的人口统计学及社会环境经济特征的分析结果表明，居民年龄和收入，以及居民所在街道的绿化率（DG）、夜间灯光指数（NLI）可对身体健康变化状况有显著的影响；本章问卷调查分析结果表明，居民性别及所在街道内其他娱乐场所密度（EPD）、空气污染水平（PM）、夏季地表温度（ST）可能影响居民的身体健康变化及其公园绿地累计使用时长、使用行为类型偏好等公园绿地主观暴露特征。综合以上结论，本书最终构建的公园绿地对身体健康变化影响的假设路径如图 5-17 所示，依据前文实证研究结论所提出的相关假设包括：

H_{1a}：居民所处公园绿地空间的游憩功能越高，则进行动态行为的可能性越大；

H_{1b}：居民所处公园绿地空间的社交功能越低，则进行动态行为的可能性越大；

H_{1c}：居民所处公园绿地空间的美学功能越高，则进行动态行为的可能性越大；

H_2：居民进行动态行为的可能性越大，则身体健康状况相比去年可能越好；

H_{3a}：居民所在街道每万人拥有的公园绿地数量越多，则累计使用时长可能越长；

H_{3b}：居民所在街道及周边范围内公园绿地密度越高，则累计使用时长可能越长；

H_{3c}：居民所在居住区周边范围内公园绿地密度越高，则累计使用时长可能越短；

H_{3d}：居民所在街道内公园绿地步行服务区覆盖的街道面积比越大，则累计使用时长可能越长；

H_{3e}：居民所在街道公园绿地平均美学功能越高，则累计使用时长可能越长；

H_4：居民的公园绿地累计使用时长越长，则身体健康状况相比去年可能越好；

H_{5a}：居民为女性时，身体健康状况相比去年可能越好；

H_{5b}：居民的年龄越小，则身体健康状况相比去年可能越好；

H_{5c}：居民的收入水平越高，则身体健康状况相比去年可能越好；

H_{6a}：居民所在街道夜间灯光指数越低，则身体健康状况相比去年可能越好；

H_{6b}：居民所在街道绿化水平越高，则身体健康状况相比去年可能越好；

H_{6c}：居民所在街道其他娱乐场所密度越高，则身体健康状况相比去年可能越好；

H_{6d}：居民所在街道空气污染水平越低，则身体健康状况相比去年可能越好；

H_{6e}：居民所在街道夏季地表温度越高，则身体健康状况相比去年可能越好；

H_{7a}：居民为女性时，进行动态行为的可能性更高；

H_{7b}：居民的年龄越小，则进行动态行为的可能性越大；

H_{7c}：居民的收入水平越高，则进行动态行为的可能性越大；

H_{8a}：居民所在街道内夜间灯光指数越低，则进行动态行为的可能性越大；

H_{8b}：居民所在街道绿化水平越高，则进行动态行为的可能性越大；

H_{8c}：居民所在街道其他娱乐场所密度越高，则进行动态行为的可能性越大；

H_{8d}：居民所在街道空气污染水平越低，则进行动态行为的可能性越大；

H_{8e}：居民所在街道夏季地表温度越高，则进行动态行为的可能性越大；

H_{9a}：居民为女性时，公园绿地累计使用时长可能更长；

H_{9b}：居民的年龄越大，则公园绿地累计使用时长可能越长；

H_{9c}：居民的收入水平越高，则公园绿地累计使用时长可能越长；

H_{10a}：居民所在街道夜间灯光指数越低，则公园绿地累计使用时长可能越长；

H_{10b}：居民所在街道绿化水平越高，则公园绿地累计使用时长可能越长；

H_{10c}：居民所在街道其他娱乐场所密度越高，则公园绿地累计使用时长可能越长；

H_{10d}：居民所在街道空气污染水平越低，则公园绿地累计使用时长可能越长；

H_{10e}：居民所在街道夏季地表温度越高，则公园绿地累计使用时长可能越长。

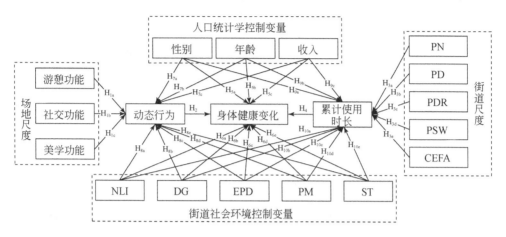

图 5-17　公园绿地对居民身体健康变化影响的假设路径

（4）公园绿地对精神健康变化影响的假设路径

本章问卷调查分析结果表明，场地尺度下居民在公园绿地内的静态行为相比于动态行为对居民精神健康变化有更为显著的积极影响，因此可以提出设计层面公园绿地通过提供社会文化功能促进居民静态行为并影响居民精神健康变化的假设路径。街道尺度下的公园绿地布局特征中，街道及周边范围人均公园绿地面积（PA）、居住区周边范围公园绿地面积比（PAR）、公园绿地步行服务区覆盖的居住区数量比（PSWR），以及街道及周边范围公园绿地的平均美学功能（CEFA）、平均游憩功能（CEFR）及平均社交媒体照片数量（NP）对居民精神健康变化有显著影响。本章的问卷调查分析结果表明，居民的公园绿地使用频率对精神健康变化影响最为显著。因此，本研究提出在规划层面上述公园绿地布局特征指标通过提高居民公园绿地使用频率影响精神健康变化的假设路径。

前文对影响居民精神健康的人口统计学及社会环境经济特征的分析结果表明，居民年龄、学历和收入，以及居民所在街道空气污染水平（PM）和夏季地表温度（ST）对精神健康变化状况有显著影响；本章分析结果表明，居民性别及街道人口密度（PPD）、其他娱乐场所密度（EPD）能够影响居民的精神健康变化及其公园绿地使用频率、使用行为类型偏好。因此，本书最终构建的公园绿地对居民精神健康变化影响的假设路径如图 5-18 所示，依据前文实证研究结论所提出的相关假设包括：

H_{1a}：居民所处公园绿地空间的游憩功能越低，则进行静态行为的可能性越大；

H_{1b}：居民所处公园绿地空间的社交功能越高，则进行静态行为的可能性越大；

H_{1c}：居民所处公园绿地空间的美学功能越低，则进行静态行为的可能性越大；

H_2：居民进行静态行为的可能性越大，则精神健康状况相比去年可能越好；

H_{3a}：居民所在街道内人均公园绿地面积越大，则使用频率可能越低；

H_{3b}：居民所在街道内居住区周边范围公园绿地面积比越高，则使用频率可能越高；

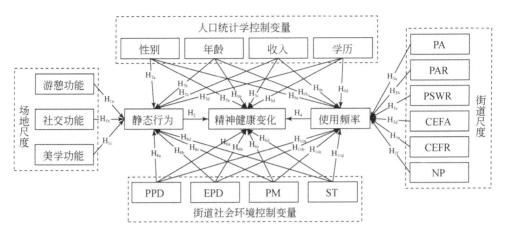

图 5-18　公园绿地对居民精神健康变化影响的假设路径

H_{3c}：居民所在街道内公园绿地步行服务区覆盖的居住区数量比越高，则使用频率可能越高；

H_{3d}：居民所在街道内公园绿地的平均美学功能得分越高，则使用频率可能越高；

H_{3e}：居民所在街道内公园绿地的平均游憩功能得分越高，则使用频率可能越高；

H_{3f}：居民所在街道内公园绿地平均社交媒体照片数量越多，则使用频率可能越高；

H_4：居民的公园绿地使用频率越高，则精神健康状况相比去年可能越好；

H_{5a}：居民为女性时，精神健康状况相比去年可能越好；

H_{5b}：居民的年龄越小，则精神健康状况相比去年可能越好；

H_{5c}：居民的收入水平越高，则精神健康状况相比去年可能越好；

H_{5d}：居民的学历越低，则精神健康状况相比去年可能越好；

H_{6a}：居民所在街道的人口密度越高，则精神健康状况相比去年可能越好；

H_{6b}：居民所在街道的其他娱乐场所密度越低，则精神健康状况相比去年可能越好；

H_{6c}：居民所在街道空气污染水平越低，则精神健康状况相比去年可能越好；

H_{6d}：居民所在街道夏季地表温度越低，则精神健康状况相比去年可能越好；

H_{7a}：居民为女性时，进行静态行为的可能性更低；

H_{7b}：居民的年龄越小，则进行静态行为的可能性越大；

H_{7c}：居民的收入水平越高，则进行静态行为的可能性越大；

H_{7d}：居民的学历越低，则进行静态行为的可能性越大；

H_{8a}：居民所在街道的人口密度越高，则进行静态行为的可能性越大；

H_{8b}：居民所在街道的其他娱乐场所密度越低，则进行静态行为的可能性越大；

H_{8c}：居民所在街道空气污染水平越高，则进行静态行为的可能性越大；

H_{8d}：居民所在街道夏季地表温度越低，则进行静态行为的可能性越大；

H_{9a}：居民为女性时，公园绿地使用频率可能更高；

H_{9b}：居民的年龄越小，则公园绿地使用频率可能越高；

H_{9c}：居民的收入水平越高，则公园绿地使用频率可能越高；

H_{9d}：居民的学历越低，则公园绿地使用频率可能越高；

H_{10a}：居民所在街道的人口密度越高，则公园绿地使用频率可能越高；

H_{10b}：居民所在街道的其他娱乐场所密度越低，则公园绿地使用频率可能越高；

H_{10c}：居民所在街道空气污染水平越高，则公园绿地使用频率可能越高；

H_{10d}：居民所在街道夏季地表温度越低，则公园绿地使用频率可能越高。

5.4.2 公园绿地对居民健康影响路径的验证与量化

（1）公园绿地对居民身体健康的促进路径

公园绿地促进身体健康的假设路径的分析结果如表 5-12 所示。直接影响路径假设 H_{1a}、H_{1b}、H_2、H_{3f}、H_4、H_{9b}、H_{10b} 在 $p<0.001$ 水平上成立，假设 H_{5c}、H_{7a}、H_{10c} 在 $p<0.01$ 水平上成立，假设 H_{1c}、H_{3d}、H_{5b}、H_{7b}、H_{8c}、H_{10d} 在 $p<0.05$ 水平上成立，假设 H_{3a}、H_{3e}、H_{6d} 在 $p<0.1$ 水平上成立，假设 H_{3b}、H_{3c}、H_{5a}、H_{6a}、H_{6b}、H_{6c}、H_{7c}、H_{8a}、H_{8b}、H_{8d}、H_{9a}、H_{9c}、H_{10a} 的显著性水平 $p>0.1$，假设不成立。

表 5-12 公园绿地对身体健康影响的直接路径

编号	路径	β	p	检验结果
H_{1a}	游憩功能→动态行为	0.081	0.000 ***	接受
H_{1b}	社交功能→动态行为	−0.186	0.000 ***	接受
H_{1c}	美学功能→动态行为	0.073	0.032 *	接受
H_2	动态行为→身体健康	0.171	0.000 ***	接受
H_{3a}	街道及周边范围公园绿地密度→使用频率	0.045	0.063 .	接受
H_{3b}	居住区周边范围公园绿地密度→使用频率	0.086	0.417	拒绝
H_{3c}	居民所在街道内大于 2hm² 公园绿地服务区面积比→使用频率	−0.269	0.118	拒绝
H_{3d}	大于 2hm² 公园绿地步行服务区覆盖的居住区数量比→使用频率	0.198	0.028 *	接受
H_{3e}	从居住区步行到达大于 2hm² 公园绿地的平均最短时间→使用频率	−0.133	0.072 .	接受
H_{3f}	公园绿地平均社交功能得分→使用频率	−0.115	0.000 ***	接受
H_4	使用频率→身体健康	0.248	0.000 ***	接受
H_{5a}	性别（女性）→身体健康	0.052	0.157	拒绝
H_{5b}	年龄→身体健康	−0.043	0.042 *	接受
H_{5c}	收入→身体健康	0.124	0.008 **	接受
H_{6a}	人口密度→身体健康	−0.035	0.493	拒绝
H_{6b}	他娱乐场所密度→身体健康	0.013	0.745	拒绝
H_{6c}	街道内空气污染水平→身体健康	−0.004	0.921	拒绝
H_{6d}	街道内夏季地表温度→身体健康	0.075	0.061 .	接受

编号	路径	β	p	检验结果
H_{7a}	性别（女性）→动态行为	0.100	0.002**	接受
H_{7b}	年龄→动态行为	−0.126	0.032*	接受
H_{7c}	收入→动态行为	0.039	0.291	拒绝
H_{8a}	人口密度→动态行为	0.015	0.776	拒绝
H_{8b}	其他娱乐场所密度→动态行为	−0.072	0.102	拒绝
H_{8c}	街道内空气污染水平→动态行为	−0.083	0.047*	接受
H_{8d}	街道内夏季平均地表温度→动态行为	0.083	0.145	拒绝
H_{9a}	性别（女性）→使用频率	0.024	0.437	拒绝
H_{9b}	年龄→使用频率	0.175	0.000***	接受
H_{9c}	收入→使用频率	0.034	0.277	拒绝
H_{10a}	人口密度→使用频率	0.072	0.115	拒绝
H_{10b}	其他娱乐场所密度→使用频率	−0.242	0.000***	接受
H_{10c}	街道内空气污染水平→使用频率	−0.133	0.003**	接受
H_{10d}	街道内夏季地表温度→使用频率	0.086	0.032*	接受

$***p<0.001$，$**p<0.01$，$*p<0.05$，$.p<0.1$；调整后的模型拟合优度 Chi-square $=60.67$，CFI $=0.979$，NFI $=0.992$，TLI $=0.994$，RMSEA $=0.018$

图 5-19 展示了假设成立的直接路径的关联关系。在场地尺度下，公园绿地空间的游憩功能和美学功能对受访者的动态行为偏好有显著的积极影响（$\beta=0.081$，$p<0.001$；$\beta=0.073$，$p<0.05$），而社交功能对动态行为有显著的负面影响（$\beta=-0.186$，$p<0.001$）；受访者对动态行为的偏好对其身体健康也有显著的积极影响（$\beta=0.171$，$p<0.001$）；在街道尺度下，公园绿地密度（PD，$\beta=0.045$，$p<0.1$）、大于 $2hm^2$ 公园绿地步行服务区覆盖的

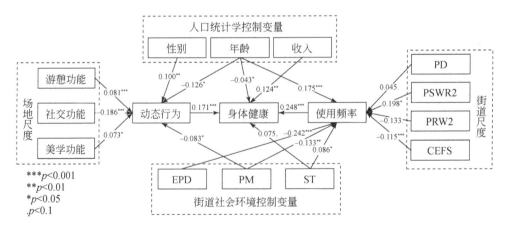

图 5-19 公园绿地对居民身体健康的影响路径

居住区数量比（PSWR2，$\beta=0.198$，$p<0.05$）对受访者的公园绿地使用频率有积极影响，而从街道内各居住区步行到达大于 2hm^2 公园绿地平均最短时间（PRW2，$\beta=-0.133$，$p<0.1$）、公园绿地的平均社交功能（CEFS，$\beta=-0.115$，$p<0.001$）对受访者的公园绿地使用频率有负面影响；同时较高的公园绿地使用频率也对居民身体健康有显著的积极影响（$\beta=0.248$，$p<0.001$）。

受访者的人口统计学特征对其动态行为偏好、公园绿地使用频率及身体健康水平有显著影响。其中，相比于男性，女性在公园绿地中进行动态行为的可能性更高（$\beta=0.100$，$p<0.01$）；随受访者年龄的增加，身体健康水平将显著降低（$\beta=-0.043$，$p<0.05$），进行动态行为的可能性也有所降低（$\beta=-0.126$，$p<0.05$），但公园绿地使用频率显著增高（$\beta=0.175$，$p<0.001$）；受访者收入水平也与身体健康有显著的积极关联（$\beta=0.124$，$p<0.01$）。受访者所在街道社会环境特征对其动态行为偏好、公园绿地使用频率及身体健康水平有显著影响。街道范围内较高的其他娱乐场所密度（EPD）能够为居民提供更多休闲活动机会，因而可能对受访者公园绿地使用频率产生负面影响（$\beta=-0.242$，$p<0.001$）；街道范围内较高的 $\text{PM}_{2.5}$ 浓度不仅会降低受访者的动态行为偏好（$\beta=-0.083$，$p<0.05$），也有可能降低其公园绿地使用频率（$\beta=-0.133$，$p<0.01$）；街道范围内的平均夏季地表温度与受访者身体健康有积极关联（$\beta=0.075$，$p<0.1$），同时能够促进受访者的公园绿地使用频率（$\beta=0.086$，$p<0.05$）。

公园绿地对身体健康影响的间接路径的分析结果如表 5-13 所示。间接路径 Ind7、Ind9、Ind10 在 $p<0.01$ 水平上显著，Ind1、Ind2、Ind3、Ind4、Ind5、Ind6、Ind8、Ind12、Ind13、Ind14 在 $p<0.05$ 水平上显著，Ind11 的显著性水平 p 值大于 0.1，路径不成立。该结果表明，在场地尺度下，公园绿地空间的游憩功能（$\beta=0.014$，$p<0.05$）和美学功能（$\beta=0.013$，$p<0.05$）能够通过促进受访者动态行为的路径促进其身体健康，其中游憩功能的影响更为突出；在街道尺度下，大于 2hm^2 公园绿地步行服务区覆盖的居住区数量比（PSWR2）能够通过促进受访者的公园绿地使用频率以促进身体健康（$\beta=0.049$，$p<0.05$），而较高的公园绿地平均社交功能表明街道内以小型公园绿地为主，可能会降低居民的公园绿地使用频率，导致对居民身体健康负面影响（$\beta=-0.031$，$p<0.05$）。

表 5-13　公园绿地对身体健康影响的间接路径

路径		β	S. E.	BC（95% CI）	
				Lower	Upper
Ind1	游憩功能→动态行为→身体健康	0.014 *	0.007	0.003	0.026
Ind2	社交功能→动态行为→身体健康	−0.031 *	0.010	−0.051	−0.017
Ind3	美学功能→动态行为→身体健康	0.013 *	0.008	0.003	0.030
Ind4	PD→使用频率→身体健康	0.011 *	0.021	−0.024	0.046
Ind5	PSWR2→使用频率→身体健康	0.049 *	0.024	0.013	0.094
Ind6	PRW2→使用频率→身体健康	−0.033 *	0.021	−0.118	−0.025
Ind7	CEFS→使用频率→身体健康	−0.078 **	0.022	−0.119	−0.045
Ind8	性别→动态行为→身体健康	0.013 *	0.010	−0.003	0.031

路径		β	S. E.	BC（95% CI）	
				Lower	Upper
Ind9	年龄→动态行为→身体健康	−0.011**	0.004	−0.019	−0.005
Ind10	年龄→使用频率→身体健康	0.023**	0.006	0.014	0.033
Ind11	PM→动态行为→身体健康	−0.016	0.009	−0.031	−0.001
Ind12	PM→使用频率→身体健康	−0.036*	0.015	0.013	0.062
Ind13	EPD→使用频率→身体健康	−0.048*	0.018	−0.079	−0.020
Ind14	ST→使用频率→身体健康	0.008*	0.016	−0.034	0.019

***$p<0.001$, **$p<0.01$, *$p<0.05$, . $p<0.1$

受访者的人口统计学特征中，女性因在公园绿地内进行动态行为的可能性更大而具有更高的身体健康水平（$\beta=0.013$，$p<0.05$）；随受访者年龄的增加，可以通过其公园绿地使用频率的增加增进身体健康水平（$\beta=0.023$，$p<0.01$），通过此路径带来的积极身体健康影响，远高于高龄受访者动态活动偏好下降对身体健康的负面影响（$\beta=-0.011$，$p<0.01$）。夏季地表温度（ST）较高的街道内，受访者可能因选择在公园绿地内避暑而具有更高的使用频率，并对身体健康产生积极影响（$\beta=0.008$，$p<0.05$）；然而，受访者所在街道范围内较高的其他娱乐场所密度（EPD）和空气污染水平（PM）会通过降低居民的公园绿地使用频率对身体健康有负面影响（$\beta=-0.048$，$p<0.05$；$\beta=-0.036$，$p<0.05$）。

（2）公园绿地对居民精神健康的促进路径

公园绿地促进精神健康的假设路径的分析结果如表 5-14 所示。直接影响路径假设 H_{1b}、H_{2a}、H_{2b}、H_{3a}、H_{3b}、H_5 在 $p<0.001$ 水平上成立，假设 H_{1c}、H_{4d}、H_{9d} 在 $p<0.01$ 水平上成立，假设 H_{1a}、H_{2c}、H_{4b}、H_{4c}、H_{7c}、H_{9b}、H_{9e} 在 $p<0.05$ 水平上成立，假设 H_{6b}、H_{8b} 在 $p<0.1$ 水平上成立，假设 H_{4a}、H_{4e}、H_{4f}、H_{6a}、H_{6c}、H_{7a}、H_{7b}、H_{7d}、H_{7e}、H_{8a}、H_{8c}、H_{9a}、H_{9c} 的显著性水平 $p>0.1$，假设不成立。

表 5-14　公园绿地对精神健康影响的直接路径

编号	路径	β	p	检验结果
H_{1a}	游憩功能→静态行为	−0.097	0.015*	接受
H_{1b}	社交功能→静态行为	0.127	0.000***	接受
H_{1c}	美学功能→静态行为	0.013	0.006**	接受
H_{2a}	游憩功能→动态行为	0.085	0.003***	接受
H_{2b}	社交功能→动态行为	−0.155	0.000***	接受
H_{2c}	美学功能→动态行为	0.026	0.039*	接受
H_{3a}	静态行为→精神健康	0.252	0.000***	接受
H_{3b}	动态行为→精神健康	0.342	0.000***	接受
H_{4a}	街道内每万人拥有的公园绿地数量→单次使用时长	−0.077	0.251	拒绝

编号	路径	β	p	检验结果
H_{4b}	大于 $2hm^2$ 公园绿地步行服务区覆盖居住区数量比→单次使用时长	0.085	0.035 *	接受
H_{4c}	从居住区步行到达大于 $2hm^2$ 公园绿地平均最短时间→单次使用时长	−0.116	0.024 *	接受
H_{4d}	街道内公园绿地平均美学功能→单次使用时长	0.187	0.003 **	接受
H_{4e}	街道内公园绿地平均生态调节功能→单次使用时长	0.107	0.122	拒绝
H_{4f}	街道内公园绿地平均社交媒体照片数量→单次使用时长	0.086	0.118	拒绝
H_5	单次使用时长→精神健康	0.117	0.000 ***	接受
H_{6a}	年龄→精神健康	0.024	0.506	拒绝
H_{6b}	收入→精神健康	0.046	0.064 .	接受
H_{6c}	学历→精神健康	−0.006	0.875	拒绝
H_{7a}	街道人口密度→精神健康	0.021	0.647	拒绝
H_{7b}	街道夜间灯光指数→精神健康	0.009	0.812	拒绝
H_{7c}	街道绿化水平→精神健康	0.058	0.026 *	接受
H_{7d}	街道空气污染水平→精神健康	−0.049	0.221	拒绝
H_{7e}	街道夏季地表温度→精神健康	0.078	0.295	拒绝
H_{8a}	年龄→单次使用时长	0.029	0.456	拒绝
H_{8b}	收入→单次使用时长	−0.047	0.083 .	接受
H_{8c}	学历→单次使用时长	0.003	0.939	拒绝
H_{9a}	街道人口密度→单次使用时长	0.123	0.301	拒绝
H_{9b}	街道夜间灯光指数→单次使用时长	−0.144	0.026 *	接受
H_{9c}	街道绿化水平→单次使用时长	0.074	0.470	拒绝
H_{9d}	街道空气污染水平→单次使用时长	0.179	0.001 **	接受
H_{9e}	街道夏季地表温度→单次使用时长	0.109	0.032 *	接受

$***p<0.001$，$**p<0.01$，$*p<0.05$，$.p<0.1$；调整后的模型拟合优度 Chi-square $=72.95$，CFI $=0.990$，NFI $=0.990$，TLI $=0.998$，RMSEA $=0.019$

图 5-20 展示了假设成立的直接路径的关联关系。在场地尺度下，公园绿地空间的不同社会文化功能能够在不同程度上促进受访者的动态行为和静态行为，而受访者的动态和静态行为类型偏好也在不同程度上影响其精神健康水平（$\beta=0.342$，$p<0.001$；$\beta=0.252$，$p<0.001$）；在街道尺度下大于 $2hm^2$ 公园绿地步行服务区覆盖的居住区数量比（PSWR2）、公园绿地的平均美学功能（CEFA）对受访者的公园绿地单次使用时长具有积极影响（$\beta=0.085$，$p<0.05$；$\beta=0.187$，$p<0.01$），到达大于 $2hm^2$ 公园绿地平均最大时间对公园绿地单次使用时长有负面影响（$\beta=-0.166$，$p<0.05$）；较高的公园绿地单次使用时长对精神健康有显著积极影响（$\beta=0.117$，$p<0.001$）。

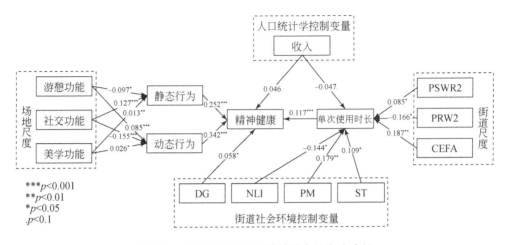

图 5-20　公园绿地对居民精神健康的影响路径

受访者的相关人口统计学特征中，仅收入水平对居民公园绿地单次使用时长及精神健康有显著影响，具有较高收入水平的受访者可能具有更高的精神健康水平（$\beta=0.046$，$p<0.1$），但其公园绿地单次使用时长相对较短（$\beta=-0.047$，$p<0.1$）。受访者所在街道社会环境特征中，街道绿化水平（DG）对受访者的精神健康有显著的积极影响（$\beta=0.058$，$p<0.05$），而街道平均夜间灯光指数（NLI）对受访者公园绿地使用时长有负面影响（$\beta=-0.114$，$p<0.05$），街道空气污染水平（PM）和夏季地表温度（ST）与受访者公园绿地使用时长有积极关联（$\beta=0.179$，$p<0.01$；$\beta=0.109$，$p<0.05$）。

表 5-15 为公园绿地对身体健康影响的间接路径的分析结果。间接路径 Ind2、Ind5 在 $p<0.01$ 水平上显著，Ind1、Ind4、Ind7、Ind8、Ind9、Ind11、Ind12 在 $p<0.05$ 水平上显著，Ind3、Ind6、Ind13 在 $p<0.1$ 水平上显著，Ind10 的显著性水平 p 值大于 0.1，间接路径不成立。该结果表明，在场地尺度下，公园绿地空间的游憩功能、社交功能和美学功能能够通过促进受访者的不同使用行为类型以促进其精神健康，其中通过社交功能促进静态行为以增进精神健康的重要性最为突出（$\beta=0.049$，$p<0.01$）。在街道尺度下，公园绿地的平均美学功能（CEFA）通过提高居民的公园绿地使用时长以促进精神健康的重要性最为突出（$\beta=0.011$，$p<0.05$）。

表 5-15　公园绿地对精神健康影响的间接路径

路径		β	S. E.	BC（95% CI）	
				Lower	Upper
Ind1	游憩功能→静态行为→精神健康	-0.032 *	0.013	-0.055	-0.011
Ind2	社交功能→静态行为→精神健康	0.049 **	0.014	0.020	0.068
Ind3	美学功能→静态行为→精神健康	-0.004	0.015	-0.028	0.020
Ind4	游憩功能→动态行为→精神健康	0.027 *	0.013	0.007	0.049
Ind5	社交功能→动态行为→精神健康	-0.042 **	0.015	-0.075	-0.027
Ind6	美学功能→动态行为→精神健康	0.009	0.014	-0.015	0.031

路径		β	S. E.	BC（95%CI）	
				Lower	Upper
Ind7	PSWR2→单次使用时长→精神健康	0.008*	0.011	0.001	0.037
Ind8	PRW2→单次使用时长→精神健康	−0.010*	0.011	−0.030	0.005
Ind9	CEFA→单次使用时长→精神健康	0.011*	0.009	0.003	0.033
Ind10	收入→单次使用时长→精神健康	−0.006	0.005	−0.015	0.001
Ind11	NLI→单次使用时长→精神健康	−0.017*	0.010	−0.037	−0.004
Ind12	PM→单次使用时长→精神健康	0.013*	0.008	0.003	0.028
Ind13	ST→单次使用时长→精神健康	0.014.	0.016	−0.007	0.045

***p<0.001，**p<0.01，*p<0.05，.*p*<0.1

受访者的人口统计学特征中，通过受访者收入水平影响其公园绿地单次使用时长并影响精神健康的路径不显著，表明高收入群体不会因公园绿地的单次使用时长有限而影响其精神健康水平，反而受到直接路径 H_{6b}（收入→精神健康）的影响具有更高的精神健康水平。夜间灯光指数（NLI）较高的街道通常工商业及服务业发达，居民可能因工作繁忙而具有较短的公园绿地单次使用时长（β=−0.144；p<0.05），并通过此间接路径对居民精神健康产生负面影响（β=−0.017，p<0.05）；在空气污染水平（PM）较高或夏季地表温度（ST）较高的街道内，居民可能因享受公园绿地内舒适小气候而具有更高的使用时长（β=0.013，p<0.05；β=0.014，p<0.1），并对其精神健康产生积极影响。

（3）公园绿地对身体健康变化的影响路径

公园绿地影响身体健康变化的假设路径的分析结果如表 5-16 所示。直接影响路径假设 H_{1a}、H_{1b}、H_{10d} 在 p<0.001 水平上成立，假设 H_4、H_{7a} 在 p<0.01 水平上成立，假设 H_{1c}、H_2、H_{3b}、H_{3c}、H_{6c}、H_{6e}、H_{7b}、H_{8b}、H_{8d}、H_{10e} 在 p<0.05 水平上成立，假设 H_{3e}、H_{5c} 在 p<0.1 水平上成立，假设 H_{3a}、H_{3d}、H_{5a}、H_{6a}、H_{6b}、H_{6d}、H_7、H_{8a}、H_{8c}、H_{8e}、H_{9a}、H_{9b}、H_{9c}、H_{10a}、H_{10b}、H_{10c} 的显著性水平 p>0.1，假设不成立。

表 5-16 公园绿地对身体健康变化影响的直接路径

编号	路径	β	p	检验结果
H_{1a}	游憩功能→动态行为	0.081	0.004***	接受
H_{1b}	社交功能→动态行为	−0.186	0.000***	接受
H_{1c}	美学功能→动态行为	0.059	0.026*	接受
H_2	动态行为→身体健康变化	0.089	0.019*	接受
H_{3a}	街道内每万人拥有的公园绿地数量→累计使用时长	0.102	0.223	拒绝
H_{3b}	街道及周边范围公园绿地密度→累计使用时长	0.215	0.018*	接受
H_{3c}	居住区周边范围公园绿地密度→累计使用时长	−0.309	0.030*	接受
H_{3d}	街道及周边范围公园绿地服务区面积比→累计使用时长	0.020	0.802	拒绝
H_{3e}	街道内公园绿地平均美学功能得分→累计使用时长	0.059	0.064.	接受

编号	路径	β	p	检验结果
H$_4$	累计使用时长→身体健康变化	0.137	0.001 **	接受
H$_{5a}$	性别（女性）→身体健康变化	0.032	0.396	拒绝
H$_{5b}$	年龄→身体健康变化	-0.057	0.028 *	接受
H$_{5c}$	收入→身体健康变化	0.019	0.089	接受
H$_{6a}$	街道夜间灯光指数→身体健康变化	-0.028	0.581	拒绝
H$_{6b}$	街道绿化水平→身体健康变化	0.129	0.435	拒绝
H$_{6c}$	街道内其他娱乐场所密度→身体健康变化	0.159	0.042 *	接受
H$_{6d}$	街道空气污染水平→身体健康变化	0.069	0.123	拒绝
H$_{6e}$	街道夏季地表温度→身体健康变化	0.081	0.027 *	接受
H$_{7a}$	性别（女性）→动态行为	0.100	0.002 **	接受
H$_{7b}$	年龄→动态行为	-0.125	0.031 *	接受
H$_{7c}$	收入→动态行为	0.04	0.273	拒绝
H$_{8a}$	街道夜间灯光指数→动态行为	-0.015	0.761	拒绝
H$_{8b}$	街道绿化水平→动态行为	0.069	0.038 *	接受
H$_{8c}$	街道内其他娱乐场所密度→动态行为	-0.045	0.346	拒绝
H$_{8d}$	街道空气污染水平→动态行为	-0.074	0.049 *	接受
H$_{8e}$	街道夏季地表温度→动态行为	0.141	0.103	拒绝
H$_{9a}$	性别（女性）→累计使用时长	0.010	0.781	拒绝
H$_{9b}$	年龄→累计使用时长	0.034	0.317	拒绝
H$_{9c}$	收入→累计使用时长	-0.022	0.513	拒绝
H$_{10a}$	街道夜间灯光指数→累计使用时长	-0.068	0.255	拒绝
H$_{10b}$	街道绿化水平→累计使用时长	-0.074	0.350	拒绝
H$_{10c}$	街道内其他娱乐场所密度→累计使用时长	0.079	0.191	拒绝
H$_{10d}$	街道空气污染水平→累计使用时长	-0.213	0.000 ***	接受
H$_{10e}$	街道夏季地表温度→累计使用时长	0.104	0.043 *	接受

$***p<0.001$，$**p<0.01$，$*p<0.05$，$.p<0.1$；调整后的模型拟合优度：Chi-square=48.35，CFI=0.992，NFI=0.993，TLI=0.994，RMSEA=0.020

图 5-21 展示了假设成立的直接路径的关联关系。场地尺度下公园绿地空间的游憩功能和美学功能对受访者动态行为有显著的积极影响（$\beta=0.081$，$p<0.001$；$\beta=0.059$，$p<0.05$）；受访者的动态行为对身体健康变化也有显著的积极影响（$\beta=0.089$，$p<0.05$）；在街道尺度下，公园绿地密度（PD）和居住区周边范围公园绿地密度（PDR）分别对居民的公园绿地累计使用时长分别有积极和消极影响（$\beta=0.215$，$p<0.05$；$\beta=-0.309$，$p<0.05$），公园绿地的平均美学功能（CEFA）对受访者的累计使用时长有积极影响（$\beta=$

0.059，*p*<0.1），同时较高的公园绿地累计使用时长也对身体健康变化有显著积极影响（*β*=0.137，*p*<0.01）。

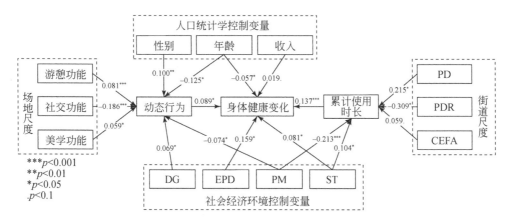

图 5-21　公园绿地对居民身体健康变化的影响路径

受访者的人口统计学特征中，女性相比于男性在公园绿地中进行动态行为的可能性更高（*β*=0.100，*p*<0.01）；随受访者年龄的增加，身体健康状况相比去年可能显著降低（*β*=−0.057，*p*<0.05），进行动态行为的可能性降低（*β*=−0.125，*p*<0.05）；受访者收入水平也与身体健康变化有显著积极关联（*β*=0.019，*p*<0.1）。受访者所在街道的社会环境特征中，较高的街道绿化水平（DG）和较低的空气污染水平（PM）能够促进动态行为（*β*=0.069，*p*<0.05；*β*=−0.074，*p*<0.05），较低的空气污染水平（PM）和夏季地表温度（ST）还能够提高公园绿地累计使用时长（*β*=−0.213，*p*<0.001；*β*=0.104，*p*<0.05）；街道范围内其他娱乐场所密度（EPD）和夏季地表温度（ST）与身体健康变化有积极关联（*β*=0.159，*p*<0.05；*β*=0.081，*p*<0.05）。

表 5-17 为公园绿地对身体健康变化影响的间接路径的分析结果。间接路径 Ind1、Ind11 在 *p*<0.01 水平上显著，Ind2、Ind4、Ind8、Ind10、Ind12 在 *p*<0.05 水平上显著，Ind3、Ind5、Ind7 在 *p*<0.1 水平上显著，Ind6、Ind9 的显著性水平 *p*>0.1，路径不成立。该结果表明，在场地尺度下，公园绿地空间的游憩功能和美学功能能够通过促进受访者的动态行为以促进其身体健康变化（*β*=0.007，*p*<0.01；*β*=0.006，*p*<0.1）；在街道尺度下，街道内公园绿地密度（PD）和平均美学功能（CEFA）能够通过提高公园绿地累计使用时长促进受访者身体健康状况相比去年有所提升（*β*=0.012，*p*<0.05；*β*=0.002，*p*<0.05）。

受访者的人口统计学特征中，性别能够通过影响受访者的动态行为偏好显著影响其身体健康变化（*β*=0.011，*p*<0.05），这在一定程度上解释了受访者中女性相比于男性身体健康状况相比去年有所提升的原因；通过年龄影响受访者的动态行为偏好并影响其身体健康变化的间接影响效应（*β*=−0.007，*p*<0.1）小于年龄对身体健康变化的直接影响（*β*=−0.057，*p*<0.05），表明老年受访者较低的动态行为意愿不是年龄对身体健康变化负面影响的主要原因。受访者所在街道范围内较高的空气污染水平（PM）会通过降低受访者的动态行为偏好对身体健康变化产生显著的负面影响（*β*=−0.009，*p*<0.1），还能通

过降低受访者的公园绿地累计使用时长对身体健康变化产生负面影响（$\beta = -0.026$，$p < 0.01$）。然而，在夏季地表温度（ST）较高的街道内，受访者可能选择在公园绿地内避暑具有更高的公园绿地累计使用时长，并因此对身体健康变化状况产生积极影响（$\beta = 0.042$，$p < 0.05$）。

表 5-17　公园绿地对身体健康变化影响的间接路径

	路径	β	S. E.	BC （95% CI）	
				Lower	Upper
Ind1	游憩功能→动态行为→身体健康变化	0.007 **	0.004	0.001	0.016
Ind2	社交功能→动态行为→身体健康变化	-0.016 *	0.008	-0.031	-0.006
Ind3	美学功能→动态行为→身体健康变化	0.006	0.005	0.001	0.018
Ind4	性别→动态行为→身体健康变化	0.011 *	0.007	0.001	0.023
Ind5	年龄→动态行为→身体健康变化	-0.007	0.007	-0.020	0.003
Ind6	DG→动态行为→身体健康变化	0.009	0.012	-0.009	0.032
Ind7	PM→动态行为→身体健康变化	-0.009	0.006	-0.023	-0.001
Ind8	PD→累计使用时长→身体健康变化	0.012 *	0.021	-0.019	0.049
Ind9	PDR→累计使用时长→身体健康变化	-0.026	0.020	-0.066	-0.010
Ind10	CEFA→累计使用时长→身体健康变化	0.002 *	0.009	-0.017	0.012
Ind11	PM→累计使用时长→身体健康变化	-0.026 **	0.012	-0.051	-0.012
Ind12	ST→累计使用时长→身体健康变化	0.042 *	0.022	0.012	0.086

***$p < 0.001$，**$p < 0.01$，*$p < 0.05$，.$p < 0.1$

（4）公园绿地对精神健康变化的影响路径

公园绿地影响精神健康变化的假设路径分析结果如表 5-18 所示。直接影响路径 H_{1b}、H_{3c}、H_4、H_{7b}、H_{9b} 在 $p < 0.001$ 水平上成立，假设 H_{1c}、H_2、H_{3b} 在 $p < 0.01$ 水平上成立，假设 H_{1a}、H_{5b}、H_{5c}、H_{7a}、H_{10d} 在 $p < 0.05$ 水平上成立，假设 H_{5d}、H_{6c}、H_{8c}、H_{10b} 在 $p < 0.1$ 水平上成立，假设 H_{3a}、H_{3d}、H_{3f}、H_{5a}、H_{6a}、H_{6b}、H_{6d}、H_{7c}、H_{7d}、H_{8a}、H_{8b}、H_{8d}、H_{9a}、H_{9c}、H_{9d}、H_{10a}、H_{10c} 的显著性水平 $p > 0.1$，假设不成立。

表 5-18　公园绿地对精神健康变化影响的直接路径

编号	路径	β	p	检验结果
H_{1a}	游憩功能→静态行为	-0.091	0.042 *	接受
H_{1b}	社交功能→静态行为	0.141	0.000 ***	接受
H_{1c}	美学功能→静态行为	0.032	0.007 **	接受
H_2	静态行为→精神健康变化	0.092	0.006 **	接受
H_{3a}	街道内人均公园绿地面积→使用频率	-0.279	0.118	拒绝

编号	路径	β	p	检验结果
H_{3b}	居住区周边范围公园绿地面积比→使用频率	0.248	0.004 **	接受
H_{3c}	公园绿地步行服务区覆盖的居住区数量比→使用频率	0.286	0.000 ***	接受
H_{3d}	街道内公园绿地平均美学功能→使用频率	0.117	0.236	拒绝
H_{3e}	街道内公园绿地平均游憩功能→使用频率	0.241	0.000 ***	接受
H_{3f}	街道内公园绿地平均社交媒体照片数量→使用频率	−0.110	0.175	拒绝
H_4	使用频率→精神健康变化	0.183	0.000 ***	接受
H_{5a}	性别（女性）→精神健康变化	0.034	0.359	拒绝
H_{5b}	年龄→精神健康变化	0.093	0.023 *	接受
H_{5c}	收入→精神健康变化	0.029	0.044 *	接受
H_{5d}	学历→精神健康变化	−0.018	0.056 .	接受
H_{6a}	街道人口密度→精神健康变化	0.027	0.621	拒绝
H_{6b}	街道内其他娱乐场所密度→精神健康变化	0.029	0.515	拒绝
H_{6c}	街道空气污染水平→精神健康变化	−0.071	0.093 .	接受
H_{6d}	街道夏季地表温度→精神健康变化	−0.05	0.372	拒绝
H_{7a}	性别（女性）→静态行为	−0.076	0.042 *	接受
H_{7b}	年龄→静态行为	0.165	0.000 ***	接受
H_{7c}	收入→静态行为	0.005	0.891	拒绝
H_{7d}	学历→静态行为	0.019	0.628	拒绝
H_{8a}	街道人口密度→静态行为	−0.011	0.843	拒绝
H_{8b}	街道内其他娱乐场所密度→静态行为	0.073	0.189	拒绝
H_{8c}	街道空气污染水平→静态行为	0.012	0.083 .	接受
H_{8d}	街道夏季地表温度→静态行为	0.048	0.309	拒绝
H_{9a}	性别（女性）→使用频率	0.030	0.326	拒绝
H_{9b}	年龄→使用频率	0.160	0.000 ***	接受
H_{9c}	收入→使用频率	0.035	0.251	拒绝
H_{9d}	学历→使用频率	−0.004	0.894	拒绝
H_{10a}	街道人口密度→使用频率	0.015	0.753	拒绝
H_{10b}	街道内其他娱乐场所密度→使用频率	−0.072	0.074 .	接受
H_{10c}	街道空气污染水平→使用频率	0.020	0.658	拒绝
H_{10d}	街道夏季地表温度→使用频率	0.039	0.047 *	接受

*** $p<0.001$，** $p<0.01$，* $p<0.05$，. $p<0.1$；调整后的模型拟合优度：Chi-square $=91.87$，CFI $=0.982$，NFI $=0.983$，TLI $=0.974$，RMSEA $=0.039$

图 5-22 展示了假设成立的直接路径的关联关系。在场地尺度下，公园绿地空间的社交功能和美学功能均能够促进受访者的静态行为（$\beta=0.141$，$p<0.001$；$\beta=0.032$，$p<0.01$），游憩功能对于受访者的静态行为具有负面影响（$\beta=-0.091$，$p<0.05$）。受访者的静态行为偏好能够显著影响其精神健康变化特征（$\beta=0.092$，$p<0.01$）。街道尺度下居住区周边范围公园绿地面积比（PAR）、公园绿地步行服务区覆盖的居住区数量比（PSWR）及公园绿地的平均游憩功能（CEFR）均对公园绿地使用频率有显著影响，其中居住区周边公园绿地步行服务区覆盖的居住区数量比的重要性最高（$\beta=0.286$，$p<0.001$）；较高的公园绿地单次使用频率也对精神健康变化有显著积极影响（$\beta=0.183$，$p<0.001$）。

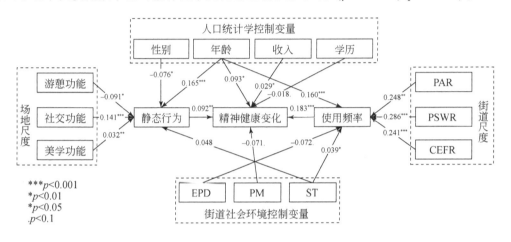

图 5-22　公园绿地对居民精神健康变化的影响路径

受访者的人口统计学中，女性相比于男性在公园绿地中进行静态行为的可能性更低（$\beta=-0.076$，$p<0.05$）；随受访者年龄的增加，相比去年的自评精神健康状况将显著提升（$\beta=0.093$，$p<0.05$），进行静态行为的可能性和公园绿地单次使用频率也显著增加（$\beta=0.165$，$p<0.001$；$\beta=0.160$，$p<0.001$）；受访者的收入和学历分别对精神健康变化有显著的积极和消极影响（$\beta=0.029$，$p<0.05$；$\beta=-0.018$，$p<0.1$）。街道内较高的夏季地表温度（ST）能够增加受访者在公园绿地中进行静态行为的可能性（$\beta=0.012$，$p<0.1$），并提高其公园绿地使用频率（$\beta=0.039$，$p<0.05$）；但街道范围内其他娱乐场所密度（EPD）对公园绿地单次使用频率有负面影响（$\beta=-0.072$，$p<0.1$）；街道内较高的空气污染水平（PM）对受访者精神健康变化有直接的负面影响（$\beta=-0.071$，$p<0.1$）。

表 5-19 为公园绿地影响精神健康变化的间接路径的分析结果。间接路径 Ind2、Ind4、Ind8、Ind9、Ind10 在 $p<0.01$ 水平上显著，Ind1、Ind3、Ind5、Ind7、Ind11 在 $p<0.05$ 水平上显著，Ind12 在 $p<0.1$ 水平上显著，Ind6 的显著性水平大于 0.1，路径不成立。该结果表明，在场地尺度下，公园绿地空间的社交功能和美学功能能够通过促进受访者的静态行为以促进其精神健康变化（$\beta=0.014$，$p<0.01$；$\beta=0.004$，$p<0.05$），其中社交功能间接路径的影响更为突出；在街道尺度下，居住区周边范围公园绿地面积比（PAR）、公园绿地步行服务区覆盖的居住区数量比（PSWR）及公园绿地的平均游憩功能（CEFR）能够通过提高受访者的公园绿地单次使用频率以促进其精神健康变化，其中公园绿地步行服务

区覆盖的居住区数量比（PSWR）的重要性最高（$\beta = 0.052$，$p<0.01$）。分析结果表明，在居住区周边布局可达性高且具有较高游憩功能的公园绿地能够通过提高居民的公园绿地单次使用频率的路径增进居民精神健康状况相比于前一年的提升。

受访者的人口统计学特征中，男性受访者因进行静态行为的可能性更高而获得更多长期的精神健康效益（$\beta = -0.007$，$p<0.05$）；老年受访者较高的公园绿地单次使用频率和静态行为偏好对其精神健康变化有显著积极影响（$\beta = 0.019$，$p<0.01$；$\beta = 0.010$，$p<0.01$），间接路径的影响显著于年龄对精神健康变化的直接影响（$\beta = 0.093$，$p<0.05$），是老年受访者精神健康状况相比于前一年有所提升的重要原因。受访者所在街道的夏季地表温度（ST）通过促进静态行为影响精神健康变化的间接路径不显著；但较高的夏季地表温度可以通过提高受访者的公园绿地单次使用频率对精神健康变化产生积极影响（$\beta = 0.004$，$p<0.1$），街道范围内其他娱乐场所密度可能会通过降低受访者的公园绿地单次使用频率对精神健康变化产生负面影响（$\beta = -0.021$，$p<0.05$）。

表 5-19　公园绿地对精神健康变化影响的间接路径

	路径	β	S. E.	BC（95%CI）	
				Lower	Upper
Ind1	游憩功能→静态行为→精神健康变化	-0.008 *	0.005	-0.020	-0.002
Ind2	社交功能→静态行为→精神健康变化	0.014 **	0.007	0.005	0.029
Ind3	美学功能→静态行为→精神健康变化	0.004 *	0.005	0.002	0.015
Ind4	年龄→静态行为→精神健康变化	0.010 **	0.005	0.004	0.021
Ind5	性别→静态行为→精神健康变化	-0.007 *	0.004	-0.019	-0.003
Ind6	ST→静态行为→精神健康变化	0.001	0.003	-0.004	0.007
Ind7	PAR→使用频率→精神健康变化	0.051 *	0.025	0.016	0.098
Ind8	PSWR→使用频率→精神健康变化	0.052 **	0.016	0.030	0.083
Ind9	CEFR→使用频率→精神健康变化	0.045 **	0.016	0.023	0.078
Ind10	年龄→使用频率→精神健康变化	0.019 **	0.006	0.010	0.031
Ind11	EPD→使用频率→精神健康变化	-0.021 *	0.010	0.007	0.039
Ind12	ST→使用频率→精神健康变化	0.004	0.010	-0.021	0.012

＊＊＊$p<0.001$，＊＊$p<0.01$，＊$p<0.05$，. $p<0.1$

（5）公园绿地对居民健康的综合促进路径

本研究以公园绿地对居民健康不同维度的直接影响路径分析的标准化系数为权重，计算了设计和规划层面公园绿地客观暴露特征及公园绿地主观暴露特征在影响居民健康方面的相对重要性（i），并构建了客观绿地暴露—主观绿地暴露—健康结果的公园绿地对居民健康的综合促进路径（图5-23）。公园绿地对居民身体健康的积极影响最为突出（$i =$ 0.32），然后是精神健康（$i = 0.31$）、精神健康变化（$i = 0.20$）和身体健康变化（$i =$

0.17）。在不同尺度公园绿地暴露特征中，街道尺度下公园绿地布局通过提高使用剂量对居民健康的影响（$i=0.51$）略高于场地尺度下公园绿地功能通过促进使用行为对居民健康的影响（$i=0.49$）；其中街道尺度下大于 $2hm^2$ 公园绿地步行服务区覆盖的居住区数量比（PSWR2）在影响居民健康方面的重要性最高（$i=0.27$），其次为场地尺度下公园绿地的游憩功能（$i=0.20$）。在不同公园绿地主观暴露特征中，在公园绿地内的动态行为偏好及较高的公园绿地单次使用频率对居民健康有较为重要的积极影响（$i=0.33$；$i=0.32$）。

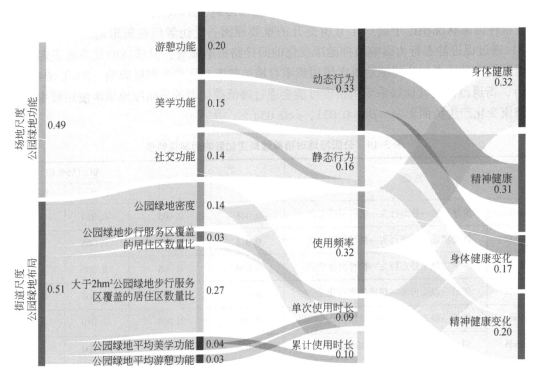

图 5-23　公园绿地对居民健康的综合促进路径

总体而言，设计层面公园绿地游憩功能通过促进居民动态行为对居民健康影响路径的重要性最高，规划层面公园绿地可达性（大于 $2hm^2$ 公园绿地步行服务区覆盖的居住区数量比）通过提高居民的使用频率对居民健康影响路径的重要性最高。

5.5　公园绿地对居民健康的促进路径

（1）居民自评健康水平及公园绿地主观暴露特征

本研究通过问卷调查获得了研究区 30 个公园绿地内居民自评健康状况及其公园绿地主观暴露特征，共获得有效问卷 1017 份。受访者中女性的比例略高于男性（56.04%）；并且公园绿地受访者以老龄人口为主，55 岁以上受访者占比 50.24%，远超过北京市 55 岁以上人口比例（24.06%）。受访者中分别有 43.36%、48.38%、34.71% 和 44.30% 认为自己的身体健康、精神健康、身体健康变化、精神健康变化水平比较好或非常好，受访者的精神健康水平总体优于身体健康水平。

本研究从公园绿地使用行为类型及公园绿地使用剂量两方面调查了受访者的公园绿地主观暴露特征。受访者在公园绿地内的使用行为类型以进行动态行为为主（68.34%），其中女性受访者（71.05%）进行动态行为比例高于男性（64.88%），老年受访者进行静态行为的可能性更高。在公园绿地使用剂量方面，大多数受访者的公园绿地使用频率为每月一到三次及以上（73.25%），女性受访者的公园绿地使用频率明显高于男性，并且受访者的公园绿地使用频率随年龄的增加有所增加；36.09%的受访者每次使用公园绿地 1~2 小时，老年受访者相比中青年受访者的公园绿地使用时长偏低，大于 75 岁的受访者使用时长在 3 小时以上的比例显著低于其他年龄段（1.33%）；但老年受访者因具有较高的公园绿地使用频率而具有较高的累计使用时长，大多数 64 岁及以下受访者每年使用公园绿地 10~50 小时（34.62%），而 65 岁及以上受访者大多在一年内使用公园绿地超过 200 小时（48.00%）。

（2）公园绿地主观暴露特征的影响因素及其与居民健康的关联

1）公园绿地使用行为：受访者的婚姻状况、学历、收入等人口统计学特征对公园绿地使用行为类型没有显著影响；女性相比男性进行动态行为的可能性更高（$\beta=0.540$，$p<0.05$），随受访者年龄增加进行静态行为的可能性也有所增加（$\beta=0.270$，$p<0.05$）。此外，受访者所在街道范围内空气污染水平（PM）越高，进行动态行为的可能性越低（$\beta=-0.217$，$p<0.05$），而较高的夏季地表温度（ST）会显著提高居民进行静态行为的可能性（$\beta=0.124$，$p<0.05$），这可能是由于居住在空间污染水平较高区域内的居民会因避免吸入空气污染物而主动避免进行剧烈身体活动，但在夏季温度较高时可能更倾向于在公园绿地遮阴处休息纳凉。

不同使用行为类型在公园绿地对居民健康促进路径中发挥不同的作用。其中，公园绿地内的动态行相比静态行为对自评身体健康的积极影响更为显著（$\beta=0.342$，$p<0.001$），对身体健康变化特征的积极影响也较为显著（$\beta=0.155$，$p<0.05$）；静态行为则对精神健康变化的积极影响更为显著（$\beta=-0.110$，$p<0.01$）；但动态行为和静态行为对居民自评精神健康水平的影响没有显著差异。

2）公园绿地使用剂量：受访者性别、婚姻状况、学历对公园绿地使用剂量特征均没有显著影响，但公园绿地使用频率受到受访者年龄的显著影响，年龄越大的受访者公园绿地使用频率越高（$\beta=0.124$，$p<0.05$）；公园绿地使用时长则受到受访者收入特征的显著影响，受访者的收入水平越高其公园绿地单次使用时长可能越低（$\beta=-0.026$，$p<0.05$）。受访者所在街道范围内较高的夏季地表温度（ST）会促进居民的公园绿地使用频率（$\beta=0.140$，$p<0.01$）、单次使用时长（$\beta=0.145$，$p<0.05$）和累计使用时长（$\beta=0.246$，$p<0.01$），表明公园绿地不仅为居民提供了户外休闲游憩场所，还能够通过在夏季提供舒适的小气候环境促进居民接触自然环境并对其身心健康产生积极影响；但较高密度的其他娱乐文化场所（EPD）可能为居民提供了其他的休闲游憩机会，导致居民公园绿地使用频率（$\beta=-0.056$，$p<0.01$）和累计使用时长（$\beta=-0.144$，$p<0.1$）较低；较高的空气污染水平（PM）不仅对居民呼吸系统健康有直接的负面影响，还可能会影响城市居民户外活动意愿而降低其公园绿地累计使用时长（$\beta=-0.106$，$p<0.01$）。

受访者的公园绿地使用频率、单次使用时长以及累计使用时长对居民健康均有较为显著的积极影响。受访者自评身体健康和精神健康变化状况主要受到公园绿地使用频率影响，公园绿地使用频率越高的受访者越有可能报告较高的身体健康水平（$\beta = 0.087$，$p < 0.01$）和相比于前一年更好的精神健康状况（$\beta = 0.061$，$p < 0.01$）；公园绿地单次使用时长对受访者精神健康变化也有一定的积极影响（$\beta = 0.123$，$p < 0.05$）。自评精神健康和身体健康变化同样受到公园绿地单次使用时长的显著影响（$\beta = 0.054$，$p < 0.05$；$\beta = 0.064$，$p < 0.05$），但身体健康变化受公园绿地累计使用时长的影响更为显著（$\beta = 0.020$，$p < 0.01$）。

（3）公园绿地对居民健康的促进路径

本研究的路径分析结果表明公园绿地在场地尺度下通过提供不同社会文化功能（包括美学功能、游憩功能和社交功能）促进居民使用行为（包括动态和静态行为）的路径影响居民健康；在街道尺度下通过可获得性、可达性、吸引力的不同布局特征提高公园绿地使用剂量（包括使用频率和时长）的路径影响居民健康的路径。本研究识别了公园绿地对居民身体健康、精神健康、身体健康变化和精神健康变化的促进路径及公园绿地对居民健康的综合促进路径，具体结论如下。

1）公园绿地对居民身体健康的促进路径：公园绿地对居民身体健康的促进在场地尺度下通过提供游憩功能和美学功能促进居民动态行为的路径实现（$\beta = 0.014$，$p < 0.05$；$\beta = 0.013$，$p < 0.05$）；在街道尺度下通过较高的公园绿地密度（PD）和大于 $2hm^2$ 公园绿地步行服务区覆盖的居住区数量比（PSWR2）促进公园绿地使用频率的路径实现（$\beta = 0.011$，$p < 0.05$；$\beta = 0.049$，$p < 0.05$）。在此路径中，女性相比于男性进行动态行为的可能性更高（$\beta = 0.100$，$p < 0.01$），从而可能从公园绿地空间中获得更多健康效益（$\beta = 0.013$，$p < 0.05$）；随着年龄增加，虽然老年居民的身体健康水平和进行动态行为的可能性有所下降，但可以通过较高的公园绿地使用频率的间接路径获得健康效益（$\beta = 0.023$，$p < 0.01$），并且这种积极影响大于老年受访者因动态活动偏好下降对身体健康的负面影响（$\beta = -0.011$，$p < 0.01$）。居民所在街道社会环境特征中，较高的夏季地表温度（ST）可能促进居民在公园绿地内避暑而具有更高的使用频率（$\beta = 0.086$，$p < 0.05$），并通过间接影响路径产生对居民身体健康的积极影响（$\beta = 0.008$，$p < 0.05$）；然而，较高的其他娱乐场所密度（EPD）和空气污染物水平（PM）会通过降低居民的公园绿地使用频率对身体健康有负面影响（$\beta = -0.048$，$p < 0.05$；$\beta = -0.036$，$p < 0.05$）。

2）公园绿地对居民精神健康的促进路径：公园绿地对居民精神健康的促进在场地尺度下通过提供不同社会文化功能促进居民动态和静态行为的路径实现，其中通过动态行为对精神健康的积极影响更为显著（$\beta = 0.342$，$p < 0.001$）；在街道尺度下通过较高的大于 $2hm^2$ 公园绿地步行服务区覆盖的居住区数量比（PSWR2）和公园绿地的平均美学功能（CEFA）提高公园绿地单次使用时长的路径实现（$\beta = 0.085$，$p < 0.05$；$\beta = 0.187$，$p < 0.01$）。在此路径中，较高收入水平的受访者可能具有更高的精神健康水平（$\beta = 0.046$，$p < 0.1$），并且不会因公园绿地单次使用时长有限而通过间接路径影响其精神健康。居民所在街道社会环境特征中，较高的街道绿化水平（DG）对精神健康有直接的积极影响（$\beta = 0.058$，$p < 0.05$），较高的空气污染物水平（PM）和夏季地表温度（ST）会通过提高公园

绿地单次使用时长的间接路径促进精神健康（$\beta=0.013$，$p<0.05$；$\beta=0.014$，$p<0.1$）；具有较高夜间灯光指数（NLI）的街道通常工商业及服务业发达，居民可能因工作繁忙而每次使用公园绿地的时长较短，可能对精神健康有负面影响（$\beta=-0.017$，$p<0.05$）；但居民也可能有更多机会在健身房、图书馆、电影院等其他休闲娱乐和文化场所进行身体活动或其他休闲娱乐活动获得精神健康收益。

3）公园绿地对居民身体健康变化的影响路径：公园绿地对居民身体健康变化的积极影响在场地尺度下通过提供游憩功能和美学功能促进居民动态行为的路径实现（$\beta=0.081$，$p<0.01$；$\beta=0.059$，$p<0.05$）；在街道尺度下通过较高的公园绿地密度（PD）和公园绿地的平均美学功能（CEFA）促进公园绿地使用频率的路径实现（$\beta=0.215$，$p<0.05$；$\beta=0.059$，$p<0.1$）。在此路径中，女性因在公园绿地内进行动态行为的可能性更高而获得更多健康效益，具有相比于前一年更好的身体健康状况（$\beta=0.011$，$p<0.05$）。老年受访者不仅身体健康水平较低（$\beta=-0.125$，$p<0.05$），还可能因在公园绿地内进行动态行为的意愿降低不利于其长期身体健康状况的变化（$\beta=-0.007$，$p<0.05$）。居民所在街道社会环境特征中，较高的空气污染物浓度会通过降低居民动态行为意愿（$\beta=-0.009$，$p<0.1$）和公园绿地累计使用时长（$\beta=-0.026$，$p<0.01$）两条不同的路径对居民身体健康变化产生负面影响，但较高的夏季地表温度（ST）会提高居民的公园绿地累计使用时长，并因此对其身体健康变化产生积极影响（$\beta=0.042$，$p<0.05$）。

4）公园绿地对居民精神健康变化的影响路径：公园绿地对居民精神健康变化的积极影响在场地尺度下通过提供社交功能和美学功能促进居民静态行为的路径实现（$\beta=0.141$，$p<0.001$；$\beta=0.032$，$p<0.01$）；在街道尺度下通过街道内较高的居住区周边公园绿地面积比（PAR）、公园绿地步行服务区覆盖的居住区数量比（PSWR）和公园绿地的平均游憩功能（CEFR）促进公园绿地使用频率的路径实现（$\beta=0.248$，$p<0.01$；$\beta=0.286$，$p<0.001$；$\beta=0.286$，$p<0.001$）。在此路径中，男性受访者因进行静态行为的可能性更高而更可能相比于前一年有更好的精神健康状况（$\beta=0.007$，$p<0.05$）；老年受访者较高的公园绿地使用频率和静态行为偏好对其精神健康变化特征有显著积极影响（$\beta=0.010$，$p<0.01$；$\beta=0.019$，$p<0.01$），在一定程度上解释了老年居民相比于中青年居民具有更高的长期精神健康水平的原因；受访者的收入和学历水平分别对精神健康变化有显著的积极和消极影响（$\beta=0.029$，$p<0.001$；$\beta=0.018$，$p<0.1$）。居民所在街道社会环境特征中，街道范围较高的其他娱乐场所密度（EPD）会降低公园绿地使用频率而对精神健康变化有负面影响（$\beta=-0.021$，$p<0.05$），但街道内较高的夏季地表温度不仅增加了居民在公园绿地中进行静态行为的可能性（$\beta=0.012$，$p<0.1$），同时能够提高公园绿地使用频率的间接路径促进居民具有相比前一年更好的精神健康状况（$\beta=0.004$，$p<0.1$），该结果进一步强调了公园绿地在城市高温环境下通过提供舒适的小气候环境促进居民接触自然环境并对其身心健康产生积极影响的重要性。

5）公园绿地对居民健康的综合促进路径：以公园绿地对居民健康的直接影响路径分析的标准化系数为权重，本研究构建了公园绿地对居民健康的综合促进路径。总体而言，公园绿地对居民身体健康的积极影响最为突出（$i=0.32$），其次为精神健康（$i=0.31$）、精神健康变化（$i=0.20$）和身体健康变化（$i=0.17$）。街道尺度下公园绿地布局通过提高使用剂量对居民健康的影响（$i=0.51$）略高于场地尺度下公园绿地功能通过促进使用行为对居民健康的影响（$i=0.49$）。其中，场地尺度下公园绿地游憩功能（$i=0.20$）通过促进动态行为（$i=0.33$）对居民健康影响路径的重要性最高，街道尺度下公园绿地可达性（大于 2hm^2 公园绿地步行服务区覆盖的居住区数量比，$i=0.27$）通过提高公园绿地使用频率（0.32）对居民健康影响路径的重要性最高。

综上所述，本章研究综合设计和规划层面影响居民健康的关键公园绿地暴露特征、受访者公园绿地主观暴露特征及其自评健康水平，在以居民人口统计学特征和社会环境特征为控制变量的前提下，构建、验证和量化了公园绿地对居民健康的促进路径，研究结果能够为面向居民健康的公园绿地规划设计方法的提出提供量化分析依据。下文将在实证研究的基础上，梳理和总结面向居民健康的公园绿地规划与设计方法，并依托典型高度城市化区域及典型公园绿地开展适应性优化实践。

第6章 | 面向居民健康促进的公园绿地规划设计应用

在健康中国战略背景下，公园绿地作为城市居民接触和体验自然的重要场所，其规划设计应当以促进公众健康为主要目标和出发点。本章将结合前文实证研究结果构建面向居民健康的公园绿地规划与设计方法，并依托典型高度城市化区域及公园绿地开展适应性优化实践，为健康人居环境建设中公园绿地规划与设计提供科学依据和实践参考。

6.1 面向居民健康的公园绿地规划与设计方法

本节将基于我国现行公园绿地规划与设计规范，提出面向居民健康的公园绿地规划与设计流程，并结合前文有关公园绿地对居民健康促进路径的研究结论，总结促进居民健康的公园绿地规划与设计关键指标，总结面向居民健康的公园绿地设计策略，为面向居民健康公园绿地规划设计实践提供有效的工作流程和科学依据。

6.1.1 面向居民健康的公园绿地规划与设计流程

本书第一章对现行公园绿地规划与设计方法的梳理表明，当前我国颁布和实施了一系列城市园林绿化评价规范和标准，对城市范围内公园绿地的规划指标和评价标准制定了要求；《公园设计规范》（GB 51192—2016）也对不同规模和类型公园绿地的用地类型比例、游人容量、设施项目等方面作出了明确的指标要求。我国现行公园绿地规划设计方法具有规划设计流程清晰明确、可行性和可推广性高的特点，规范所要求的标准化定量规划指标，能够确保公园绿地设计质量保证公园绿地建设的合理性和安全性，并便于推广落实以指导各公园绿地规划设计工作的开展。但我国现行公园绿地规划设计方法实施先总量后布局的规划流程，公园绿地规划选址大多基于建设现状或自然环境条件，在确定规划目标和开展调查研究时并未充分结合居民健康对公园绿地的需求；虽然公园绿地景观设计以发挥公园绿地的游憩、美学功能为主，并分别对不同要素的设计指标提出要求，但并未考虑到要素之间相互作用对绿地功能和居民使用行为的影响，这在一定程度上制约了面向居民健康的公园绿地规划设计实践的开展。

因此，本研究以《城市绿地规划标准》（GB/T 51346—2019）和《公园设计规范》（GB 51192—2016）规定的公园绿地规划与设计流程与内容为基础，构建了面向居民健康的公园绿地规划设计过程（图6-1）。其中，在规划过程中，本研究所识别的影响居民健康的关键公园绿地暴露特征能够为面向居民健康的公园绿地规划指标和布局规划环节提供关键指标；在设计过程中，由于居民在公园绿地内的行为主要受到人们所感知的周围约

50m 范围内较小尺度绿地环境的影响（Baumeister et al.，2020；Gerstenberg et al.，2020），本研究所识别的影响居民使用行为的关键公园绿地暴露特征也能够为公园绿地景观节点的局部详细设计过程提供参考。为在公园绿地规划设计过程中了解居民对公园绿地规划设计方案的意见和建议，并通过调整和修改规划设计方案以实现公园绿地规划设计的公共利益最大化（Steiner，2000），本研究将公众参与过程也纳入了面向居民健康的公园绿地规划与设计流程。在实践过程中将向当地居民介绍公园绿地规划与设计方案和预期效果，了解方案能否满足居民需求以及居民对规划方案的其他建议，并对规划与设计方案做出相应的调整和修改。

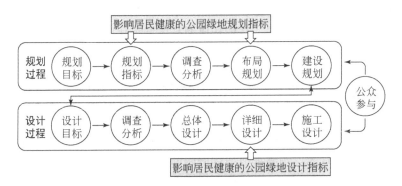

图 6-1　面向居民健康的公园绿地规划设计流程

6.1.2　基于公园绿地对居民健康促进路径的关键规划设计指标

在提出面向居民健康的公园绿地规划与设计流程的基础上，明确规划和设计层面影响居民健康的关键指标是保障面向居民健康的公园绿地规划与设计实践合理有效的关键环节。本研究基于公园绿地对居民健康促进路径的理论框架开展的实证研究结果表明（图 6-2），场地尺度下公园绿地所提供的不同社会文化功能类型能够通过促进居民在绿地空间内的不同使用行为类型影响其健康水平。其中，公园绿地所提供的游憩功能和美学功能能够促进居民在绿地空间内的动态行为，从而产生对身体健康、精神健康和身体健康变化的积极影响；而公园绿地所提供的社交功能和美学功能能够促进居民在绿地空间内的静态行为，从而产生对精神健康和精神健康变化的积极影响。

街道尺度下，公园绿地布局特征能够通过提高居民公园绿地使用剂量的路径影响居民健康。其中，街道范围内较高的公园绿地可达性能够通过提高居民的公园绿地使用频率对居民的身体健康和精神健康变化有积极影响，居民身体健康受到面积大于 $2hm^2$ 公园绿地步行服务区覆盖的居住区数量比（PSWR2）最为显著的积极影响；居民的精神健康变化与公园绿地步行服务区覆盖的居住区数量比（PSWR）的关系更为密切。较高的吸引力能够提高居民的公园绿地使用时长并促进其精神健康水平，特别是公园绿地的平均美学功能（CEFA）对居民精神健康的积极影响最为显著。较高的公园绿地可获得性，尤其是街道范围内较高的公园绿地密度（PD），能够提高居民在全年内的公园绿地累计使用时长，并对

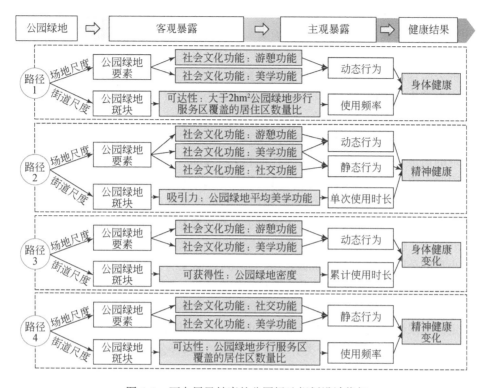

图 6-2　面向居民健康的公园绿地规划设计指标

其身体健康变化特征产生积极影响。上述结论能够为开展面向居民健康的公园绿地规划与设计提供参考，本书将据此提出面向居民健康的公园绿地规划与设计策略。

6.1.3　面向居民健康的公园绿地规划与设计策略

结合面向居民健康的公园绿地规划设计关键指标，本研究提出以下面向居民健康的公园绿地规划设计策略，为公园绿地规划与设计实践提供模式与方法。

（1）街道范围内公园绿地规划策略

1）提高 15 分钟社区生活圈公园绿地的可达性：居住区周边 1km 范围内的公园绿地步行服务区覆盖的居住区面积比对于居民身体健康和精神健康变化有显著的积极影响，即居民自居住区出发步行 15 分钟的社区生活圈范围。因此，不同于当前城市园林绿化评价标准、国家园林城市评价标准中关注城市范围内公园绿地布局均衡性的公园绿地服务半径覆盖率等指标，面向居民健康的公园绿地规划应当更加关注满足居民日常物质与生活文化需求的 15 分钟社区生活圈范围内公园绿地布局的合理性。尽管当前《城市居住区规划设计标准（GB 50180—2018）》依据不同建筑气候区划和建筑类型提出在十五分钟生活圈内公共绿地占比 7%～16% 的控制指标要求，但对于绿地类型及空间分布特征仍缺乏明确的要求。面向居民健康的公园绿地规划可以将新建公园绿地布局在城市各居住区所在的 15 分钟生活圈内，为居民接触自然环境提供便利，通过提高居民的公园绿地使用频率对其健康状况产生积极影响。在实践中，可以结合城市新住宅区的建设开发、老旧社区城市更新，以及城市园艺项目和城市生物多样性保护实践等项目的开展，为社区生活圈内新增公园绿地建设提供机会。此外，完善城市绿道系统以提高社区生活圈范围内的街道步行能力对于促进居民的公园绿地使用频率也具有积极的影响（Neuvonen et al.，2007），特别是对于老年人、残疾人等出行不便的弱势群体而言重要性尤为突出（Ali et al.，2022），能够促进所有城市居民群体从公园绿地中获益。

2）社区生活圈新增公园绿地以综合公园和专类公园为主：与居住区附近具有较多小型公园绿地的街道相比，居住区附近存在面积大于 $2hm^2$ 的公园绿地对于居民身体健康更为有利，同时街道范围内较高的公园绿地平均美学功能对居民精神健康具有显著的积极影响。这表明在提高 15 分钟社区生活圈公园绿地的可达性基础上，布局具有较大面积和较高美学价值的公园绿地类型对于促进居民健康具有重要意义。先前研究同样发现在规划绿色空间以鼓励居民使用行为时，最好考虑在居住区周边提供一个面积较大的公园绿地，而不是许多小型的公园绿地（Sugiyama et al.，2010）。前文分析结果表明，在不同公园绿地类型中，综合公园、历史名园和专类公园具有较高的平均美学功能，并且公园绿地面积越大其平均美学功能得分越高。其中，历史名园具有突出的历史社会文化价值，在地域空间上具有一定的局限性，大多依托于特定的历史文化遗址建设；依据《公园设计规范》（GB 51192—2016）和《北京市公园分类分级管理办法》，综合公园面积不小于 $5hm^2$，并设置游览、健身、儿童游戏、运动、科普等多种设施；专类公园则应有特定的主题内容，除动物园、植物园外，还包括儿童公园、文化公园、体育健身公园、游乐公园、城市森林公园等多种主题类型。因此，未来面向居民健康的公园绿地规划可以在社区生活圈范围内结合城市更新项目新增综合公园和面积大于 $2hm^2$ 的专类公园，为居民提供便于到达的具有较高吸引力的公园绿地空间，以提高其公园绿地使用频率和使用时长，促进居民身心健康。

3）增加交通、商服、工业等建设用地内小型公园绿地密度：街道范围内较高的公园绿地可获得性能够为居民在生活、工作、通勤等过程中接触公园绿地的机会，特别是街道范围内公园绿地密度被证实对居民身体健康变化具有显著的积极影响。本研究分析结果表明，具有较高公园绿地密度的街道内大多以面积较小的游园为主，大多具有较高水平的社交功能和简单游憩服务设施，能够方便周边居民和工作人群就近使用。因此，除在社区生活圈范围内新建面积较大的综合公园和专类公园外，面向居民健康的公园绿地规划还应当在城市公共管理与公共服务设施用地、商业服务业设施用地、工业用地、道路与交通设施用地等其他建设用地范围内建设小型公园绿地，将城市规划过程中空闲的边角碎地打造为居民能够驻足休闲的绿地空间，提高城市整体公园绿地密度。在实践中，可以结合商业园区或交通基础设施项目的建设或更新，在商业广场或交通枢纽内将规模较小、难以利用的建设用地进行绿化并配备座椅等服务设施以建设小型游园，为居民日常工作、通勤过程提供接近绿色空间进行短暂休闲社交活动的便利，这能够提高居民的公园绿地累计使用时长，从而促进其身体健康水平相比前一年有所提升。

4）提升现有公园绿地品质，优化改造其他绿地空间：当前我国许多城市的建设方式已经从增量开发转向存量提质改造，在高密度建成用地内新建公园绿地的空间极为有限。因此，在结合建设开发和城市更新等项目新建公园绿地的基础上，面向居民健康的公园绿地规划的另一个重点在于提升现有公园绿地品质，并通过优化改造其他绿地空间，使城市绿地向更贴近居民日常活动的方向发展，发挥公园绿地的功能并促进居民健康。例如，在现有的公园绿地内根据周边不同年龄段居民的不同需求，完善相关配套设施，提升公园绿地空间社会文化功能，为不同居民群体提供支持多样化使用行为的适宜空间，提高居民的公园绿地使用频率、使用时长等主观绿地暴露剂量，促进居民健康水平。对于道路绿地、防护绿地等其他绿地类型，通过建设城市绿道、打造城市特色慢行系统等方式，在保障居民快速高效出行的同时，能够作为城市公园绿地系统的良好补充，为居民提供进行散步、慢跑等户外使用行为的安全自然空间。此外，还可以通过在商业、产业用地内建设立体绿化、屋顶绿化等不同空间形态的城市绿地空间，使城市绿地与城市功能协同互补发展，并且能够增加居民接触自然空间的机会，改善居民健康水平。

（2）公园绿地景观设计策略

基于第 3 章从公园绿地要素类型、距离、密度和多样性四个方面分析的公园绿地要素特征与社会文化功能的关联特征，本研究总结了在设计实践中通过提高公园绿地空间社会文化功能促进居民不同使用行为类型的公园绿地景观设计策略。

1）促进居民动态行为的公园绿地景观设计策略：公园绿地对居民健康促进路径的研究结果表明，场地尺度下公园绿地空间较高的游憩功能和美学功能促进居民散步、跑步、太极拳、广场舞、球类运动等动态行为具有显著的积极影响，进而能够促进居民身体、精神和身体健康变化，因此通过公园绿地空间景观设计提升公园绿地空间的游憩功能和美学功能对于通过促进动态行为影响居民健康有重要意义。在不同公园绿地要素特征中，距离道路的距离、道路密度、互动设施（包括儿童设施、健身设施、娱乐设施等）密度、铺装绿地面积比、景观类型多样性对绿地空间游憩功能有显著的积极影响，而距建筑距离及常绿乔木面积比对绿地空间的游憩功能则具有一定的负面影响。因此促进居民动态行为的公园绿地景观设计可以通过为居民提供便利的公园道路、具有树木遮阴的铺装空间，以及支持多样身体活动的互动设施和运动场地可以促进居民在公园绿地空间内的动态行为，并且这些空间应当布局在远离公园建筑的地点。在植物种植设计中增加绿地空间内的植物多样性能够通过营造更为多样和复杂的景观视觉效果（Dronova，2017），可以提高公园绿地的游憩和美学功能，增加居民对绿地空间的视觉偏好；但应当在互动设施和运动场地附近减少针叶植物的使用，避免在居民活动过程中造成意外的身体伤害。此外，城市居民更欣赏公园绿地空间内多样的观赏设施（Veitch et al.，2022），可以通过增加雕塑、喷泉、假山等具有较高美学价值的公园绿地要素吸引居民接近。

2）促进居民静态行为的公园绿地景观设计策略：公园绿地对居民健康促进路径的研究结果表明，场地尺度下公园绿地空间较高的社交功能和美学功能对促进居民静坐、交谈、阅读等静态行为具有显著的积极影响，进而能够促进居民精神健康状况，因此通过提升公园绿地空间的社交功能和美学功能对于通过鼓励静态行为促进居民健康有重要意义。在不同公园绿地要素特征中，公园绿地空间内休憩设施（包括座椅、凉亭、长廊、棋牌桌等）密度、道路密度、铺装绿地面积比及草地面积比等特征对于公园绿地空间的社交功能有较为显著的积极影响。因此促进居民静态行为的公园绿地空间景观设计可以通过丰富绿地空间内的休憩设施类型为居民进行多种静态行为提供适宜的场地，休憩设施周边通过种植乔木营造树冠遮阴的具有舒适小气候条件的休息活动空间（Colter et al., 2019；Xu et al., 2019）。同样，在公园绿地空间内通过增加雕塑、喷泉、假山等具有较高美学价值的景观要素能够吸引居民接近，并驻足进行赏景、休息、交谈等静态行为。有研究表明，公园绿地中开阔的视野是影响视觉舒适度和居民景观偏好的重要因素（Shanahan et al., 2015b），本研究结果同样发现在公园绿地空间配植较高比例的草地以营造开阔的视野，并结合乔灌草不同植被类型和合理配植营造丰富的景观视觉效果，能够提高公园绿地空间的社交功能和美学功能，进而促进居民的静态行为。

6.2　提高居民绿地使用剂量的公园绿地规划

6.2.1　案例区概况及公园绿地布局现状

上地街道地处北京市海淀区东中部，依据《2021北京海淀统计年鉴》和《海淀区第七次全国人口普查公报》，上地街道总面积约9.5km²，下辖13个社区，常住人口67 139人，流动人口45 994人。上地街道内居住区主要分布在南侧，北侧建有中关村软件园、上地国际创业园、上地信息产业基地，集中了大量电子信息产业、机电一体化产业、生物医药与新材料等高新技术企业（图6-3）。基于百度地图的栅格计算和矢量数据校正分析，上地街道13个社区内共有居住区19个，主要集中分布在上地街道中南部的马连洼北路和农大南路之间。根据北京市园林绿化局2022年6月印发的《北京市公园名录（第一批）》，上地街道内现有公园绿地5处，包括树村郊野公园、上地爱之园、幸福花园、厢黄旗公园和上地公园，其中仅树村郊野公园面积大于2hm²。

公园绿地对居民健康促进路径的研究结果表明，街道及周边范围内面积大于2hm²公园绿地步行服务区覆盖的居住区数量比、居住区周边公园绿地步行服务区覆盖的居住区数量比、公园绿地平均美学功能及公园绿地密度能够通过影响居民的公园绿地使用剂量特征对其健康状况产生显著影响。表6-1的统计表明上地街道西北部东馨园、东旭园及亿城西山公馆到达最近公园绿地所需时间均超过20分钟，距离超过1500m，会大大降低居民的公园绿地使用意愿（Zhang et al., 2021b）。图6-4为上地街道内各居住区到达公园绿地的最短路径以及与居民健康相关的公园绿地的规划指标的空间分布特征，其中上地街道公园绿地密度约为0.53个/km²。上地街道公园绿地步行服务区覆盖的居住区数量比为84.21%，面积大于2hm²的公园绿地步行服务区覆盖的居住区数量比为63.16%。其中，上地街道中南部居住区集中分布的区域内，各居住区的居民均能够较为便捷地通过步行使用公园绿地。上地街道内公园绿地以社区公园（上地公园、幸福花园、厢黄旗公园）为主，还包括生态公园（树村郊野公园）和小型游园（上地爱之园），公园绿地平均美学功能得分为2.80分，有较大的提升空间。

图 6-3 上地街道区位及公园绿地和居住区分布

表 6-1 上地街道各居住区到达最近公园绿地的时间和距离

序号	居住区	公园名称	最近公园绿地		公园名称	最近的大于 2hm² 公园绿地	
			时间/min	距离/m		时间/min	距离/m
1	八一社区	圆明园遗址公园	16.43	1067.67	—	—	—
2	博雅西园	厢黄旗公园	5.67	269.62	树村郊野公园	8.79	784.22
3	东馨园	厢黄旗公园	21.84	1586.67	树村郊野公园	22.57	1686.41
4	东旭园	厢黄旗公园	21.34	1548.78	树村郊野公园	22.36	1674.43
5	枫润家园	上地爱之园	2.28	172.43	树村郊野公园	19.76	1478.34
6	柳浪家园	树村郊野公园	2.00	149.73	—	—	—
7	柳浪家园北里	树村郊野公园	2.99	223.35	—	—	—

续表

序号	居住区	公园名称	最近公园绿地		公园名称	最近的大于2hm² 公园绿地	
			时间/min	距离/m		时间/min	距离/m
8	马连洼北路 1 号院	上地公园	6.19	466.45	树村郊野公园	7.25	576.20
9	农大南路 2 号院	幸福花园	11.94	798.76	树村郊野公园	14.09	1047.79
10	农大南路 33 号院	厢黄旗公园	3.94	295.12	树村郊野公园	6.74	490.42
11	上地东里	上地公园	4.50	337.49	树村郊野公园	16.49	1279.77
12	上地佳园	上地爱之园	1.10	90.55	树村郊野公园	21.83	1633.47
13	上地西里	上地公园	2.65	198.90	树村郊野公园	11.71	896.53
14	树村回迁安置房	树村郊野公园	2.80	129.14	—	—	—
15	树村路甲 1 号院	树村郊野公园	10.94	817.38			
16	镶黄旗万树园	厢黄旗公园	13.81	1032.62	树村郊野公园	14.30	1064.92
17	亿城西山公馆	厢黄旗公园	21.25	1588.12	树村郊野公园	27.51	1687.44
18	裕和嘉园	树村郊野公园	5.18	386.34	—	—	—
19	紫城嘉园	厢黄旗公园	1.78	80.99	树村郊野公园	4.83	362.23

(a)到达最近公园绿地的路径　　　　　　　　(b)公园绿地美学功能

(c)公园绿地步行服务区　　　　　　　　　　(d)大于2hm²公园绿地步行服务区

图 6-4　与居民健康有关的上地街道公园绿地布局特征

6.2.2　面向居民健康的公园绿地规划内容

（1）规划目标

为贯彻落实《北京城市总体规划（2016—2035 年）》，海淀区编制的《海淀分区规划（国土空间规划）（2017—2035 年）》提出在全区完善风景区、森林公园、郊野公园、综合公园、社区公园、小微绿地构建的绿色空间体系，构建"西山画屏、两心为核、绿廊贯穿、绿链织园"的绿色空间结构的要求。对于公园绿地，应结合腾退还绿、疏解建绿、见缝插绿等途径，增加公园绿地、小微绿地、活动广场，提高公园绿地服务半径覆盖率，优化"一刻钟社区服务圈"；通过对现有公园绿地的优化改造，丰富公园绿地空间的体育、文化、科技、儿童游憩等服务功能，增补完善体育场地与设施，方便居民就近进行各类健身活动。

在此基础上，《北京市海淀区园林绿化专项规划（2020—2035 年）》提出构建布局均衡的公园绿地格局，开展老旧公园绿地更新，提升现有公园绿地建设水平的规划要求；通过腾退还绿、留白增绿、见缝插绿等城市更新手段，规划 50hm² 以上大型公园绿地约 50处，10～50hm² 的中型公园绿地约 90 处，1～10hm² 的小型公园绿地约 300 处，提高公园绿地服务半径覆盖率。在公园绿地类型方面，对不同公园绿地类型、规模尺度、功能配置等提出了差异化的要求，通过进一步丰富绿色空间的休闲健身、文化、儿童游憩、科创展示等服务功能，提高公园绿地利用效率。《北京市海淀区园林绿化专项规划（2020—2035年)》还提出通过提升植物景观、优化群落结构、丰富休闲游憩服务功能，将街道绿化隔离带内已建郊野公园升级改造为城市公园，以及以上地街道树村郊野公园、上地公园及周边其他公园绿地为主体为建设"马上清（青）西公园群"、"清河绿廊公园群"的规划目标，提出创新园林绿化中的科技场景应用，建设一批融入科技、艺术、文化元素的城市主题科技公园等任务，为上地街道现有公园绿地和其他公共绿地提质增效和优化改造提供了契机。

此外，为通过公园绿地规划实施促进居民健康，《北京市海淀区园林绿化专项规划（2020—2035 年)》提出结合医院、养老社区周边绿地建设康复花园，提供有利于心理、生理健康的园艺疗法及简易康复锻炼设备的规划要求，但有关公园绿地对居民的潜在健康影响在规划中未作关注。因此，依据上位规划要求，本研究的公园绿地规划目标为完善上地街道公园绿地体系，优化公园绿地布局，提升公园绿地空间服务功能，以促进居民公园绿地使用剂量和健康水平的提升。

（2）规划指标

为通过公园绿地规划设计促进居民公园绿地使用剂量和健康水平的提升，本研究提出的面向居民健康的公园绿地规划指标要求具体包括：街道及周边范围内公园绿地步行服务区及大于 $2hm^2$ 的公园绿地步行服务区覆盖的居住区数量比达到 100%，街道范围内公园绿地平均美学功能得分提高 20%，以及街道范围内公园绿地密度提高三倍。

（3）调查研究

本研究结合上地街道相关规划资料、高分辨率遥感影像（影像获取时间分别为 2017年和 2022 年）和实地调查，分析了上地街道范围内的植被特征和土地利用现状（图 6-5）。街道范围内西北部中关村软件园、中南部树村郊野公园及树村社区中部等地具有较高的绿化覆盖水平。2017 年以来，通过对闲置绿地的更新改造，树村郊野公园面积得到进一步扩大，形成了以生态花谷为特色的树村郊野公园南区；上地实验小学西侧、信息路东侧一低效绿地空间也被增扩建设为街旁游园憩园。街道内其他公园绿地如上地公园、幸福花园、上地爱之园等面积较小，为周边居民提供了日常邻里交往的场所；但公园绿地运动设施和儿童设施通常较为简单，在支持居民动态活动方面较为局限。街道内也存在较大面积的其他公共绿地，如中关村软件园周边、马连洼北路南侧和信息路东侧均有连续的宽度约 50m的道路绿地空间，能够隔离机动车道路对园区内部的噪声和污染影响，但这些绿地空间大多树木种植密集并且不可进入和穿行。

上地街道范围内还存在棚户区拆迁和违建拆除的大量闲置空地和低效绿地空间，部分在城市更新过程中进行了建设改造，如马连洼北路目前正在施工建设的功德寺棚户区改造安置房片区，其北侧、西侧的大面积区域尚处于闲置状态或存在较大面积的低效绿地空间；依据《海淀区树村地区 HD00-0704、HD00-0705 街区控制性详细规划（草案)》，树村地区正白旗路周边也存在较多棚户区拆迁闲置绿地，未来将以综合性混合功能区为目标进行建设发展。截至 2023 年底，上地街道内居住区数量达 22 个，当前街道及周边范围内面积大于 $2hm^2$ 的公园绿地步行服务区覆盖的居住区数量比从 2017 年的 84.21% 下降到76.19%，居住区周边公园绿地服务区面积比也从 60.99% 下降到 59.32%。因此，现有的

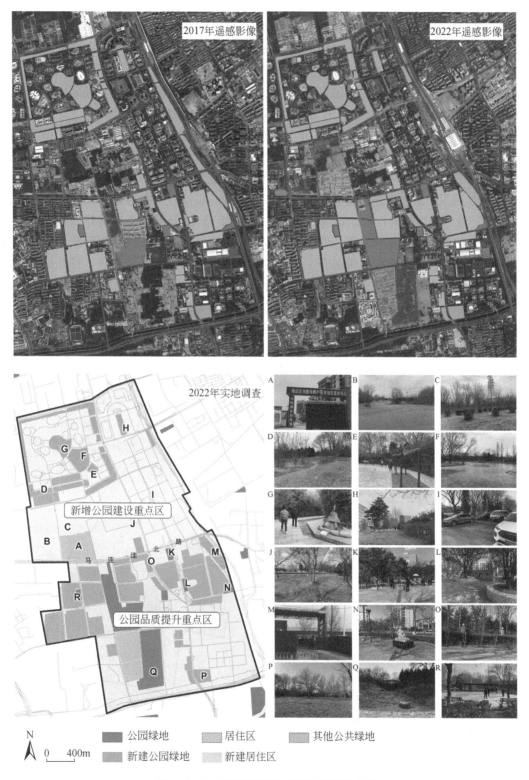

图 6-5 上地街道及周边范围公园绿地现状

公园绿地将承载更多的居民户外活动，居民对公园绿地的健康需求也将不断增加。基于上述分析，本研究将上地街道马连洼北路以北区域作为新增公园绿地建设的重点区域，在闲置用地和其他公共绿地的基础上新建公园绿地；马连洼北路以南区域为公园绿地品质提升的重点区域，着力优化改造现有的公园绿地。

此外，本研究基于上地街道城市绿化管理与规划实践资料梳理了相关规划中涉及上地街道的城市绿地改造建设工程项目，能够为新建公园绿地的选址提供参考。《北京市海淀区园林绿化专项规划（2020 年—2035 年）》规划在马连洼北路和东北旺路之间功德寺安置房东西两侧的拆迁腾退闲置用地新建两处公园绿地，在中关村软件园内现有绿化基础上建设一处公园绿地，并在中关村软件园周边及信息路沿线建设带状绿地（图 6-6a）。上地街道近年来开展了一系列拆迁腾退空间改造建设、环境品质提升的空间重塑项目，《"马上清（青）西"地区城市提升行动计划（2020 年—2022 年）》涉及上地街道的绿地建设改造项目包括：①信息路改造提升工程：北五环路至后厂村路之间提升开放空间形象，补齐城市功能短板；②软件园南侧绿化带提升工程：对软件园南侧绿化带升级改造，打开护栏、修整步道、增加行人停留空间，提升环境整体水平；③G7 西侧市政绿地景观提升工程：将西二旗地铁站、清河火车站、上地地铁站三站连线，形成南北贯通的"步行+骑行+休憩"的慢行综合绿廊；④上地南节点环境提升工程：对信息路与北五环交汇区域进行规划设计，将清河北岸绿地建设为上地文化科技主题公园；⑤时代集团大厦、华盛大厦、上地办公中心等公共空间提升改造工程：通过打开边界、增加便民设施提升整体环境（图 6-6b）。

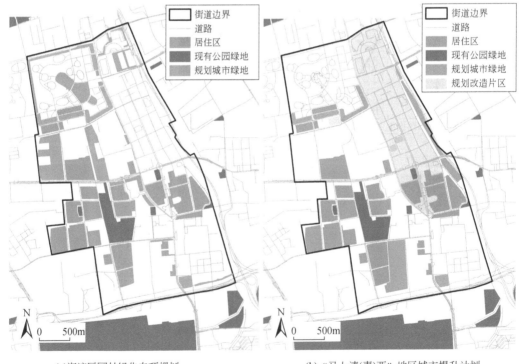

(a)海淀区园林绿化专项规划　　　　　　　(b)"马上清(青)西"地区城市提升计划

图 6-6　相关规划中上地街道公园绿地改造建设工程

（4）公众参与

本研究在公园绿地规划中引入了公众参与过程，以提高面向居民健康的公园绿地规划的包容性、互动性和可行性。本研究在 2023 年 2 月的上地街道五个地点开展了公众调查研究，调查对象包括东馨园（A）、上地佳园（D）、紫成嘉园（E）及上地九街（B）和上地五街（C）周边居民（图 6-7），共计 50 人。调查的主要结果包括以下三个部分。

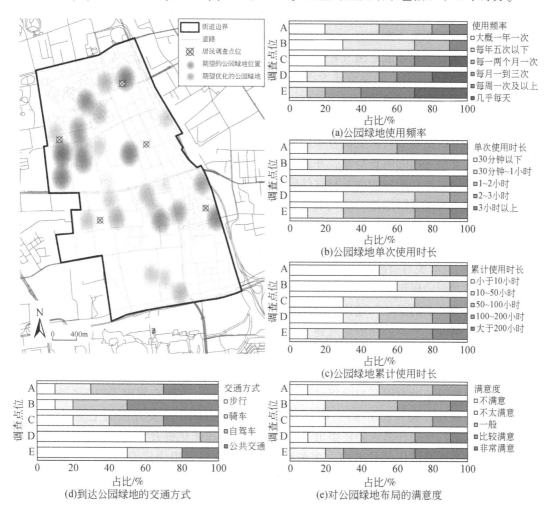

图 6-7　公众参与过程的调查点位及调查结果

1）上地街道居民的公园绿地使用剂量特征：本研究通过问卷调查方法收集了受访者常去的公园绿地，近一年来的公园绿地使用频率、使用时长等公园绿地使用剂量特征，并计算了受访者的公园绿地累计使用时长；此外，还调查了受访者通常到达公园绿地的交通方式、对街道公园绿地布局的满意度等信息。结果表明，上地佳园（D）和紫成嘉园（E）受访者的公园绿地使用频率较高，每周使用公园绿地一次及以上的受访者数量超过 50%，并且有少数受访者在一年内的公园绿地累计使用时长超过 100 小时，居民使用的公园绿地主要为街道内的厢黄旗公园、树村郊野公园绿地，交通方式以步行为主。上地九街（B）

和上地五街（C）受访者的公园绿地使用频率较低，大多在每年五次及以下，主要通过自驾车或公共交通使用距离上地街道较远的大型公园绿地，如奥林匹克森林公园、东小口森林公园、颐和园和香山公园等，通常具有较高公园绿地使用时长（1~3小时），但公园绿地累计使用时长较低；东馨园（A）周边居民的公园绿地使用频率和使用时长均介于二者之间，通过自驾车或公共交通的方式到达公园绿地的比例也较高（70%），居民使用的公园绿地主要包括上地街道的树村郊野公园，及周边街道的中关村森林公园、百望森林公园等面积较大的公园绿地。东馨园（A）和上地五街（C）受访者对上地街道当前公园绿地布局的满意度较低，而紫成嘉园（E）周边居民对当前公园绿地布局的满意度较高。

2）上地街道居民对公园绿地建设空间和优化提升的期望：基于参与式制图方法，本研究邀请居民在上地街道地图中标注了期望未来建设公园绿地或优化提升现有公园绿地的空间范围，并对受访者所标注的数据进行空间点密度分析，为公园绿地初步规划方案的提出提供参考。分析结果表明，受访者期望未来通过城市发展建设公园绿地的空间包括东北旺路与马连洼北路之间的闲置空地，并希望通过对现有公共绿地的更新改造增加休闲游憩设施，发挥公园绿地功能，如中关村软件园绿地空间、信息路U型绿地空间及部分道路绿地空间；对于现有公园绿地，居民对上地爱之园、幸福花园具有较高的优化提升期望，希望通过对公园绿地设施的维护更新或在当前基础上扩大公园绿地面积，为周边居民提供更多进行使用行为的机会和空间。

3）上地街道居民对公园绿地规划的满意度及预期使用剂量：本研究进一步通过访谈方法了解居民对面向居民健康的公园绿地规划初步方案中公园绿地空间选址、公园绿地类型及规划意向等方面的意见和建议，为公园绿地初步规划方案的调整和修改提供参考。开展问卷调查了解受访者对公园绿地规划方案的满意度，以及公园绿地规划实施完成后的预期使用剂量，评估面向居民健康的公园绿地规划效果。

（5）规划方案

结合上地街道土地利用调查分析结果和公众参与过程，本研究提出了以下面向居民健康的公园绿地规划方案（图6-8）。该方案依据上地街道四个主要片区的土地利用现状、居民对公园绿地的使用和需求特征提出了公园绿地建设和优化提升方向。其中，上地街道西北部软件园及周边居住区片区内，在东北旺路以南的闲置用地建设一处综合公园（A：东北旺路综合公园）和一处社区公园（B：功德寺安置房公园），在东北旺路以北居住区周边道路绿地的基础上建设一处社区公园（C：东北旺路社区公园），以及在软件园园区现有绿地的基础上建设一处专类公园（G：软件园科技主题公园）和一处游园（I：软件园小游园）。该片区内公园绿地的主要服务对象包括东馨园、东旭园、亿城西山公馆以及功德寺安置房小区的居民，还能够在一定程度上服务于软件园职工群体，优化其通勤和午休活动空间。

在上地街道东北部信息路及周边交通节点片区内，未来公园绿地建设以专类公园和游园（⑤）为主，具体包括在当前信息路U型路绿地空间范围内建设一处专类公园（H：信息路科技主题公园），以落实《北京市海淀区园林绿化专项规划（2020年—2035年）》和《"马上清（青）西"地区城市提升行动计划（2020年—2022年）》在上地街道打造文化、科技、绿色融合的信息绿色空间的要求，并为周边职工提供户外社交和休憩的绿地空间。

此外在上地西路闲置用地空间以及上地东路东侧西二旗地铁站和清华高铁站周边建设小型游园三处，包括西二旗地铁站游园（J）、清河高铁站游园（K）和上地西路街旁游园（L），优化居民的通勤环境，为居民提供短暂休息和社交的安全空间。

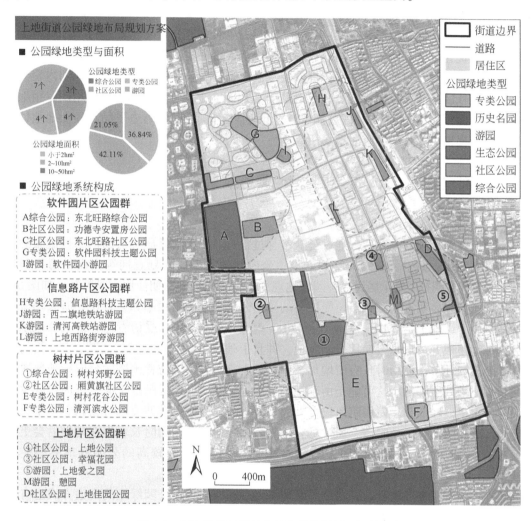

图 6-8　面向居民健康的上地街道公园绿地规划方案

注：①～⑤为现有公园绿地，A～M为规划新增公园绿地

上地街道西南部树村地区内居住区分布较为集中，面向居民健康的公园绿地规划关注对现有公园绿地的优化提升，包括对当前树村郊野公园（①）优化升级改造为综合公园，以及对厢黄旗社区公园（②）的维护更新；马连洼北路以南的树村郊野公园南区在棚改拆迁后于2019年开始建设并逐步开放，目前园内南部道路设施较少，未来可以围绕公园绿地内现有的生态花谷和花谷平台进行优化改造，保留乡土物种并建设为以生态花谷为特色的专类公园（E：树村花谷公园）；此外，为落实《"马上清（青）西"地区城市提升行动计划（2020年—2022年）》要求，在上地街道南侧清河沿岸建设以展示上地文化科技的专类公园（F：清河滨水公园），为上地街道信息路南侧周边居民及体大颐清园社区居民

提供更多进入公园绿地的便利。

上地街道中部东侧集中分布了上地西里、上地东里、上地佳园和枫润家园等居住区，现有的四处公园绿地面积均小于 2hm²，内部绿化面积较小、配套设施有限。上地街道于2016 年在上地西路西南侧华联商厦北侧建成幸福花园（③），2022 年在上地实验小学西侧、信息路东侧建成开放憩园（M），同时于 2022 年对上地公园（④）进行了环境卫生和设施设备的优化改造。由于片区内建设用地集中、人口密集且潜在绿化空间有限，未来公园绿地规划以对现有公园绿地的优化提升及建设小型社区公园和游园为主。规划内容具体包括对现有社区公园和游园（⑤）的优化提升，以及在上地佳园东侧区域利用闲置用地空间建设一处面积大于 2hm² 的社区公园（D：上地佳园公园），为周边居民及经上地地铁站通勤的居民提供更丰富的健康活动场所。

6.2.3 面向居民健康的公园绿地规划效果分析

（1）预期公园绿地使用剂量特征

本研究在完成规划方案后，通过公众参与过程听取和采纳了居民对面向居民健康的公园绿地规划初步方案中公园绿地空间选址、公园绿地类型及规划意向等方面的意见和建议，并基于问卷调查了解了居民在公园绿地规划实施完成后的预期使用剂量特征。如图 6-9所示，调查结果表明五个调查点位受访者的预期公园绿地使用频率和累计使用时长均有所增加。其中，上地九街（B）、上地佳园（D）和紫成嘉园（E）受访者均有中 40% 表示会在公园绿地建成开放后每天使用公园绿地，并且上地佳园（D）和紫成嘉园（E）受访者预期的公园绿地单次使用时长有所增加，但上地九街（B）受访者预期的公园绿地单次使用时长相比规划前降低。这可能是由于规划前上地九街（B）居民由于居住区周边缺少公园绿地，大多以较低频率使用距离较远的大型公园绿地，如奥林匹克森林公园、东小口森林公园、颐和园和香山公园等，通常具有较高公园绿地单次使用时长；但在规划后会更频繁地在日常活动中使用居住区周边的公园绿地，并因此具有较高的公园绿地累积使用时长。

此外，五个调查点位受访者在公园绿地规划后预期的到达公园绿地的交通方式也有所改变，预期通过步行方式到达公园绿地的受访者数量显著增加，特别是东馨园（A）、上地九街（B）、上地五街（C）、上地佳园（D）约有 80% 以上的受访者通过步行方式到达公园绿地，这会在促进上地街道居民的公园绿地使用剂量的基础上，进一步增加居民的身体活动（图 6-10）。对规划后的上地街道公园绿地布局的满意度也有所增加，其中约 9 成的紫成嘉园（E）受访者对公园绿地布局状况比较满意或非常满意，约 4 成的上地九街（B）受访者对公园绿地布局状况比较满意或非常满意（图 6-10）。因此，本研究所提出的面向居民健康的公园绿地规划方案将能够从不同角度对居民健康产生积极影响，如上地佳园（D）周边较高的公园绿地密度将可能有效提高居民的公园绿地使用频率，而紫成嘉园（E）周边较大的公园绿地面积（树村公园、东北旺路综合公园等）将能够提高居民的公园绿地使用时长从而促进居民健康。

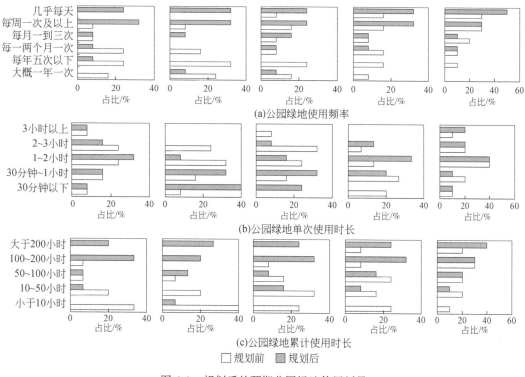

(a)公园绿地使用频率

(b)公园绿地单次使用时长

(c)公园绿地累计使用时长

□ 规划前　■ 规划后

图 6-9　规划后的预期公园绿地使用剂量

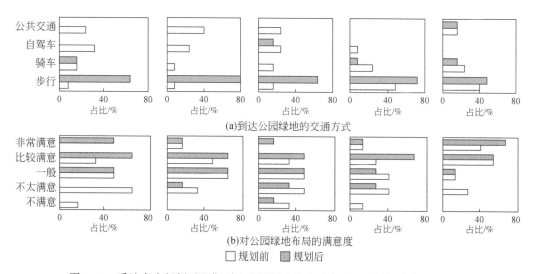

(a)到达公园绿地的交通方式

(b)对公园绿地布局的满意度

□ 规划前　■ 规划后

图 6-10　受访者在规划后预期到达公园绿地的交通方式及对规划方案的满意度

（2）与健康相关的公园绿地布局指标

在提出面向居民健康的公园绿地规划方案的基础上，本研究基于第 4 章公园绿地可达性、可获得性、吸引力分析方法，对规划后与居民健康相关的公园绿地布局指标特征进行空间量化评估，上地街道内各居住区到达公园绿地的最短路径以及与居民健康相关的公园绿地的规划指标的空间分布特征如图 6-11 所示。

(a)到达最近公园绿地的路径

(b)公园绿地美学功能

(c)公园绿地步行服务区

(d)大于2hm²公园绿地步行服务区

图6-11 规划后与居民健康有关的上地街道公园绿地布局特征

公园绿地规划后上地街道各居住区到达最近公园绿地及面积大于 $2hm^2$ 公园绿地的最长距离为镶黄旗万树园至树村郊野公园约 1064.92m，步行花费约 14.30 分钟。相比上地街道公园绿地布局现状，从居住区到达最近公园绿地及面积大于 $2hm^2$ 公园绿地所需的时间均不超过 20 分钟（表 6-2）。

表 6-2 规划后上地街道各居住区到达公园绿地的所需时间和距离

序号	居住区	公园名称	最近公园绿地		公园名称	最近的大于 $2hm^2$ 公园绿地	
			时间/min	距离/m		时间/min	距离/m
1	八一社区	清河滨水公园	6.59	494.08	—	—	—
2	博雅西园	厢黄旗公园	5.67	269.62	树村郊野公园	7.61	555.29
3	东馨园	东北旺路社区公园	1.34	100.73	—	—	—
4	东旭园	东北旺路社区公园	3.54	264.73	—	—	—
5	枫润家园	上地爱之园	2.28	172.43	树村花谷公园	7.57	572.26
6	功德寺安置房	树村郊野公园	4.34	324.13	—	—	—
7	柳浪家园	树村郊野公园	2.00	149.73	—	—	—
8	柳浪家园北里	树村郊野公园	2.99	223.35	—	—	—
9	马连洼北路 1 号院	上地公园	6.19	466.45	树村郊野公园	7.25	576.20
10	农大南路 2 号院	树村花谷公园	4.74	351.94	—	—	—
11	农大南路 33 号院	厢黄旗公园	3.94	295.12	树村郊野公园	6.74	490.42
12	上地东里	憩园	1.94	139.80	上地佳园公园	4.32	330.37
13	上地佳园	上地爱之园	1.10	90.55	上地佳园公园	3.72	273.92
14	上地西里	上地公园	2.65	198.90	树村花谷公园	9.83	737.44
15	树村回迁安置房	树村郊野公园	2.80	129.14	—	—	—
16	树村路甲 1 号院	树村郊野公园	6.11	456.68	—	—	—
17	镶黄旗万树园	厢黄旗公园	13.81	1032.62	树村郊野公园	14.30	1064.92
18	学府壹号苑	树村花谷公园	2.19	162.62	—	—	—
19	亿城西山公馆	东北旺路社区公园	1.33	99.98	—	—	—
20	裕和嘉园	树村郊野公园	1.68	126.00	—	—	—
21	圆明天颂	树村花谷公园	5.97	309.24	—	—	—
22	紫城嘉园	厢黄旗公园	1.78	80.99	树村郊野公园	4.83	362.23

对与居民健康相关的公园绿地布局指标优化状况的统计结果表明（表6-3），规划后上地街道公园绿地密度达到1.89个/km²，相比规划前现状提高了2.57倍；上地街道内公园绿地步行服务区覆盖的居住区数量比及面积大于2hm²的公园绿地步行服务区覆盖的居住区数量比均达到100%。通过对现有公园绿地的改造升级和新建公园绿地，规划后上地街道内的公园绿地类型包括综合公园、专类公园、社区公园、游园四种类型，公园绿地平均美学功能得分为3.61分，相比规划前现状提高了28.93%。各指标均达到了规划目标，将能够在实施后提高居民的公园绿地使用意愿，并促进居民公园绿地使用剂量和健康水平的提升。

表6-3　与居民健康相关的公园绿地布局指标的优化状况

与居民健康相关的公园绿地布局指标	规划前	规划后	优化率	是否达到规划目标
街道及周边范围公园绿地密度（PD）	0.53个/km²	1.89个/km²	357.00%	√
大于2hm²公园绿地步行服务区覆盖的居住区数量比（PSWR2）	63.16%	100%	58.33%	√
公园绿地步行服务区覆盖的居住区数量比（PSWR）	84.21%	100%	18.75	√
公园绿地的平均美学功能（CEFA）	2.80分	3.61分	28.93%	√

6.3　促进居民绿地使用行为的公园绿地设计

本研究所提出的面向居民健康的上地街道公园绿地规划中提出将树村郊野公园的优化提升将其升级改造为综合公园的规划方案，通过优化植物群落结构、提升景观效果、丰富休闲游憩设施等途径提高其总体美学功能水平，进而更好地服务于周边居民的健康需求。《北京市海淀区园林绿化专项规划（2020年—2022年)》同样提出提升公园绿地景观风貌和品质、提升园林绿化游憩服务水平，并将第一道绿化隔离带内的已建郊野公园升级改造为城市公园的规划要求。因此，本节将以海淀区上地街道树村郊野公园为案例区，通过对公园绿地内社会文化功能和居民使用行为空间分布现状的分析，针对典型景观节点开展促进居民使用行为的公园绿地景观设计。

6.3.1　案例公园概况及其社会文化功能

树村郊野公园位于北京市第一道绿化隔离地区郊野公园环范围内，地处上地街道中南部（图6-12a）。2000年北京市启动第一道绿化隔离地区建设工程（Yang and Zhou，2007），2006年北京市为巩固绿化建设成果并为城市居民供绿地游憩空间，在第一道绿化隔离地区启动了郊野公园环建设工程，以原有的林木为主体，通过优化园区林木结构、增加配套服务设施、突出绿地景观特色等方法，对第一道绿化隔离地区绿地进行公园化改造，树村郊野公园在此背景下建成开放。树村原以树多为名，树村郊野公园的总体规划及功能定位是为周边居民提供休闲和娱乐及康体建设场所，在设计和建设过程中积极保护与利用原有植物，按照人工林近自然化的建设理念，构建了乔、灌、草相结合的稳定健康的植物群落，营造了以天然野趣、环境宜人的自然生态景观为主题的公园绿地空间。

如图 6-12b 所示，树村郊野公园建成初期位于农大南路与树村北路之间，面积约 11.20hm²；2018 年以来上地街道实施"留白增绿"、拆违还绿工程，将树村郊野公园面积进一步扩大，在本研究分析期内树村郊野公园共包括三个独立地块，北至马连洼北路，南

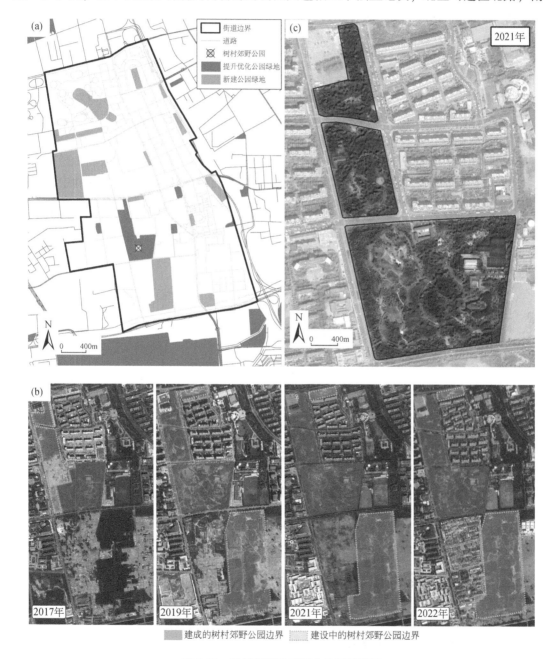

图 6-12 树村郊野公园区位及遥感影像

至农大南路，总面积约 23.68hm²。近年来，随着上地疏解整治促提升工作的持续开展，树村郊野公园向北侧道路绿地和南侧闲置低效绿地空间扩展，至 2023 年已初步完成五个独立地块的建设，总面积约 49.8hm²。考虑到目前树村郊野公园南北两个新建地块尚处于建设维护过程中，设施不完善且游客较少，本节将以研究分析期 2021 年树村郊野公园的三个主要地块为主要的研究对象（图 6-12c），选择典型空间节点开展面向居民健康的公园绿地景观优化设计实践，以期为未来树村郊野公园未来面向居民健康的发展建设和更新改造提供参考。

公园绿地对居民健康促进路径的研究结果表明，公园绿地所提供的游憩功能和美学功能能够促进居民在绿地空间内的动态行为，社交功能和美学功能则能够促进居民在绿地空间内的静态行为，并进而产生对居民身体与精神健康的积极影响。基于第 3 章对公园绿地社会文化功能的评估结果，本节统计了树村郊野公园北区、中区、南区内三类社会文化功能的平均标准化得分和得分的空间标准差（图 6-13）。结果表明，当前树村郊野公园内各类社会文化功能的空间分布在三个主要分区内存在一定差异，其中公园南区的游憩功能和美学功能水平较高，但空间分布的异质性较高，东西两侧得分较低；公园北区和中区的社交功能水平较高且空间分布相对均匀。该结果表明当前树村郊野公园绿地各主要空间对于促进居民各类使用行为的能力有所不同，仍具有优化提升的空间。

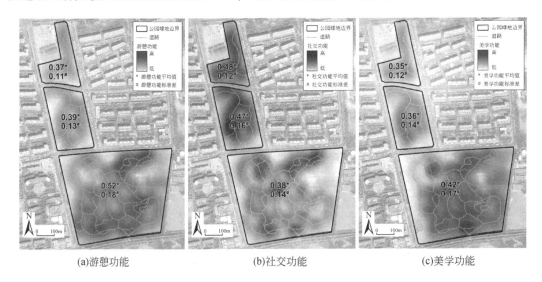

(a)游憩功能　　　　　　(b)社交功能　　　　　　(c)美学功能

图 6-13　树村郊野公园现状社会文化功能

6.3.2　面向居民健康的公园绿地优化提升设计内容

（1）设计目标

基于面向居民健康的公园绿地设计体系和策略，本研究将在分析树村郊野公园绿地要素与功能现状、了解居民的使用行为特征及对树村郊野公园的使用行为空间需求的前提下，对树村郊野公园的典型景观节点开展面向居民健康的优化提升设计。通过优化景观节点内公园绿地要素的空间分布，有针对性地提升景观节点的各类社会文化功能，营造舒适健康的公园绿地空间，提升居民的在景观节点空间内进行各类使用行为意愿，并对其身体与精神健康水平产生积极影响。

（2）调查研究

本研究通过遥感影像分析、社交媒体数据分析及实地调查对树村郊野公园开展了调查研究。首先，基于2021年获取的高分辨率遥感影像（GF-2）对公园绿地进行了景观类型解译，将树村郊野公园景观类型识别为七个类型：不透水面、落叶乔木、常绿乔木、灌木、草地、铺装绿地、水体（图6-14a），分析结果表明树村郊野公园内的植被以落叶乔木为主，公园南区的景观类型较为丰富，存在一定面积的草地、水体和不透水面景观。本研究进一步基于六只脚户外社交平台数据获取了位于树村郊野公园内的用户轨迹24条，带地理坐标的照片38张，并对公园绿地内的用户轨迹的空间分布进行了线密度分析（图6-14b），分析结果表明树村郊野公园北区内居民的使用行为强度最低，居民活动主要集中在东南侧入口广场附近；公园南区内居民的使用行为强度较高，其中东侧水体景观周边范围内居民的使用行为强度最高，西侧区域内居民的使用行为强度则相对较低。本研究在2022年5月和2023年2月对树村郊野公园开展了实地调查，首先结合公园绿地平面图和百度地图绘制了公园道路、水体和广场的空间分布特征，并在实地调查中对各类公园绿地要素进行了空间定位的核实、修正和补充，公园绿地内的各景观节点的实际情况及居民使用行为状况如图6-14c所示。例如，公园绿地A点和C点处入口广场及周边分布的座椅为居民提供了休息闲谈的场所；B点处分布有小型广场及休憩廊架，居民自发在此处组织开展合唱活动；J区新建的儿童活动区提供了滑梯、小型篮球场和攀岩坡等儿童游乐设施，聚集了大量陪伴儿童游园的居民。

基于上述分析，本研究拟选择树村郊野公园南区D点和中区N点作为开展促进居民使用行为的公园绿地景观设计的典型节点（图6-15），并在实地调查中观察了两个节点内居民的使用行为特征。考虑到居民在公园绿地中感知的环境约为周边50m范围（Baumeister et al., 2020; Gerstenberg et al., 2020），因此本研究中两个典型景观节点的分析范围为边长100m的正方形边界以内。其中，D点处现有一个观景亭（①），亭内仅有两侧可坐，偶有路过的居民在此短暂停留休息或交谈，但未观察到其他静态行为类型；观景亭西南侧现为木板嵌草铺装的开敞空间（②），此处有较多座椅，但可能在夏季及雨雪天气存在缺少遮蔽等问题，周边也存在铺地木板老化不平整的现象；观景亭东南侧为两个半圆形的沙石铺装区（③），通行人数较少、空间利用率较低；在景观节点东北侧还有一个独立的铺装空间（④），配备有一个座椅，周边景色较为单调，在观察期间未有居民进入并在此停留。N点处现有较大面积的铺装空间，以树木为中心分布有四个圆形纹理铺装区域。其中（①）处的树木周边提供了座椅，为居民提供了停留休息交谈的空间，而（②）处树木分布在居民主要动线的道路中央，可能会对居民的通行过程造成一定的阻碍和安全风险；该节点西侧的小型广场平台（③）以台阶为界分为两个主要部分，为居民提供了进行太极拳、广场舞等动态行为的场所，然而两个平台之间有时会存在进行不同活动的噪声相互影响的问题；（④）场地内偶有居民进行羽毛球等球类运动，但没有固定的场地并受到周边通行居民的较大影响。综上，本研究将通过优化设计提升D点的社交功能和美学功能以促进居民的静态行为，通过优化设计提升 N 点的游憩功能和美学功能促进居民的动态行为。

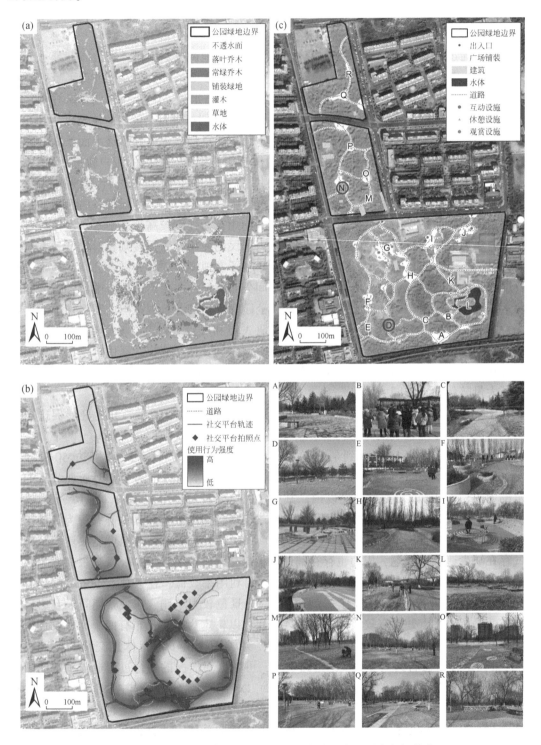

图 6-14 树村郊野公园景观类型、使用行为强度及要素空间分布

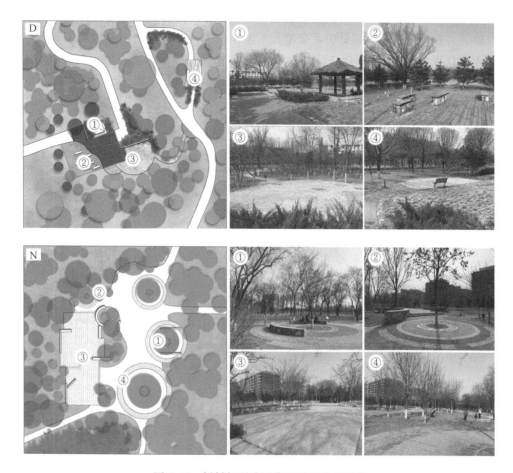

图 6-15　树村郊野公园典型景观节点现状

（3）公众参与

为了解树村郊野公园内居民对公园绿地的使用行为意愿和需求，以及对促进居民使用行为的公园绿地景观设施的建议，本研究在公园绿地景观优化设计中同样引入了公众参与过程，以提高设计方案的合理性、互动性和可行性。本研究在 2023 年 2 月在树村郊野公园景观点 D 和 N 开展了公众调查研究，调查对象为在两个景观节点路过或停留的居民，共计 40 人。调查的主要结果包括以下三个部分。

1）居民在景观节点内的使用行为意愿：本研究通过问卷调查方法分别收集了受访者在景观节点内进行静态或动态行为的意愿，以及愿意在该景观节点内进行的使用行为类型，并通过简短的访谈了解和记录了受访者愿意或不愿意在该景观节点内进行使用行为的原因，调查结果如图 6-16 所示。问卷调查结果表明，当前 D 点内仅有 16% 的受访者比较愿意或非常愿意在该景观节点内进行静态行为，约 58% 的受访者不太愿意或很不愿意在该节点内进行静态行为；在静态行为类型方面，受访者大多愿意在路过该景观节点时驻足停留并在现有的观景亭或座椅上短暂休息，但仅有少数受访者愿意在该景观节点进行交谈（6 人次）、赏景（4 人次）、唱歌（1 人次）等静态行为。总体而言，尽管当前 D 点内提供了较为充足的休憩设施，但当前受访者在该点进行静态行为的意愿较低，使用行为类型也较为单一。本研究进一步与受访者交流其不愿在此进行静态行为的原因而了解到，受访者大多认为 D 点及周边范围内设施较为单一，仅能供居民静坐休息或与亲友交通；此外周边景观的美学价值不高，现有的休憩设施存在老化破损的问题，相比于公园南区东部而言设施质量不高，景观节点对居民的吸引力较低。

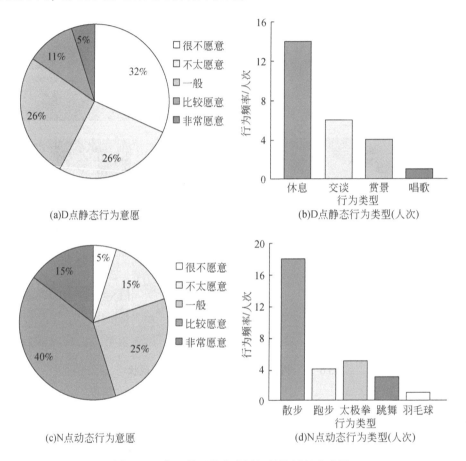

(a)D点静态行为意愿

(b)D点静态行为类型(人次)

(c)N点动态行为意愿

(d)N点动态行为类型(人次)

图 6-16　典型景观节点内居民的使用行为意愿

在 N 点内，尽管有55%的受访者表示比较愿意或非常愿意在该点进行动态行为，并且仅有20%的受访者不太愿意或很不愿意在该点进行动态行为，但该点同样存在受访者在该点进行的动态行为类型较为单一的问题。大多数受访者愿意在 N 点内散步，但仅有少数受访者愿意在该点内进行跑步（4 人次）、太极拳（5 人次）、跳舞（3 人次）、羽毛球（1人次）等其他类型的动态行为。除居民自身体能限制外（如部分老年人不愿进行较高强度的动态行为），许多居民认为 N 点内虽然可以活动的面积较大，但因缺乏动静分区而存在不便和风险。例如，进行球类运动时容易影响散步通行的居民，在广场平台上打太极拳和跳广场舞的音乐有时会互相干扰，因此大多数居民仅选择在 N 点内通行或短暂休息，动态行为的类型单一，景观节点空间的利用效率较低。

2）居民进行使用行为的公园绿地要素特征需求：前文分析结果表明，公园绿地要素距离、要素密度、景观类型及多样性四个方面的多个公园绿地要素特征指标能够在不同程度上影响公园绿地所提供的各类社会文化功能，并进而影响居民的使用行为强度。因此，本研究通过问卷调查方法分别在 D 点和 N 点调查统计了居民愿意在具有哪些公园绿地要素特征的绿地空间内进行动态行为和静态行为，调查结果如图 6-17 所示。结果表明，受访者更希望在远离道路和广场的空间内进行静态行为，但靠近道路和广场的空间内更便于居民开展动态行为，靠近水体的空间对于促进其静态和动态行为意愿均有积极影响；在设施密度方面，D 点的受访者认为多样化和充足的休憩设施对静态行为非常重要，如座椅、亭廊、棋牌桌等，N 点受访者则对互动设施的需求则更为突出，包括新颖多样的健身设施和儿童设施；两组受访者均对铺装绿地有较高的需求，并且希望景观节点内具有较高的景观多样性和植物多样性。除上文分析中所涉指标外，受访者还提到了对其他公园绿地要素特征的需求，如 D 点的受访者希望景观节点靠近水体并设置垂钓区、设置报刊/科普栏、种植丰富的观花植物等，满足多样的静态行为需求；N 点受访者则希望在景观节点内提供羽毛球场或乒乓球台、铺设塑胶跑道，以及提供饮料售卖机等便利设施。

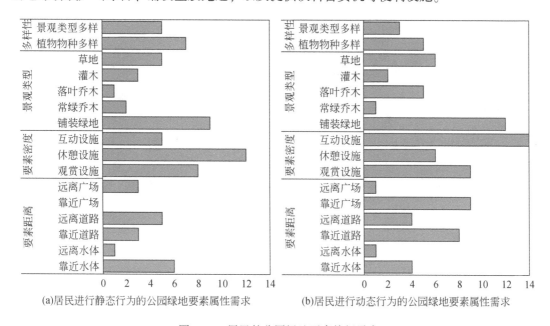

(a)居民进行静态行为的公园绿地要素属性需求　　(b)居民进行动态行为的公园绿地要素属性需求

图 6-17　居民的公园绿地要素特征需求

3）居民对景观节点优化设计方案的建议及预期使用行为意愿：本研究进一步通过访谈方法了解居民对促进使用行为的公园绿地景观节点优化设计初步方案的意见和建议，并开展问卷调查了解景观节点优化设计实施完成后居民预期的使用行为意愿，为景观节点优化设计初步方案的调整和修改提供参考。

（4）设计方案

结合对树村郊野公园的调查分析和公众参与过程，本研究对典型景观节点 D 和 N 提出了促进居民使用行为的优化设计方案。首先，场地尺度下公园绿地空间中较高水平的社交功能和美学功能能够显著促进居民的休息、交谈、阅读等静态行为，因此景观节点 D 的优化设计以提升绿地空间社交功能和美学功能为导向，可以通过提高休憩设施的密度和多样性、增加铺装绿地和草地面积比、丰富绿地景观和植物物种多样性、增加具有美学价值的观赏设施等途径为居民提供进行静态行为的适宜空间。如图 6-18 所示，优化后的景观节点 D 内包括六个主要功能空间。

图 6-18 促进居民静态行为的树村郊野公园景观设计

1）野餐露营区：位于 D 点观景亭西南侧，在该区域内更新现有的木板嵌草铺装，并增加长凳等休憩设施，为居民提供户外野餐露营、亲友交谈休息的适宜空间；同时丰富周边的植物物种多样性（如在铺装区域边缘种植低矮的观花植物）以提高美学功能，并通过种植高大落叶乔木为居民提供夏季遮阴、冬季晒太阳的舒适小气候条件。

2）棋牌桌椅区：位于 D 点观景亭西侧，在该区域现有的空地增加棋牌桌椅等休憩设施，并通过搭建矮墙、种植低矮乔灌木营造半围合空间，为居民提供下棋娱乐、休息交谈的适宜空间，同时兼具一定的私密性。

3）凉亭观景区：在 D 点原有观景亭的基础上，丰富亭内的休息设施，为居民提供休息交谈和赏景时可坐、可置物的空间，并在亭内视觉焦点处增加雕塑等观赏设施，增加观景亭及周边环境的美学功能，吸引居民接近。

4）儿童沙坑区：位于 D 点观景亭东南侧，将现有的破损砂石平台改造为可供儿童游戏玩耍的沙坑,在沙坑附近提供长椅等休憩设施,以及报刊亭和科普宣传栏,为居民提供社交互动、陪伴儿童的适宜空间。

5)林荫休息区:位于儿童沙坑区东侧,在道路交汇处的高大乔木树荫下增加座椅等休憩设施,为居民提供游园过程中驻足休息和交谈的适宜空间;此外,在道路沿线种植低矮的观花灌木、草本植物,丰富景观节点内的植物物种多样性,营造丰富的景观视觉效果。

6)水景观赏区:位于 D 点东侧,在现有的铺装空间内增加喷水池等水景装置,喷水池周边的植物以草地和观花低矮灌木为主,营造美观开阔的视野;增加现有的座椅长度或数量,为居民提供开展亲友社交互动和家庭活动的适宜空间。

景观节点 N 的优化设计方案以提升绿地空间游憩功能和美学功能为导向,通过为居民提供便利的公园道路、具有铺装绿地,以及支持多种身体活动的互动设施、运动场地等途径为居民提供进行动态行为的适宜空间。如图 6-19 所示,优化后的景观节点 N 内包括六个主要功能空间。

1 太极活动区
将现有广场平台南侧空间设计为太极拳活动区,并在周边范围增加与太极拳、武术等相关的科普和观察设施

2 广场隔音墙
在广场平台中部增加半围合矮墙,结合竹篱和树篱等植物屏障,实现两侧空间的适度隔音减弱噪音影响

3 舞蹈活动区
将现有广场平台西北侧空间设计为舞蹈活动区,并在周边范围增加与音乐、舞蹈等相关的科普和观赏设施

4 设施运动区
在半围合空间两侧分别增加儿童和成人体育活动设施,并配备座椅等休憩设施,引导居民进行多样动态活动

5 球类运动区
在半围合空间内提供羽毛球、乒乓球及太极球等球类活动设施和场所,为居民提供进行球类运动的安全空间

6 健康跑道区
结合景观节点周边道路分布和游客动线,在广场中部增加塑胶健康跑道,为居民提供跑步等活动的安全空间

图 6-19 促进居民动态行为的树村郊野公园景观设计

1）太极活动区：位于 N 点西南侧，原有广场平台南侧设计为服务于居民进行太极拳、太极剑等较为安静的活动区域；在太极活动区广场平台周边设置太极拳知识、老年养生科普等宣传栏。

2）广场隔音墙：位于 N 点西侧中部两个广场平台之间，在该处搭建半围合矮墙并种植较为密集的竹篱或树篱形成两个空间的植物屏障，在一定程度上降低两侧空间内居民进行太极拳、太极剑或舞蹈、唱歌等活动所产生噪声的互相影响，并在矮墙墙面上通过浮雕、镶嵌防腐木或耐候钢板等形式增加装饰性纹样。

3）舞蹈活动区：位于 N 点西北侧，原有广场平台北侧设计为服务于居民进行广场舞、配乐舞蹈等容易产生较大噪声的活动区域，周边可以增加音乐舞蹈相关的科普宣传栏及雕塑等观赏设施。

4）设施运动区：位于 N 点东南侧，通过新增两个半圆形矮墙形成半围合活动空间，在内部南北两侧分别放置儿童和成人运动设施，为各年龄段居民提供设施运动及陪伴儿童的空间；利用现有的高大落叶乔木为居民提供遮阴，地面可铺设塑胶等软质材料避免运动受伤。

5）球类运动区：在半围合空间内提供羽毛球场地或乒乓球台等球类活动空间，为居民提供进行球类运动的安全空间，周边利用现有高大落叶乔木为居民提供遮阴，为使用活动空间的居民提供舒适的小气候环境，但需注意树木修剪避免遮挡视线。

6）健身跑道区：结合景观节点周边道路分布和游客动线，在广场中部增加塑胶健康跑道，为居民提供跑步等动态行为的安全空间；此外，在道路沿线合理配置乔灌草等不同植物物种，丰富景观节点内的植物物种多样性，增加雕塑、花坛等观赏设施，营造多样的视觉效果。

6.3.3 面向居民健康的公园绿地设计效果分析

本研究在完成公园绿地景观节点优化设计方案后，通过公众参与过程听取和采纳了居民对促进使用行为的公园绿地景观设计方案的意见和建议，并基于问卷调查了解了居民在公园绿地景观节点优化设计实施后的预期使用行为意愿。如图 6-20 所示，两个典型景观节点内居民预期的静态行为和动态行为意愿均显著提高，并且居民预期在景观节点内进行的使用行为类型也更为多样。表 6-4 的统计结果表明，约 90% 的受访者比较愿意或非常愿意在优化设计后的 D 点内进行静态行为，达到优化设计前的 5.63 倍；预期进行的使用行为类型包括休息、交谈、赏景、野餐、下棋、露营、唱歌/演奏、观察动植物及摄影等，静态行为的多样性为优化设计前的 2.25 倍。在 N 点内，约 85% 的受访者比较愿意或非常愿意在优化设计实施后进行动态行为，为优化设计前的 1.55 倍，仅有两位老年受访者因身体机能下降（大于 76 岁）不太愿意进行动态行为；受访者预期进行的动态行为类型包括跑步、散步、太极拳、跳舞、使用体育设施和儿童设施、打羽毛球、踢毽子等，动态行为多样性为优化设计前的 1.40 倍。这一结果表明本研究所提出的促进居民使用行为的公园绿地景观节点优化设计方案能够从提高居民的使用行为意愿、丰富居民的使用行为类型等不同方面对居民健康产生显著的积极影响。

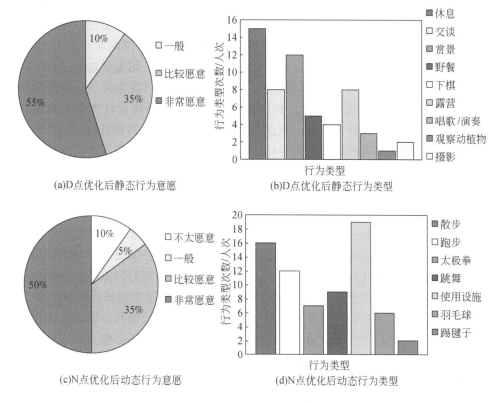

图 6-20　典型景观节点优化设计后居民的使用行为意愿

表 6-4　典型景观节点的预期使用行为意愿的优化状况

	受访者使用行为特征	优化设计前	优化设计后	优化率
D 点	比较或非常愿意进行静态行为	16.00%	90.00%	462.50%
	愿意进行的静态行为类型	4 种	9 种	125.00%
N 点	比较或非常愿意进行动态行为	55.00%	85.00%	54.55%
	愿意进行的动态行为类型	5 种	7 种	40.00%

6.4　从公园绿地到居民健康：面向居民健康的公园绿地规划设计

本章基于对现有公园绿地规划设计方法的梳理，结合公园绿地健康效益促进路径的量化研究结果，总结了促进居民健康的公园绿地规划设计关键指标，并提出了面向居民健康的公园绿地规划设计策略。在此基础上，本章进一步以北京市海淀区上地街道和树村郊野公园为例，开展了面向居民健康的公园绿地规划设计实践，主要结论如下。

（1）面向居民健康的公园绿地规划与设计策略

基于对现有公园绿地规划设计方法的梳理构建，本研究提出了面向居民健康的公园绿地规划设计方法。公园绿地规划阶段的主要流程包括确定规划目标，明确规划指标，开展调查研究，提出布局规划，公众参与过程，以及完成建设规划。依据公园绿地对居民健康的促进路径，面向居民健康的公园绿地规划布局指标包括街道范围内面积大于 2hm² 公园绿地步行服务区覆盖的居住区数量比（PSWR2）、公园绿地的平均美学功能（CEFA）、街道及周边范围公园绿地密度（PD）等可达性、吸引力与可获得性指标。公园绿地景观设计阶段的主要流程包括确定设计目标，开展调查分析，提出总体设计方案和局部设计方案，公众参与过程和施工设计与实施。依据公园绿地对居民健康的促进路径，在公园绿地局部设计阶段，通过提高公园绿地的美学功能、游憩功能和社交功能对于促进居民的动态和静态行为有显著的积极影响。

结合促进居民健康的公园绿地规划设计关键指标，本节总结了面向居民健康的公园绿地规划设计策略。在规划层面，城市街道范围内面向居民健康的公园绿地规划策略包括：①提高 15 分钟社区生活圈公园绿地的可达性；②社区生活圈新增公园绿地应以综合公园和专类公园为主；③增加交通、商服、工业等建设用地内小型公园以提高绿地密度；④提升现有公园绿地品质，优化改造其绿地空间。在设计层面，提高公园绿地空间社会文化功能以促进居民不同使用行为类型的景观设计策略包括：①通过为居民提供便利的公园道路、具有树木遮阴的铺装空间，以及支持多样身体活动的互动设施和运动场地促进居民在公园绿地空间内的动态行为；②以通过丰富绿地空间内的休憩设施类型为居民进行多种静态行为提供适宜的场地，并在休憩设施周边通过种植乔木营造树冠遮阴的具有舒适小气候条件的活动空间促进居民的静态行为。

（2）面向居民健康的公园绿地规划与设计实践

为明确本研究所提出的面向居民健康的公园绿地规划与设计方法的可行性，本研究进一步以海淀区上地街道及树村郊野公园为案例区进行了公园绿地规划与设计实践。通过在上地街道东北旺路以南、上地西路中部等闲置用地空间内新增公园绿地、或将现有其他城市绿地优化改造为公园绿地，以及对现有公园绿地的优化提升，规划后上地街道将有各类公园绿地 18 处，公园绿地密度达到 1.89 个/km²，公园绿地步行服务区及面积大于 2hm² 的公园绿地步行服务区覆盖的居住区数量比均达到 100%，公园绿地平均美学功能得分相比规划前现状提高了 28.90%，各项指标均达到规划目标，将能够在规划实施后提高上地街道居民的公园绿地使用意愿，提高居民的公园绿地使用剂量和健康水平。

在树村郊野公园中，本研究以两个典型景观节点为例，通过为居民提供便利的公园道路、具有树木遮阴的铺装广场等优化设计方法促进居民在公园绿地空间内的动态行为；以及通过丰富绿地空间内的休憩设施类型为居民进行休闲、交谈提供适宜的场地促进居民的静态行为。其中，促进居民静态行为的景观节点内，优化设计后居民愿意进行静态行为的比例达到 90%，为优化设计前的 5.63 倍，居民预期进行的静态行为类型也有所增加，为现状的 2.25 倍；在促进居民动态行为的景观节点内，优化设计后 85% 居民愿意在该景观节点内进行动态行为，为现状的 1.55 倍，动态行为的类型更为多样，是优化设计前的 1.40 倍。本研究所提出的促进居民使用行为的公园绿地景观节点优化设计方案能够从提高居民的使用行为意愿、丰富居民的使用行为类型等方面对居民健康产生显著的积极影响。

第7章 | 结论与展望

7.1 主要研究结论

7.1.1 公园绿地对居民健康促进路径的概念模型

本研究通过对有关城市绿地健康效益相关研究的系统综述，梳理了现有研究提出的城市绿地对居民健康影响的理论路径，并总结了城市绿地健康效益研究所关注的健康维度，以及城市绿地客观与主观暴露特征的测度指标与方法。基于城市绿地客观暴露—主观暴露—居民健康结果的级联路径构建了面向居民健康的城市绿地暴露研究框架，并在此基础上提出公园绿地对居民健康促进路径的概念模型。该模型包括设计层面公园绿地社会文化功能和生态调节功能通过促进居民在公园绿地内的使用行为影响健康的路径，以及规划层面公园绿地可获得性、可达性和吸引力的空间布局特征通过影响居民的公园绿地使用剂量促进健康的路径。本研究所提出的公园绿地对居民健康促进路径的概念模型综合考虑了不同空间尺度下影响健康的公园绿地客观与主观暴露特征及其级联关系，为开展公园绿地对居民健康促进路径的实证研究奠定了理论基础。

7.1.2 设计层面影响居民健康的公园绿地客观暴露特征

基于公园绿地对居民健康促进路径的概念模型，本研究应用实地调查和多源数据评估了场地尺度下的公园绿地暴露特征和公园绿地内居民的使用行为强度特征，并探索了公园绿地功能与居民使用行为关联。分析结果表明，社会文化功能对居民使用行为的促进相比绿地要素的直接影响更为显著（$\beta=0.723$，$p<0.001$），并且高于公园绿地生态调节功能对居民使用行为的影响（$\beta=0.018$，$p<0.001$）。公园绿地要素通过提供社会文化功能促进使用行为的中介路径的显著性均高于公园绿地要素对使用行为的直接影响，中介效应占总效应的80%以上。因此，可以推断公园绿地主要通过提供社会文化功能的路径促进居民的使用行为，公园绿地空间的社会文化功能是设计层面影响居民健康的最为关键的公园绿地暴露特征。

7.1.3 规划层面影响居民健康的公园绿地客观暴露特征

本研究以街道为分析单元，使用多源数据评估了街道尺度下公园绿地可获得性、可达性、吸引力的布局特征指标，结合社会调查数据库获取的居民自评健康水平，在以人口统计学特征与街道社会环境特征为控制变量的前提下，探究了不同公园绿地布局特征与居民健康的关联。分析结果表明，公园绿地的可获得性、可达性和吸引力的布局指标能够反映规划层面不同的公园绿地暴露特征，并且总体上均对受访者自评健康有显著的积极影响，但不同量化指标对居民健康的影响有所差异。其中，大于 $2hm^2$ 公园绿地步行服务区覆盖的居住区数量比（PSWR2）、公园绿地的平均美学功能（CEFA）、街道及周边范围公园绿地密度（PD）和公园绿地的平均游憩功能（CEFR）分别是规划层面对居民身体健康（β =0.207，$p<0.01$）、精神健康（β =0.175，$p<0.01$）、身体健康变化（β =0.146，$p<0.05$）和精神健康变化（β =0.196，$p<0.01$）有最显著积极影响的公园绿地暴露特征指标。

7.1.4 影响居民健康的公园绿地主观暴露特征

本研究通过问卷调查和行为观察方法获得居民的公园绿地主观暴露特征、自评健康水平及其人口统计学特征等信息，并探究了公园绿地主观暴露特征的影响因素及其与自评健康水平的关联。分析结果表明，不同使用行为类型在公园绿地对居民的健康促进路径中发挥不同的作用，其中动态行为对身体健康（β =0.342，$p<0.001$）和身体健康变化（β =0.155，$p<0.05$）的积极影响更为显著，静态行为对精神健康变化状况的积极影响更为显著（β =−0.110，$p<0.01$），但动态和静态行为对受访者的精神健康的影响没有显著差异。在公园绿地使用剂量方面，公园绿地使用频率、单次使用时长以及累计使用时长对居民健康均有显著的积极影响。其中，公园绿地使用频率越高的居民越有可能报告较高的身体健康（β =0.087，$p<0.01$）和精神健康变化水平（β =0.061，$p<0.001$），公园绿地单次使用时长对自评精神健康的影响更为显著（β =0.054，$p<0.05$），身体健康变化则主要受到公园绿地累计使用时长的显著影响（β =0.064，$p<0.05$）。

7.1.5 公园绿地对居民健康的促进路径

基于对不同空间尺度下影响居民健康的关键公园绿地客观与主观暴露特征指标的识别，本研究通过路径分析方法构建和量化了公园绿地对居民健康的促进路径。

1）公园绿地对居民身体健康的促进在场地尺度下通过绿地空间提供游憩和美学功能促进动态行为的路径实现（β =0.014，$p<0.05$；β =0.013，$p<0.05$）；在街道尺度下通过较高的公园绿地密度（PD）和大于 $2hm^2$ 公园绿地步行服务区覆盖的居住区数量比（PSWR2）促进公园绿地使用频率的路径实现（β =0.011，$p<0.05$；β =0.049，$p<0.05$）。

2）公园绿地对居民精神健康的促进在场地尺度下通过绿地空间提供不同社会文化功能促进居民动态和静态行为的路径实现，其中通过动态行为对精神健康的积极影响更为显著（β =0.342，$p<0.001$）；在街道尺度下通过街道范围内较高的大于 $2hm^2$ 公园绿地步行服务区覆盖的居住区数量比（PSWR2）和公园绿地的平均美学功能（CEFA）提高公园绿地使用时长的路径实现（β =0.085，$p<0.05$；β =0.187，$p<0.01$）。

3）公园绿地对居民身体健康变化的促进，在场地尺度下通过绿地空间提供游憩和美学功能促进居民动态行为的路径实现（$\beta = 0.081$，$p < 0.01$；$\beta = 0.059$，$p < 0.05$）；在街道尺度下通过街道范围内较高的公园绿地密度（PD）和公园绿地的平均美学功能（CEFA）促进公园绿地使用频率的路径实现（$\beta = 0.215$，$p < 0.05$；$\beta = 0.059$，$p < 0.1$）。

4）公园绿地对居民精神健康变化的促进，在场地尺度下通过绿地空间提供社交和美学功能促进居民静态行为的路径实现（$\beta = 0.141$，$p < 0.001$；$\beta = 0.032$，$p < 0.01$）；在街道尺度下通过街道内较高的居住区周边范围公园绿地面积比（PAR）、公园绿地步行服务区覆盖的居住区数量比（PSWR）和公园绿地的平均游憩功能（CEFR）促进公园绿地使用频率的路径实现（$\beta = 0.215$，$p < 0.05$；$\beta = 0.059$，$p < 0.1$）。

7.1.6 面向居民健康的公园绿地规划与设计方法

本研究基于对现有公园绿地规划设计方法的梳理，结合公园绿地对居民健康促进路径的量化研究结果，构建了面向居民健康的公园绿地规划设计体系，梳理了促进居民健康的公园绿地规划设计关键指标，并提出了面向居民健康的公园绿地规划设计策略。其中，在规划层面，面向居民健康的公园绿地布局指标包括街道范围内大于 2hm^2 公园绿地步行服务区覆盖的居住区数量比（PSWR2）、公园绿地的平均美学功能（CEFA）、街道及周边范围公园绿地密度（PD）及公园绿地步行服务区覆盖的居住区数量比（PSWR）；在设计层面，可以通过提高公园绿地的美学功能、游憩功能和社交功能促进居民在绿地内的动态和静态行为。为明确本研究所提出的面向居民健康的公园绿地规划设计方法的可行性，本研究以海淀区上地街道及树村郊野公园为案例区进行了公园绿地规划设计实践。对方案预期效果分析表明，通过优化案例区街道范围内公园绿地可达性、可获得性、吸引力等指标能够提高居民的公园绿地使用剂量，面向居民健康的公园绿地景观设计方案也能够提高居民对公园绿地景观节点使用意愿，并丰富居民公园绿地空间内的使用行为类型。

7.2　主要创新点

基于以上理论和实证研究，本书的创造性工作包括以下三个方面。

1）本研究所提出的公园绿地促进居民健康的理论框架解决了现有相关理论与实践研究中直接与潜在影响路径相互混杂的问题，通过综合考虑城市绿地健康效益促进路径研究中研究对象与空间尺度的差异，较为全面地涵盖了不同尺度下影响居民健康的城市绿地客观与主观暴露特征及其级联关系。

2）本研究通过实证研究验证和量化了公园绿地对居民健康的促进路径，并在此基础上积极尝试理论和实证研究与规划设计实践之间传递和互动，在一定程度上解决了当前自然与健康关联机理与路径理论假设为主、缺乏实证研究验证的局限，延伸了景观生态学领域研究范式的应用范围，能够为面向居民健康的城市绿地规划决策提供参考。

3）本研究基于公园绿地对居民健康促进路径的理论框架与实证研究，在设计和规划层面总结了面向居民健康的公园绿地规划与设计指标，能够为面向居民健康的公园绿地规划设计实践提供科学依据，推动风景园林学科研究和实践在公共健康方面的进展，服务于健康中国背景下公园绿地的优化提升与建设行动。

7.3 不足与展望

7.3.1 研究对象与研究样本问题

在研究对象方面，本研究以公园绿地这一典型城市绿地类型为研究对象，探究了公园绿地对居民健康的促进路径和面向居民健康的公园绿地规划设计方法。本研究在评估街道范围内公园绿地暴露特征时考虑了不同公园绿地类型和规模在吸引力特征方面的差异，结果表明具有较高美学和游憩价值的公园绿地（如规模较大的综合公园和生态公园）能够通过提高居民的公园绿地单次使用时长和使用频率对其健康状况有显著的积极影响。然而，除公园绿地类型与规模特征外，不同公园绿地在形态方面也有较大差异。有研究表明公园绿地形态在影响居民使用行为方面也有所差异，如线性公园可能与更高强度的身体活动显著相关（Brown，2018），但本研究未对公园绿地形态在影响居民健康方面的特征开展分析，应在未来研究中开展深入研究。此外，《城市绿地分类标准》（CJJ/T 85—2017），按照绿地功能将城市绿地分类为建设用地内的公园绿地、防护绿地、广场绿地、附属绿地及建设用地外的区域绿地。当前研究大多关注整体绿化总量或特定绿地类型与居民健康的关联，如许多研究探究了居住区附属绿地、道路防护绿地和不同公园绿地类型与居民健康的关联（de Vries et al.，2013；Gascon et al.，2016；Wood et al.，2017）。也有研究在较大空间尺度下比较了城市和农村地区不同景观类型的健康效益，如与农田和沼泽地相比天然林和草地被证明对居民健康有更为显著的积极影响（Alcock et al.，2015；Akpinar et al.，2016）。然而，当前研究中对不同城市绿地类型对居民健康影响的差异仍缺乏关注。在未来研究中通过探究涵盖不同城市绿地类型的城市绿地对居民健康的促进路径将能够为规划设计实践提供更充分信息。

在研究样本方面，本书第 4 章研究使用了北京市社会经济发展年度调查数据（BAS2015）开展了街道尺度下公园绿地布局与居民健康关联的实证研究。该社会调查于2015 年开展，2019 年向社会公开数据。2015 年以来北京市新建了一批公园绿地，并持续开展已有公园绿地优化改造工作。受数据获取的限制，本研究使用的部分公园绿地分析数据、街道社会环境特征数据等获取时间晚于 2015 年，因此可能导致研究所评估的公园绿地暴露特征、街道社会环境特征与 2015 年状况存在一定的差异。此外，BAS2015 以街道为调查单元，未能提供受访者所在的具体位置，这也会导致对公园绿地暴露特征评估的准确度有限。本文第 5 章研究通过对居民使用行为的实地调查和空间定位分析进一步明确了场地尺度下公园绿地功能对居民使用行为类型的影响。受开展过程中的时间和人力限制，本研究共计获得有效问卷 1017 份；进一步筛选通过步行或骑行在 20 分钟以内到达公园绿地的受访者调查数据后，作为探究公园绿地对居民健康促进路径的回归分析与路径的分析样本的数据共计 624 条。近年来许多研究样本量基本超过 1000 条（Beyer et al.，2014；Zhang et al.，2022d），在流行病学研究领域的相关研究基于健康调查数据、疾病筛查诊断数据或队列研究方法开展，样本量大多超过 10 000 条（Astell-Burt et al.，2013）。同时由于调查对象全部为公园游客，导致老年受访者的比例显著高于北京市人口年龄结构的总体水平。总体而言，未来仍有待开展更深入和广泛的调查以优化研究样本，提高研究结果的可靠性。

7.3.2 多尺度公园绿地客观暴露特征评估问题

本研究以北京市中心城区公园绿地为研究区，基于多源数据实现了对公园绿地客观暴露特征的多尺度空间量化评估，但在评价指标选取、评价方法等方面存在一些不足之处。其中，场地尺度下公园绿地生态调节功能的评估中仅考虑了基于植物光合作用、蒸腾作用等生物物理过程所提供的降温、滞尘、固碳功能，并未考虑公园绿地水体所提供的生态调节功能。许多研究发现了公园绿地内水体能够提供显著的降温功能，并改善局地空间小气候（苏泳娴等，2010；Cai et al.，2018）。因此，本研究的评估和分析结果可能会低估城市绿地的降温功能。然而考虑到水体区域通常不可进入，居民大多在滨水空间接触公园水体，本研究对水体所提供的降温功能的低估可能不会影响水体及其提供的社会文化与生态调节功能对于促进居民使用行为的重要性。此外，有研究发现水体与城市居民健康之间的积极关联（Ekkel and de Vries，2017），但水体对居民健康的影响路径还有待深入研究。在未来研究中可以进一步探究公园绿地水体生态调节功能定量评估方法，同时完善设计层面公园绿地暴露特征评估指标体系。

本研究对规划层面公园绿地暴露的评估包括公园绿地可获得性、可达性和吸引力的客观布局特征，并且统计分析结果表明不同公园绿地布局特征指标之间的空间分布特征存在差异，尽管该结果与先前有关城市绿地客观暴露特征研究的结论一致（Zhang et al.，2022a），但在评估指标选取与评估方法方面仍有待优化。当前许多研究基于多种城市绿地暴露评估方法开展了不同的城市绿地客观暴露特征评估，如基于街景图像和机器学习算法评估的道路绿地可视性（Visibility）被证实能够有效减轻居民心理压力和促进注意力恢复（Ye et al.，2019；Suppakittpaisarn et al.，2022；Zhang et al.，2022b）；对城市绿地可达性的评估方法中，除本研究所使用的网络分析法外，还包括基于两步移动搜索法（Two-Step Floating Catchment Area，2SFCA）、重力模型（Gravity Model）等评估方法，这些方法能够更好地体现绿地可达性的距离衰减效应及绿地使用机会的需求和竞争（Ye et al.，2019；Liu et al.，2021b）。在未来研究中需结合不同城市绿地类型及其功能特征，并通过获取更为精确的居民日常生活与工作活动范围，确定适宜的绿地暴露特征评估指标与方法，提高对规划层面城市绿地客观暴露特征评估的全面性。

7.3.3 公园绿地主观暴露特征与健康效益评估问题

为获得公园绿地内居民使用行为特征的空间分布，本书在第 3 章的实证研究中使用了基于户外社交平台获取的公园绿地内的用户使用轨迹密度表征公园绿地使用行为强度。然而，户外社交平台的用户大多以中青年户外活动爱好者为主，可能更喜欢在公园绿地进行散步、跑步等动态行为，而不是欣赏风景、休息或与他人交流等静态行为，这将导致本研究识别的居民使用行为的空间格局以动态行为为主，可能影响实证研究中识别的设计层面影响居民健康的关键公园绿地暴露特征的可靠性。为明确不同公园绿地功能在影响居民使用行为类型方面的差异，本书在第 5 章实证研究中通过实地调查和空间定位标记了居民在公园绿地空间中不同使用行为类型所在的空间点位。然而，居民在公园绿地中的使用行为并不是单一的，基于瞬时观察的调查结果无法准确反映居民在公园绿地内不同使用行为类型及身体活动强度的变化，对公园绿地主观暴露特征的调查与评估方法还有待完善。近年来具备 GPS 定位和加速度计功能的可穿戴智能健康监测设备（如运动手环）的快速发展为获取居民的公园绿地主观暴露特征及健康数据提供了更为精确和高效的方式（Hino et al.，2023），将能够为未来公园绿地对居民健康促进路径研究提供可靠的数据基础。

在公园绿地健康效益评估方面，由于对公园绿地健康效益的量化存在一定困难，本研究将公园绿地功能和布局特征对居民健康的积极影响视为公园绿地的健康效益。本研究所使用的社会调查数据库（BAS2015）实地问卷调查中的健康自评问题较为简单，可能因受访者认知与感受的差异而导致对绿地健康效益的评估准确性不足。当前许多环境心理学研究与园艺疗法实践通过测量被试者在接触绿地前后的血压、心率变异性、肌肉张力等恢复性生理反应指标（Ulrich et al.，1991；Hartig et al.，2003；Park et al.，2007），以及自评个人压力、情绪和幸福感等指标量化了不同绿地空间的健康效益（Pope et al.，2018），但存在样本数较少、测试工作量大、被试者招募困难等问题。而基于量表的健康评估通常所涉及的题目较多，在城市范围内开展横断面研究时存在需要专业人士指导、测试工作量过大的问题（杨琛等，2016；Hays et al.，2022）。因此，对公园绿地健康效益的定量化评估将是未来深化公园绿地对居民促进路径与方法研究的重要任务。

7.3.4 公园绿地对居民健康促进路径的适用性问题

本研究基于对设计和规划层面影响居民健康的关键公园绿地客观暴露特征指标的空间量化评估及对居民公园绿地主观暴露特征及自评健康状况的调查，构建和验证了公园绿地对居民健康的促进路径，在一定程度上弥补了当前相关研究仅关注单一空间尺度下客观或主观绿地暴露特征与居民健康关系的不足（Labib et al.，2021）。本研究在设计和规划层面识别的影响居民健康的公园绿地暴露特征分别与现有的在单一空间尺度开展的研究具有一致性，证实了居民的主观绿地暴露特征在城市绿地与居民健康关联之间所发挥的中介作用（Liu et al.，2022b；Zhang et al.，2022b）。此外，通过将不同空间尺度下影响居民健康公园绿地客观与主观暴露特征同时纳入公园绿地对居民健康促进路径的分析模型，比较了规划和设计层面公园绿地暴露特征在影响居民健康方面的重要性，研究结果将有助于了解公园绿地健康效益在不同空间尺度下的差异（Zhang et al.，2017；Labib et al.，2021）。

尽管本研究构建和量化的公园绿地对居民健康的促进路径识别了设计和规划层面影响居民健康的关键公园绿地客观暴露特征指标，能够为面向居民健康的规划设计实践提供科学依据。然而，研究结果仅发现了可能对促进居民健康有显著积极影响的公园绿地暴露特征，未能进一步识别公园绿地暴露特征对居民健康促进路径中可能存在的阈值。高度城市化地区土地资源极为有限并且城市绿化建设和维护成本高昂，未来研究中通过识别公园绿地暴露特征对居民健康影响的阈值将能够为合理确定公园绿地面积与数量提供更为有力的证据，并提高公园绿地规划设计与管理在促进居民健康方面的效率。本研究所采用的横断面研究方法也在明确公园绿地与居民健康之间因果关系方面也存在局限（Astell-Burt et al.，2013）。在公共卫生领域广泛应用的队列研究方法能够依据城市居民群体客观与主观绿地暴露特征的差异分组，通过长期调查研究追踪和记录其健康状况的变化，并比较不同暴露特征对在影响健康结果方面的差异，从而判定绿地暴露特征与居民之间有无因果关联及关联特征的强弱（Rojas-Rueda et al.，2019）。因此，未来可以通过开展广泛和持续的调查了解公园绿地客观与主观暴露特征对居民健康的长期影响特征，并通过开展队列研究进行绿地暴露特征与居民健康之间的因果推断（Donovan et al.，2018；Yu et al.，2022），提高公园绿地对居民健康促进路径量化研究的科学性和可靠性。

此外，由于本研究开展过程中的时间和人力有限，就近选取了北京市中心城区为探究公园绿地对居民健康促进路径的研究区，在研究区选择方面具有一定的特殊性。北京市作为我国首都，具有较高的城市化发展水平、经济水平、政治地位、城市品质和生态水平。2023 年底北京全市公园绿地 500m 服务半径覆盖率将达到 89%，人均公园绿地面积达到 16.63m²。而《国家园林城市评选标准》中对公园绿地服务半径覆盖率和人均公园绿地面积的评选标准仅为 85% 和 ≥12m²/人，北京市公园绿地建设水平相比于我国其他城市处于较高水平。因此，本研究对公园绿地对居民健康促进路径的研究结果可能仅对类似的高密度城市区域具有可信度，目前仍缺少面向其他城市地域环境的样本数据。未来有待开展更深入和广泛调查，探究公园绿地对居民健康促进路径在不同城乡地域环境下可能存在的差异，为不同城市开展面向居民健康的公园绿地规划设计提供科学依据。

参考文献

白志鹏，贾纯荣，王宗爽，等．2002．人体对室内外空气污染物的暴露量与潜在剂量的关系．环境与健康杂志，(6)：425-428．

陈济洲，张健健．2022．社区公园空间与老年人户外活动特征关联研究．中国园林，38 (4)：86-91．

陈宇琳，肖林，陈孟萍，等．2020．社区参与式规划的实现途径初探——以北京"新清河实验"为例．城市规划学刊，255 (1)：65-70．

成玉宁，袁旸洋．2015．当代科学技术背景下的风景园林学．风景园林，(7)：15-19．

程武学，潘开志，杨存建．2010．叶面积指数（LAI）测定方法研究进展．四川林业科技，31 (3)：51-54．

杜勇，张欢，陈建英．2017．金融化对实体企业未来主业发展的影响：促进还是抑制．中国工业经济，(12)：113-131．

傅伯杰，陈利顶，马克明．2011．景观生态学原理及应用．北京：科学出版社．

傅小兰，张侃，陈雪峰，陈祉妍．2021．中国国民心理健康发展报告（2019—2020）．北京：社会科学文献出版社．

郭风平，任耀飞，范升才，等．2007．中国古代园林人居环境与生态健康探究．西北林学院学报，(6)：169-172．

国家卫生健康委员会疾病预防控制局．2022．中国居民营养与慢性病状况报告（2020 年）．北京：人民卫生出版社．

侯韫婧，赵晓龙，朱逊．2015．从健康导向的视角观察西方风景园林的嬗变．中国园林，31 (4)：101-105．

惠凤鸣，田庆久，金震宇，等．2003．植被指数与叶面积指数关系研究及定量化分析．遥感信息，(2)：10-13．

金云峰，李涛，周聪惠，等．2020．国标《城市绿地规划标准》实施背景下绿地系统规划编制内容及方法解读．风景园林，27 (10)：80-84．

李树华，刘畅，姚亚男，等．2018．康复景观研究前沿：热点议题与研究方法．南方建筑，(3)：4-10．

李树华，姚亚男，刘畅，等．2019．绿地之于人体健康的功效与机理——绿色医学的提案．中国园林，35 (6)：5-11．

李威，薛晓丹，潘怡，等．2021．健康主题公园建设及使用效果评估．中国健康教育，37 (2)：175-178．

李小平．2016．一个新的交叉学科：环境暴露学．国外医学（医学地理分册），37 (2)：81-84．

李雄，张云路，木皓可，等．2020．初心与使命——响应公共健康的风景园林．风景园林，27 (4)：91-94．

李琰，李双成，高阳，等．2013．连接多层次人类福祉的生态系统服务分类框架．地理学报，68 (8)：1038-1047．

林雄斌，杨家文．2017．美国城市体力活动导则与健康促进规划．国际城市规划，32 (4)：98-103．

刘滨谊，姜允芳．2002．中国城市绿地系统规划评价指标体系的研究．城市规划汇刊，(2)：27-29．

刘博新，朱晓青．2019．失智老人疗愈性庭园设计原则：目的、依据与策略．中国园林，35 (12)：

84-89.

刘畅, 李树华. 2020. 多学科视角下的恢复性自然环境研究综述. 中国园林, 36 (1): 55-59.

刘振亮, 刘田田, 沐守宽. 2021. 遮掩效应的统计分析框架及其应用. 心理技术与应用, 9 (10): 610-618.

卢谢峰, 韩立敏. 2007. 中介变量、调节变量与协变量——概念、统计检验及其比较. 心理科学, (4): 934-936.

罗会兰, 张云. 2019. 基于深度网络的图像语义分割综述. 电子学报, 47 (10): 2211-2220.

马晓暐. 2020. 由当今疫情出发思考未来风景园林. 中国园林, 36 (7): 20-25.

潘家华, 单菁菁, 武占云. 2019. 中国城市发展报告 No.12. 北京: 社会科学文献出版社.

彭建, 吕慧玲, 刘焱序, 等. 2015. 国内外多功能景观研究进展与展望. 地球科学进展, 30 (4): 465-476.

任斌斌, 李延明, 卜燕华, 等. 2012. 北京冬季开放性公园使用者游憩行为研究. 中国园林, 28 (4): 58-61.

盛玉成, 何迎春, 杨娟, 等. 2010. 药代动力学比例化剂量反应关系的研究方法及其线性评价. 中国临床药理学杂志, 26 (5): 376-381.

石雷山, 陈英敏, 侯秀, 等. 2013. 家庭社会经济地位与学习投入的关系: 学业自我效能的中介作用. 心理发展与教育, 29 (1): 71-78.

苏泳娴, 黄光庆, 陈修治, 等. 2010. 广州市城区公园对周边环境的降温效应. 生态学报, 30 (18): 4905-4918.

孙道胜, 柴彦威, 张艳. 2016. 社区生活圈的界定与测度: 以北京清河地区为例. 城市发展研究, 23 (9): 1-9.

唐艳红. 2014. 借鉴与原创——易兰新中式现代园林设计的探索. 园林, (10): 62-66.

田莉, 李经纬, 欧阳伟, 等. 2016. 城乡规划与公共健康的关系及跨学科研究框架构想. 城市规划学刊, (2): 111-116.

汪伟, 刘玉飞, 彭冬冬. 2015. 人口老龄化的产业结构升级效应研究. 中国工业经济, (11): 47-61.

王丹丹. 2012. 民国初期 (1914—1929 年) 北京公共园林开放初探. 风景园林, 101 (6): 101-103.

王兰, 廖舒文, 赵晓菁. 2016. 健康城市规划路径与要素辨析. 国际城市规划, 31 (4): 4-9.

王向荣. 2020. 风景园林——连接人类健康与自然健康之间的纽带. 中国园林, 36 (7): 2-3.

王志芳, 程温温, 王华清. 2015. 循证健康修复环境: 研究进展与设计启示. 风景园林, (6): 110-116.

温忠麟, 叶宝娟. 2014. 中介效应分析: 方法和模型发展. 心理科学进展, 22 (5): 731-745.

温忠麟, 张雷, 侯杰泰, 等. 2004. 中介效应检验程序及其应用. 心理学报, (5): 614-620.

文超, 张卫, 李董平, 等. 2010. 初中生感恩与学业成就的关系: 学习投入的中介作用. 心理发展与教育, 26 (6): 598-605.

邬建国. 2000. 景观生态学——概念与理论. 生态学杂志, (1): 42-52.

吴敏, 梁俏谊, 熊鹰. 2022. 老年健康主客观一致性评估与就医行为. 湖北经济学院学报, 20 (4): 82-90.

奚露, 邱尔发, 张致义, 等. 2020. 国内外五感景观研究现状及趋势分析. 世界林业研究, 33 (4): 31-36.

谢红卫, 张美辨, 全长健. 2014. 累计噪声暴露量与人听力损失的剂量反应关系研究. 浙江预防医学, 26 (4): 340-344.

徐全红, 张欣茹, 訾涛. 2023. 福建省区域经济差异及其驱动力的空间分析. 地域研究与开发, (3): 41-46.

许慧，彭重华．2009．养生文化在中国古典园林中的应用．广东园林，31（1）：28-31.

薛海丽，唐海萍，李延明，等．2018．北京常见绿化植物生态调节服务研究．北京师范大学学报（自然科学版），54（4）：517-524.

俞孔坚，李迪华，吉庆萍．2001．景观与城市的生态设计：概念与原理．中国园林，（6）：3-10.

闫淑君，曹辉．2018．城市公园的自然教育功能及其实现途径．中国园林，（5）：48-51.

杨琛，王秀华，谷灿，等．2016．老年人健康综合评估量表研究现状及进展．中国全科医学，19（9）：991-996.

杨春，谭少华，陈璐瑶，等．2022．基于ESs的城市自然健康效益研究：服务功效、级联逻辑与评估框架．中国园林，38（7）：97-102.

杨春，谭少华，高银宝，等．2023．基于荟萃分析的城市绿地居民健康效应研究．城市规划，47（6）：89-109.

杨士弘．1994．城市绿化树木的降温增湿效应研究．地理研究，13（4）：74-80.

余汇芸，包志毅．2011．杭州太子湾公园游人时空分布和行为初探．中国园林，27（2）：86-92.

郁亚娟，郭怀成，刘永，等．2008．城市病诊断与城市生态系统健康评价．生态学报，28（4）：1736-1747.

岳邦瑞，费凡．2018．从生态学语言向景观生态规划设计语言的转化途径．风景园林，25（1）：21-27.

张虎，田茂峰．2007．信度分析在调查问卷设计中的应用．统计与决策，249（21）：25-27.

张金光，宋安琪，夏天禹，等．2023．社区生活圈视角下城市公园绿地暴露水平测度．南京林业大学学报（自然科学版），47（3）：191-198.

张新献，古润泽，李延明，等．1997．居住区绿地对其空气中细菌含量的影响．中国园林，13（2）：57-58.

赵松婷，李新宇，李延明．2014．园林植物滞留不同粒径大气颗粒物的特征及规律．生态环境学报，23（2）：271-276.

朱春阳，李树华，纪鹏，等．2010．城市带状绿地宽度对空气质量的影响．中国园林，26（12）：20-24.

朱永官，王兰，卢昌熠，等．2023．"同一健康"框架下的城市环境微生物及其优化设计，风景园林，30（12）：22-26.

Akpinar A，Barbosa L C，Brooks K R．2016．Does green space matter? Exploring relationships between green space type and health indicators．Urban Forestry & Urban Greening，20：407-418.

Alcock I，White M P，Lovell R，et al．2015．What accounts for 'England's green and pleasant land'? A panel data analysis of mental health and land cover types in rural England．Landscape and Urban Planning，142：38-46.

Alexander D D，Bailey W H，Perez V，et al．2013．Air ions and respiratory function outcomes：A comprehensive review．Journal of Negative Results in Biomedicine，12（1）：14.

Ali M J，Rahaman M，Hossain S I．2022．Urban green spaces for elderly human health：A planning model for healthy city living．Land Use Policy，114：105970.

Almanza E，Jerrett M，Dunton G，et al．2012．A study of community design，greenness，and physical activity in children using satellite，GPS and accelerometer data．Health & Place，18（1）：46-54.

Almgren G，Magarati M，Mogford L．2009．Examining the influences of gender，race，ethnicity，and social capital on the subjective health of adolescents．Journal of Adolescence，32（1）：109-133.

Altizer S，Ostfeld R S，Johnson P T J，et al．2013．Climate change and infectious diseases：From evidence to a predictive framework．Science，341（6145）：514-519.

Alvarsson J J，Wiens S，Nilsson M E．2010．Stress recovery during exposure to nature sound and environmental noise. International Journal of Environmental Research and Public Health, 7 (3): 1036-1046.

Amani-Beni M, Zhang B, Xie G, et al. 2018. Impact of urban park's tree, grass and waterbody on microclimate in hot summer days: A case study of Olympic Park in Beijing, China. Urban Forestry & Urban Greening, 32: 1-6.

Amoly E, Dadvand P, Forns J, et al. 2014. Green and blue spaces and behavioral development in Barcelona schoolchildren: The BREATHE project. Environmental Health Perspectives, 122 (12): 1351-1358.

Andresen E M, Catlin T K, Wyrwich K W, et al. 2003. Retest reliability of surveillance questions on health related quality of life. Journal of Epidemiology and Community Health, 57 (5): 339-343.

Andrews J O, Mueller M, Newman S D, et al. 2014. The association of individual and neighborhood social cohesion, stressors, and crime on smoking status among african-american women in Southeastern US Subsidized Housing Neighborhoods. Journal of Urban Health, 91 (6): 1158-1174.

Anufriyeva V, Pavlova M, Stepurko T, et al. 2021. The validity and reliability of self-reported satisfaction with healthcare as a measure of quality: A systematic literature review. International Journal for Quality in Health Care, 33 (1): 1-9.

Astell-Burt T, Feng X, Kolt G S. 2013. Does access to neighbourhood green space promote a healthy duration of sleep? Novel findings from a cross-sectional study of 259 319 Australians. BMJ Open, 3 (8): e003094.

Balseviciene B, Sinkariova I, Grazuleviciene R, et al. 2014. Impact of residential greenness on preschool children's emotional and behavioral problems. International Journal of Environmental Research and Public Health, 11 (7): 6757-6770.

Balseviciene B, Sinkariova L, Grazuleviciene R, et al. 2014. Impact of residential greenness on preschool children's emotional and behavioral problems. International Journal of Environmental Research and Public Health, 11 (7): 6757-6770.

Barbiero G, Berto R. 2021. Biophilia as evolutionary adaptation: an onto-and phylogenetic framework for biophilic design. Frontiers in Psychology, 12: 700709.

Barthel S, Isendahl C. 2013. Urban gardens, agriculture, and water management: Sources of resilience for long-term food security in cities. Ecological Economics, 86: 224-234.

Barton H, Grant M. 2006. A health map for the local human habitat. Journal of the Royal Society for the Promotion of Health, 126 (6): 252-253.

Barton H. 2005. A health map for urban planners: Towards a conceptual model for healthy, sustainable settlements. Built Environment, 31: 339-355.

Barton J, Pretty J. 2010. What is the best dose of nature and green exercise for improving mental health? A multi-study analysis. Environmental Science & Technology, 44 (10): 3947-3955.

Baumeister C F, Gerstenberg T, Plieninger T, et al. 2020. Exploring cultural ecosystem service hotspots: Linking multiple urban forest features with public participation mapping data. Urban Forestry & Urban Greening, 48: 126561.

Beil K, Hanes D. 2013. The influence of urban natural and built environments on physiological and psychological measures-f stress: A pilot study. International Journal of Environmental Research and Public Health, 10 (4): 1250-1267.

Benedict M A, McMahon E T. 2002. Green infrastructure: Smart conservation for the 21st Century. Renewable Resources Journal, 3 (20): 12-17.

Beyer K M M, Kaltenbach A, Szabo A, et al. 2014. Exposure to neighborhood green space and mental health: Evidence from the survey of the health of Wisconsin. International Journal of Environmental Research and Public

Health, （11）：3453-3472.

Biddle S, Asare M. 2011. Physical activity and mental health in children and adolescents: A review of reviews. British Journal of Sports Medicine, 45 （11）：886-895.

Biernacka M, Kronenberg J. 2018. Classification of institutional barriers affecting the availability, accessibility and attractiveness of urban green spaces. Urban Forestry & Urban Greening, 36：22-33.

Bircher J, Kuruvilla S. 2014. Defining health by addressing individual, social, and environmental determinants: New opportunities for health care and public health. Journal of Public Health Policy, 35：363-386.

Bloomberg M M R. 2011. Active Design Guidelines: Promoting Physical Activity And Health In Design. https：// unhabitat-urbanhealth. org/download/active-design-guidelines-promoting-physical-activity-and-health-in-design （2020. 11. 20）.

Bloomfield S F, Rook G A, Scott E A, et al. 2016. Time to abandon the hygiene hypothesis: New perspectives on allergic disease, the human microbiome, infectious disease prevention and the role of targeted hygiene. Perspectives in Public Health, 136 （4）：213-224.

Bodicoat D, Carter P, Comber A, et al. 2014. is the number of fast-food outlets in the neighbourhood related to screen-detected type 2 diabetes mellitus and associated risk factors?. Public Health Nutrition, 18 （9）：66-67.

Bodicoa'D H, O'Donovan G, Dalton A M, et al. 2014. The association between neighbourhood greenspace and type 2 diabetes in a large cross-sectional study. Bmj Open, 4 （12）：e6076.

Bowler D E, Buyung-Ali L, Knight T M, et al. 2010. Urban greening to cool towns and cities: A systematic review of the empirical evidence. Landscape and Urban Planning, 97 （3）：147-155.

Bratman G N, Anderson C B, Berman M G, et al. 2019. Nature and mental health: An ecosystem service perspective. Science Advances, 5 （7）：x903.

Bray I, Reece R, Sinnett D, et al. 2022. Exploring the role of exposure to green and blue spaces in preventing anxiety and depression among young people aged 14-24 years living in urban settings: A systematic review and conceptual framework. Environmental Research, 214：114081.

Brindley P, Cameron R W, Ersoy E, et al. 2019. Is more always better? Exploring field survey and social media indicators of quality of urban greenspace, in relation to health. Urban Forestry & Urban Greening, 39：45-54.

Brown D K, Barton J L, Gladwell V F. 2013. Viewing nature scenes positively affects recovery of autonomic function following acute-mental stress. Environmental Science & Technology, 47：5562-5569.

Brown T H. 2018. Racial stratification, immigration, and health inequality: A life course-intersectional approach. Social Forcessocial Forces, 96 （4）：1507-1540.

Brüssow H. 2013. What is health?. Microbial Biotechnology, 6 （4）：341-348.

Cai Z, Han G F, Chen M C. 2018. Do water bodies play an important role in the relationship between urban form and land surface temperature?. Sustainable Cities and Society. 39：487-498.

Calle E E, Rodriguez C, Walker-Thurmond K, et al. 2003. Overweight, obesity, and mortality from cancer in a prospectively studied cohort of U. S. adults. New England Journal of Medicine, 348 （17）：1625-1638.

Cao S, Du S, Yang S. , et al. 2021. Functional classification of urban parks based on urban functional zone and crowd-sourced geographical data. ISPRS International Journal of Geo-Information, 10 （12）：824.

Cardoso A S, Renna F, Moreno-Llorca R, et al. 2022. Classifying the content of social media images to support cultural ecosystem service assessments using deep learning models. Ecosystem Services, 54：101410.

Chen B, Tu Y, Wu S B, et al. 2022. Beyond green environments: Multi-scale difference in human exposure to greenspace in China. Environment International, 166：107348.

Chiesura A. 2004. The role of urban parks for the sustainable city. Landscape and Urban Planning, 68 (1): 129-138.

Cogburn C D. 2019. Culture, race, and health: Implications for racial inequities and population health. Milbank Quarterly, 97 (3): 736-761.

Cohen J. 1977. Differences between Correlation Coefficients//Cohen J. Statistical Power Analysis for the Behavioral Sciences. New York: Academic Press.

Cohen-Cline H, Turkheimer E, Duncan G E. 2015. Access to green space, physical activity and mental health: A twin study. Journal of Epidemiology and Community Health, 69 (6): 523.

Cole H V S, Garcia L M, Connolly J J T, et al. 2017. Are green cities healthy and equitable? Unpacking the relationship between health, green space and gentrification. Journal of Epidemiology and Community Health, 71 (11): 1118.

Colter K R, Middel A C, Martin C A. 2019. Effects of natural and artificial shade on human thermal comfort in residential neighborhood parks of Phoenix, Arizona, USA. Urban Forestry & Urban Greening, 44: 126429.

Comber A, Brunsdon C, Green E. 2008. Using a GIS- based network analysis to determine urban greenspace accessibility for different ethnic and religious groups. Landscape and Urban Planning, 86 (1): 103-114.

Coutts C, Forkink A, Weiner J. 2014. The portrayal of natural environment in the evolution of the ecological public health paradigm. International Journal of Environmental Research and Public Health, 11 (1): 1005-1019.

Coutts C, Hahn M. 2015. Green infrastructure, ecosystem services, and human health. International Journal of Environmental Research and Public Health, 12 (8): 9768-9798.

Coventry P A, Brown J E, Pervin J, et al. 2021. Nature-based outdoor activities for mental and physical health: Systematic review and meta-anal-sis. SSM-Population Health, 16: 100934.

Coventry P A, Neale C, Dyke A, et al. 2019. The mental health benefits of purposeful activities in public green spaces in urban and semi-urban neighbourhoods: A mixed-methods pilot and proof of concept study. International Journal of Environmental Research and Public Health, 16 (15): 2712.

Cox D T C, Shanahan D F, Hudson H L, et al. 2018. The impact of urbanisation on nature dose and the implications for human health. Landscapeand Urban Planning, 179: 72-80.

Dadvand P, Bartoll X, Basagaña X, et al. 2016. Green spaces and general Health: Roles of mental health status, social support, and physical activity. Environment International. 91: 161-167.

Dai D. 2011. Racial/ethnic and socioeconomic disparities in urban green space accessibility: Where to intervene?. Landscape and Urban Planning, 102 (4): 234-244.

Dai P C, Zhang S L, Hou H P, et al. 2019. Valuing sports services in urban parks: A new model based on social network data. Ecosystem Services, 36: 100891.

de Donato F, Leone M, Scortichini M, et al. 2015. Changes in the effect of heat on mortality in the last 20 years in nine European cities. Results from the PHASE project. International Journal of Environmental Research and Public Health, 12 (12): 15567-15583.

de Groot R S, Alkemade R, Braat L, et al. 2010. Challenges in integrating the concept of ecosystem services and values in landscape planning, management and decision making. Ecological Complexity, 7 (3): 260-272.

de Vries S, van Dillen S M E, Groenewegen P P, et al. 2013. Streetscape greenery and health: Stress, social cohesion and physical activity as mediators. Social Science & Medicine, 94: 26-33.

de Vries S. 2010. Nearby nature and human health: Looking at the mechanisms and their implications//Thompson C W, Aspinall P, Bell S. Innovative Approaches to Researching Landscape and Health. Oxon, UK: Routledge.

Demoury C, Thierry B, Richard H, et al. 2017. Residential greenness and risk of prostate cancer: A case-control study in Montreal, Canada. Environment International, 98: 129-136.

Di Marino M, Tiitu M, Lapintie K, et al. 2019. Integrating green infrastructure and ecosystem services in land use planning. Results from two Finnish case studies. Land Use Policy, 82: 643-656.

Di Minin E, Tenkanen H, Toivonen T. 2015. Prospects and challenges for social media data in conservation science. Frontiers in Environmental Science, 3: 00063.

Dines N T, Brown K D. 2001. Landscape' Architect's Portable Handbook. Beijing: China Architecture & Building Press.

Dolan P, Peasgood T, White M. 2008. Do we really know what makes us happy? A review of the economic literature on the factors associated with subjective well- being. Journal of Economic Psychology, 29 (1): 94-122.

Donnelly J E, Hillman C H, Castelli D, et al. 2016. Physical activity, fitness, cognitive function, and academic achievement in children: A systematic review. Medicine & Science in Sports & Exercise, 48 (6): 1197-1222.

Donovan G H, Gatziolis D, Longley I, et al. 2018. Vegetation diversity protects against childhood asthma: Results from a large New Zealand birth cohort. Nature Plants, 4 (6): 358.

Douglas O, Lennon M, Scott M. 2017. Green space benefits for health and well-being: A life-course approach for urban planning, design and management. Cities, 66: 53-62.

Dronova I. 2017. Environmental heterogeneity as a bridge between ecosystem service and visual quality objectives in management, planning and design. Landscape and Urban Planning, 163: 90-106.

Duncan M J, Clarke N D, Birch S L, et al. 2014. The effect of green exercise on blood pressure, heart rate and mood state in primary school children. International Journal of Environmental Research and Public Health, 11 (4): 3678-3688.

Dzhambov A M, Dimitrova D D, Dimitrakova E D. 2014. Association between residential greenness and birth weight: Systematic review and meta-analysis. Urban Forestry & Urban Greening, 13 (4): 621-629.

Dzhambov A M, Dimitrova D D. 2014. Urban green spaces effectiveness as a psychological buffer for the negative health impact of noise pollution: A systematic review. Noise & Health, 16 (70): 157-165.

Dzhambov A M, Markevych I, Hartig T, et al. 2018. Multiple pathways link urban green-and bluespace to mental health in young adults. Environmental Research, 166: 223-233.

Easterlin R A. 2006. Life cycle happiness and its sources. Journal of Economic Psychology, 27 (4): 463-482.

Eilers E J, Kremen C, Smith Greenleaf S, et al. 2011. Contribution of pollinator- mediated crops to nutrients in the human food supply. Plos One, 6 (6): e21363.

Ekkel E D, de Vries S. 2017. Nearby green space and human health: Evaluating accessibility metrics. Landscape and Urban Planning, 157: 214-220.

Ellena M, Breil M, Soriani S. 2020. The heat-health nexus in the urban context: A systematic literature review exploring the socio-economic vulnerabilities and built environment characteristics. Urban Climate, 34: 100676.

Epstein L H, Raja S, Gold S S, et al. 2006. Reducing sedentary behavior: The relationship between park area and the physical activity of youth. Psychological Science, 17 (8): 654-659.

Faber T A, Kuo F E. 2009. Children with attention deficits concentrate better after walk in the park. Journal of Attention Disorders, 12 (5): 402-409.

Fall A K D J, Migot- Nabias F, Zidi N. 2022. Empirical analysis of health assessment objective and subjective methods on the determinants of health. Frontiers in Public Health, (10): 796937.

Feng X, Toms R, Astell-Burt T. 2021. Association between green space, outdoor leisure time and physical activity. Urban Forestry & Urban Greening, 66: 127349.

Finlay J, Franke T, McKay H, et al. 2015. Therapeutic landscapes and wellbeing in later life: Impacts of blue and green spaces for older adults. Health & Place, 34: 97-106.

Forrest R, Kearns A. 2001. Social cohesion, social capital and the neighbourhood. Urban Studies, 38 (12): 2125-2143.

Fromm E. 1963. The Heart of Man: Its Genius for Good and Evil. New York: Harper and Row.

Frumkin H, Bratman G N, Breslow S J, et al. 2017. Nature contact and human health: A research agenda. Environmental Health Perspectives, 125 (7): 75001.

Fu J Fu H, Zhu C, et al. 2024. Assessing the health risk impacts of urban green spaces on air pollution-Evidence from 31 China's provinces. Ecological Indicators, 159: 111725.

Gao T, Zhang T, Zhu L, et al. 2019. Exploring psychophysiological restoration and individual preference in the different environments based on virtual reality. International Journal of Environmental Research and Public Health, 16 (17): 1-14.

Gascon M, Triguero- Mas M, Martínez D, et al. 2016. Residential green spaces and mortality: A systematic review. Environment International, 86: 60-67.

Gerdtham U, Johannesson M. 2001. The relationship between happiness, health, and socio- economic factors: Results based on Swedish microdata. The Journal of Socio-Economics, 30 (6): 553-557.

Gerstenberg T, Baumeister C F, Schraml U, et al. 2020. Hot routes in urban forests: The impact of multiple landscape features on recreational use intensity. Landscape and Urban Planning. 203: 103888.

Gochman D S. 1997. Handbook of health behavior research I: Personal and social determinants. New York: Springer.

Goel N, Terman M, Su T M, et al. 2005. Controlled trial of bright light and negative air ions for chronic depression. Psychological Medicine, 35 (7): 945-955.

Grahn P, Stigsdotter U K. 2010. The relation between perceived sensory dimensions of urban green space and stress restoration. Landscape and Urban Planning, 94 (3): 264-275.

Gratani L, Varone L, Bonito A. 2016. Carbon sequestration of four urban parks in Rome. Urban Forestry & Urban Greening, 19: 184-193.

Grazuleviciene R, Dedele A, et al. 2015. Surrounding greenness, proximity to city parks and pregnancy outcomes in Kaunas cohort study. International Journal of Hygiene and Environmental Health, 218 (3): 358-365.

Greenberg M, Schneider D. 2023. Population density: What does it really mean in geographical health studies?. Health & Place, 81: 103001.

Groenewegen P P, van den Berg A E, Maas J, et al. 2012. Is a green residential environment better for health? If so, why?. Annals of the Association of American Geographers, 102 (5): 996-1003.

Guggenheim J A, Northstone K, McMahon G, et al. 2012. Time outdoors and physical activity as predictors of incident myopia in childhood: A prospective cohort study. Investigative Ophthalmology & Visual Science, 53 (6): 2856-2865.

Gupta K, Roy A, Luthra K, et al. 2016. GIS based analysis for assessing the accessibility at hierarchical levels of urban green spaces. Urban Forestry & Urban Greening, 18: 198-211.

Gómez-Baggethun E, Barton D N. 2013. Classifying and valuing ecosystem services for urban planning. Ecological Economics, 86: 235-245.

Ha J Y, Kim H J, With K A. 2022. Urban green space alone is not enough: A landscape analysis linking the spatial distribution of urban green space to mental health in the city of Chicago. Landscape and Urban Planning,

218：104309.

Haines-Young Y R，Potschin-Young Y M，Czúcz B. 2018. Report on the use of CICES to identify and characterise the biophysical，social and monetary dimensions of ES assessments. https：//www. researchgate. net/profile/ Balint-Czucz-2/publication/326609747_Report_on_the_use_of_CICES_to_identify_and_characterise_the_ biophysical_social_and_monetary_dimensions_of_ES_assessments/links/5b58b89ea6fdccf0b2f48877/Report-on- the-use-of-CICES-to-identify-and-characterise-the-biophysical-social-and-monetary-dimensions-of-ES-assess- ments. pdf（2022-10-22）.

Haines-Young Y R，Potschin-Young Y M. 2010. The links between biodiversity，ecosystem service and human well-being//Raffaelli D，Frid C. Ecosystem Ecology：A New Systhsis. Cambridge，UK：Cambridge University Press.

Han J W，Choi H，Jeon Y H，et al. 2016. The effects of forest therapy on coping with chronic widespread pain： Physiological and psychological differences between participants in a forest therapy program and a control group. International Journal of Environmental Research and Public Health，13（3）：255.

Hansen R，Olafsson A S，van der Jagt A P N，et al. 2019. Planning multifunctional green infrastructure for compact cities：What is the state of practice?. Ecological Indicators，96：99-110.

Hartig T，Evans G W，Jamner L D，et al. 2003. Tracking restoration in natural and urban field settings. Journal of Environmental Psychology，23（2）：109-123.

Hartig T，Mitchell R，de Vries S，et al. 2014. Nature and health. Annual Review of Public Health，35： 207-228.

Hartig T. 2007. Three steps to understanding restorative environments as health resources//Thompson C W， Travlou P. Open Space：People Space. Abingdon：Taylor & Francis.

Havinga I，Bogaart P W，Hein L，et al. 2020. Defining and spatially modelling cultural ecosystem services using crowdsourced data. Ecosystem Services，43：101091.

Hays R D，Slaughter M，Rodriguez A，et al. 2022. Analyses of cross-sectional data to link the PEG with the patient reported outcomes measurement and information system（PROMIS）global physical health scale. The Journal of Pain，23（11）：1904-1911.

He M W，Li W，Wang P，et al. 2022. Allocation equity of regulating ecosystem services from blue-green infra- structures：A case study of street blocks in Wuhan central city. Ecological Indicators，138：108853.

Heink U，Jax K. 2019. Going upstream：How the purpose of a conceptual framework for ecosystem services determines its structure. Ecological Economics，156：264-271.

Herzog T R，Chernick K K. 2000. Tranquility and danger in urban and natural settings. Journal of Environmental Psychology，20（1）：29-39.

Hino K，Yamazaki T，Iida A，et al. 2023. Productive urban landscapes contribute to physical activity promotion among Tokyo residents. Landscape and Urban Planning，230：104634.

Huang B S，Xiao T，Grekousis G，et al. 2021. Greenness-air pollution-physical activity-hypertension association among middle-aged and older adults：Evidence from urban and rural China. Environmental Research， 195：110836.

Ibes D C. 2015. A multi-dimensional classification and equity analysis of an urban park system：A novel methodology and case study application. Landscape and Urban Planning，137：122-137.

Idler E L，Angel R J. 1990. Self rated health and mortality in the NHANES-1 epidemiologic follow up study. American journal of public health（1971），80（Apr 90）：446-452.

James P，Banay R F，Hart J E，et al. 2015. A review of the health benefits of greenness. Current Epidemiology

Reports, 2 (2): 131-142.

Jarvis I, Gergel S, Koehoorn M, et al. 2020a. Greenspace access does not correspond to nature exposure: Measures of urban natural space with implications for health research. Landscape and Urban Planning, 194: 103686.

Jarvis I, Koehoorn M, Gergel S E, et al. 2020b. Different types of urban natural environments influence various dimensions of self-reported health. Environmental Research, 186: 109614.

Jennings V, Bamkole O. 2019. The relationship between social cohesion and urban green space: An avenue for health promotion. International Journal of Environmental Research and Public Health, 16 (3): 452.

Kabisch N, Kraemer R. 2020. Physical activity patterns in two differently characterised urban parks under conditions of summer heat. Environmental Science & Policy, 107: 56-65.

Kaczynski A T, Besenyi G M, Stanis S A W, et al. 2014. Are park proximity and park features related to park use and park-based physical activity among adults? Variations by multiple socio-demographic characteristics. International Journal of Behavioral Nutrition and Physical Activity, 11 (1): 146.

Kaczynski A T, Henderson K A. 2007. Environmental correlates of physical activity: A review of evidence about parks and recreation. Leisure Sciences, 29 (4): 315-354.

Kaczynski A T, Potwarka L R, Saelens B E. 2008. Association of park size, distance, and features with physical activity in neighborhood parks. American Journal of Public Health, 98 (8): 1451-1456.

Kahn E B, Ramsey L T, Brownson R C, et al. 2002. The effectiveness of interventions to increase physical activity: A systematic review. American Journal of Preventive Medicine, 22 (4): 73-107.

Kaplan S. 1995. The restorative benefits of nature: Toward an integrative framework. Journal of Environmental Psychology, 15 (3): 169-182.

Karmanov D, Hamel R. 2008. Assessing the restorative potential of contemporary urban environment (s): Beyond the nature versus urban dichotomy. Landscape and Urban Planning, 86 (2): 115-125.

Keesing F, Belden L K, Daszak P, et al. 2010. Impacts of biodiversity on the emergence and transmission of infectious diseases. Nature, 468 (7324): 647-652.

Kellert S R, Wilson E O. 1993. The Biophilia Hypothesis. Washington, DC: Island Press.

Kienast F, Bolliger J, Potschin M, et al. 2009. Assessing landscape functions with broad-scale environmental data: Insights gained from a prototype development for Europe. Environmental Management, 44 (6): 1099-1120.

King K L, Johnson S, Kheirbek I, et al. 2014. Differences in magnitude and spatial distribution of urban forest pollution deposition rates, air pollution emissions, and ambient neighborhood air quality in New York City. Landscape and Urban Planning, 128: 14-22.

Klompmaker J O, Hart J E, Holland I, et al. 2021. County-level exposures to greenness and associations with COVID-19 incidence and mortality in the United States. Environmental Research, 199: 111331.

Kondo M C, Fluehr J M, McKeon T, et al. 2018. Urban green space and its impact on human health. International Journal of Environmental Research and Public Health, 15: 628-637.

Kondo M C, Triguero-Mas M, Donaire-Gonzalez D, et al. 2020. Momentary mood response to natural outdoor environments in four European cities. Environment International, 134: 105237.

Koo T K, Li M Y. 2016. A guideline of selecting and reporting intraclass correlation coefficients for reliability research. Journal of Chiropractic Medicine, 15 (2): 155-163.

Koohsari M J, Mavoa S, Villanueva K, et al. 2015. Public open space, physical activity, urban design and public health: Concepts, methods and research agenda. Health & Place, 33: 75-82.

Krellenberg K, Artmann M, Stanley C, ET AL. 2021. What to do in, and what to expect from, urban gre-n spaces- Indicator- based approach to assess cultural ecosystem services. Urban Forestry & Urban Greening, 59: 126986.

Kronenberg J, Haase A, Laszkiewicz E, et al. 2020. Environmental justice in the context of urban green space a- vailability, accessibility, and attractiveness in postsocialist cities. Cities, 106: 102862.

Kumar P, Druckman A, Gallagher J, et al. 2019. The nexus between air pollution, green infrastructure and human health. Environment International, 133 (Pt A): 105181.

Kuo M. 2015. How might contact with nature promote human health? Promising mechanisms and a possible central pathway. Frontiers in Psychology, (6): 1093.

La Rosa D, Spyra M, Inostroza L. 2016. Indicators of Cultural Ecosystem Services for urban planning: A review. Ecological Indicators. 61: 74-89.

Labib S M, Lindley S, Huck J J. 2021. Estimating multiple greenspace exposure types and their associations with neighbourhood premature mortality: A socioecological study. Science of the Total Environment, 789: 147919.

Lachowycz K, Jones A P, Page A S, et al. 2012. What can global positioning systems tell us about the contribution of different types of urban greenspace t' children's physical activity? . Health & Place, 18 (3): 586-594.

Lachowycz K, Jones A P. 2013. Towards a better understanding of the relationship between greenspace and health: Development of a theoretical framework. Landscape and Urban Planning, 118: 62-69.

Lee H, Seo B, Cord A F, et al. 2022b. Using crowdsourced images to study selected cultural ecosystem services and their relationships with species richness and carbon sequestration. Ecosystem Services, 54: 101411.

Lee J, Park B J, Tsunetsugu Y, et al. 2011. Effect of forest bathing on physiological and psychological responses in young Japanese male subjects. Public Health, 125 (2): 93-100.

Lee K, Min H S, Jeon J, et al. 2022a. The association between greenness exposure and COVID-19 incidence in South Korea: An ecological study. Science of the Total Environment, 832: 154981.

Leong R A T, Fung T K, Sachidhanandam U, et al. 2020. Use of structural equation modeling to explore influences on perceptions of ecosystem services and disservices attributed to birds in Singapore. Ecosystem Services, 46: 101211.

Leung C Y, Huang H, Abe S K, et al. 2022. Association of marital status with total and cause-specific mortality in Asia. Jama Network Openjama Network Open, 5 (5): e2214181.

Li F, Song G, Zhu L J . 2017. Urban vegetation phenology analysis using high spatio- temporal NDVI time series. Urban Forestry & Urban Greening, 25: 43-57.

Li Q, Kobayashi M, Inagaki H, et al. 2010. A day trip to a forest park increases human natural killer activity and the expression of anti-cancer proteins in male subjects. Journal of Biological Regulators & Homeostatic Agents, 24 (2): 157-165.

Li Q, Morimoto K, Kobayashi M, et al. 2008. Visiting a forest, but not a city, increases human natural killer activity and expression of anti-cancer proteins. International Journal of Immunopathology and Pharmacology. 21 (1): 117-127.

Li T, Lü Y H, Fu B J, et al. 2019. Bundling ecosystem services for detecting their interactions driven by large- scale vegetation restoration: Enhanced services while depressed synergies. Ecological Indicators, 99: 332-342.

Li Y L, Fan S X, Li K, et al. 2021. Large urban parks summertime cool and wet island intensity and its influencing factors in Beijing, China. Urban Forestry & Urban Greening, 65: 127375.

Li Y, Xie L, Zhang L, et al. 2022. Understanding different cultural ecosystem services: An exploration of rural landscape preferences based on geographic and social media data. Journal of Environmental Management, 317: 115487.

Liao J Q, Chen X M, Xu S Q, et al. 2019. Effect of residential exposure to green space on maternal blood glucose levels, impaired glucose tolerance, and gestational diabetes mellitus. Environmental Research, 176: 108526.

Lin M, Chen L, Huang S, et al. 2022. Age and sex differences in associations between self-reported health, physical function, mental function and mortality. Archives of Gerontology and Geriatrics, 98: 104537.

Liu D, Kwan M P, Kan Z H. 2021b. Analysis of urban green space accessibility and distribution inequity in the City of Chicago. Urban Forestry & Urban Greening, 59: 127029.

Liu H X, Ren H, Remme R P, et al. 2021a. The effect of urban nature exposure on mental health: A case study of Guangzhou. Journal of Cleaner Production, 304: 127100.

Liu L H, Qu H Y, Ma Y M, et al. 2022a. Restorative benefits of urban green space: Physiological, psychological restoration and eye movement analysis. Journal of Environmental Management. 301: 113930.

Liu Y, Wang R Y, Grekousis G, et al. 2019. Neighbourhood greenness and mental wellbeing in Guangzhou, China: What are the pathways?. Landscape and Urban Planning, 190: 103602.

Liu Y, Xiao T, Wu W J. 2022b. Can multiple pathways link urban residential greenspace to subjective well-being among middle-aged and older Chinese adults?. Landscape and Urban Planning, 223: 104405.

Louie G H, Ward M M. 2010. Association of measured physical performance and demographic and health characteristics with self-reported physical function: Implications for the interpretation of self-reported limitations. Health and Quality of Life Outcomes, 8: 84.

Luo S X, Shi J Y, Lu T Y, et al. 2022. Sit down and rest: Use of virtual reality to evaluate preferences and mental restoration in urban park pavilions. Landscape and Urban Planning, 220: 104336.

Ma L, Huang Y, Liu T. 2022. Unequal impact of the COVID-19 pandemic on mental health: Role of the neighborhood environment. Sustainable Cities and Society, 87: 104162.

Maas J, Verheij R A, de Vries S, et al. 2009. Morbidity is related to a green living environment. Journal of Epidemiology and Community Health, 63 (12): 967-973.

Maas J, Verheij R A, Groenewegen P P, et al. 2006. Green space, urbanity, and health: How strong is the relation?. Journal of Epidemiology and Community Health, 60 (7): 587.

Maller C, Townsend M, Pryor A, et al. 2006. Healthy nature health people: contact with nature' as an upstream health promotion intervention for populations. Health Promotion International, 21 (1): 45-54.

Mao G X, Cao Y B, Wang B Z, et al. 2017. The salutary influence of forest bathing on elderly patients with chronic heart failure. International Journal of Environmental Research and Public Health, 14 (4): 368.

Mao G X, Yan J, Cao Y B, et al. 2012. Therapeutic effect of forest bathing on human hypertension in the elderly. Journal of Cardiology, 60 (6): 495-502.

Markevych I, Schoierer J, Hartig T, et al. 2017. Exploring pathways linking greenspace to health: Theoretical and methodological guidance. Environmental Research, 158: 301-317.

McHarg I L. 1969. Design with Nature. New York: Doubleday/Natural History Press.

Mitchell R, Astell-Burt T, Richardson E A. 2011. A comparison of green space indicators for epidemiological research. Journal of Epidemiology and Community Health, 65 (10): 853-858.

Mitchell R, Popham F. 2008. Effect of exposure to natural environment on health inequalities: An observational population study. The Lancet, 372 (9650): 1655-1660.

Miyawaki A. 1998. Restoration of urban green environments based on the theories of vegetation Ecology. Ecological

Engineering, 11: 157-165.

Miyazaki Y, Ikei H, Song C. 2014. Forest medicine research in Japan. Nihon Eiseigaku Zasshi, 69 (2): 122-135.

Mu B, Liu C, Mu T, et al. 2021. Spatiotemporal fluctuations in urban park spatial vitality determined by on-site observation and behavior mapping: A case study of three parks in Zhengzhou City, China. Urban Forestry & Urban Greening, 64: 127246.

Myers S S, Gaffikin L, Golden C D, et al. 2013. Human health impacts of ecosystem alteration. Proceedings of the National Academy of Sciences, 110 (47): 18753-18760.

Myneni R B, Ramakrishna R, Nemani R, et al. 1997. Estimation of global leaf area index and absorbed par using radiative transfer models. IEEE Transactions on Geoscience and Remote Sensing, 35 (6): 1380-1393.

Nasir R A, Ahmad S S, Ahmed A Z. 2013. Physical activity and human comfort correlation in an urban park in hot and humid conditions. Procedia-Social and Behavioral Sciences, 105: 598-609.

Nassauer J I, Opdam P. 2008. Design in science: Extending the landscape ecology paradigm. Landscape Ecology, 23 (6): 633-644.

Neuvonen M, Sievänen T, Tönnes S, et al. 2007. Access to green areas and the frequency of visits: A case study in Helsinki. Urban Forestry & Urban Greening, 6 (4): 235-247.

Nghiem T P L, Wong K L, Jeevanandam L, et al. 2021. Biodiverse urban forests, happy people: Experimental evidence linking perceived biodiversity, restoration, and emotional wellbeing. Urban Forestry & Urban Greening, 59: 127030.

Niu J Q, Xiong J P, Qin H Q, et al. 2022. Influence of thermal comfort of green spaces on physical activity: Empirical study in an urban park in Chongqing, China. Building and Environment, 219: 109168.

Norman P, Pickering C M. 2017. Using volunteered geographic information to assess park visitation: Comparing three on-line platforms. Applied Geography, 89: 163-172.

Norton B A, Coutts A M, Livesley S J, et al. 2015. Planning for cooler cities: A framework to prioritise green infrastructure to mitigate high temperatures in urban landscapes. Landscape and Urban Planning, 134: 127-138.

Nutsford D, Pearson A L, Kingham S. 2013. An ecological study investigating the association between access to urban green space and mental health. Public Health, 127 (11): 1005-1011.

Oh K, Jeong S. 2007. Assessing the spatial distribution of urban parks using GIS. Landscape and Urban Planning, 82 (1-2): 25-32.

Oh R R Y, Fielding K S, Chang C, et al. 2021. Health and wellbeing benefits from nature experiences in tropical settings depend on strength of connection to nature. International Journal of Environmental Research and Public Health, 18 (19): 10149.

Ohly H, White M P, Wheeler B W, et al. 2016. Attention restoration theory: A systematic review of the attention restoration potential of exposure to natural environments. Journal of Toxicology and Environmental Health. Part B, Critical Reviews, 19 (7): 305-343.

Olmsted F L. 1886. Notes on the plan of franklin park and related matters. Boston: Printed as a supplement to the city of Boston eleventh annual report of the board of commissioners of the department of parks for the year 1885.

Olsen K M, Dahl S. 2007. Health differences between European countries. Social Science & Medicine, 64 (8): 1665-1678.

Ortega F B, Sánchez-López M, Solera-Martínez M, et al. 2013. Self-reported and measured cardiorespiratory fitness similarly predict cardiovascular disease risk in young adults. Scandinavian Journal of Medicine & Science in Sports, 23 (6): 749-757.

Ottosson J, Grahn P. 2005. A comparison of leisure time spent in a garden with leisure time spent indoors: On measures of restoration in residents in geriatric care. Landscape Research, 30 (1): 23-55.

O'Brien L, de Vreese R Kern M, et al. 2017. Cultural ecosystem benefits of urban and peri- urban greeninfrastructure infrastructure across different European countries. Urban Forestry & Urban Greening, 24: 236-248.

Park B, Tsunetsugu Y, Kasetani T, et al. 2007. Physiological effects of Shinrin- yoku (taking in the atmosphere of the forest): Using salivary cortisol and cerebral activity as indicators. Journal of Physiological Anthropology, 26 (2): 123-128.

Park S H, Mattson R H. 2009. Ornamental indoor plants in hospital rooms enhanced health outcomes of patients recovering from surgery. Journal of Alternative and Complementary Medicine, 15 (9): 975-980.

Payne L L, Orsega-Smith E, Roy M, et al. 2005. Local park use and personal health among older adults: An exploratory study. Journal of Park and Recreation Administration, 23: 64- 71.

Peng J, Dan Y Z, Qiao R L, et al. 2021. How to quantify the cooling effect of urban parks? Linking maximum and accumulation perspectives. Remote Sensing of Environment, 252: 112135.

Peng W J, Dong Y L, Tian M T, et al. 2022. City- level greenness exposure is associated with COVID- 19 incidence in China. Environmental Research, 209: 112871.

Peschardt K K, Stigsdotter U K. 2013. Associations between park characteristics and perceived restorativeness of small public urban green spaces. Landscape and Urban Planning, 112: 26-39.

Peters K, Elands B, Buijs A. 2010. Social interactions in urban parks: Stimulating social cohesion? . Urban Forestry & Urban Greening, 9 (2): 93-100.

Petrunoff N A, Edney S, Yi N X, et al. 2022. Associations of park features with park use and park- based physical activity in an urban environment in Asia: A cross-sectional study. Health & Place, 75: 102790.

Pope C A, Burnett R T, Thun M J, et al. 2002. Lung cancer, cardiopulmonary mortality, and long- term exposure to fine particulate air pollution. Jama- Journal of the American Medical Association, 287 (9): 1132-1141.

Pope D, Tisdall R, Middleton J, et al. 2018. Quality of and access to green space in relation to psychological distress: Results from a population-based cross-sectional study as part of the EURO-URHIS 2 project. European Journal of Public Health, 28 (1): 35-38.

Qiu L, Chen Q J, Gao T. 2021. The effects of urban natural environments on preference and self- reported psychological restoration of the elderly. International Journal of Environmental Research and Public Health, 18 (2): 509.

Ray H, Jakubec S L. 2014. Nature-based experiences and health of cancer survivors. Complementary Therapies in Clinical Practice, 20 (4): 188-192.

Reissmann D R. 2016. Alignment of oral health- related with health- related quality of life assessment. Journal of Prosthodontic Research, 60 (2): 69-71.

Reklaitiene R, Grazuleviciene R, Dedele A, et al. 2014. The relationship of green space, depressive symptoms and perceived general health in urban population. Scandinavian Journal of Public Health, 42 (7): 669-676.

Remme R P, Frumkin H, Guerry A D, et al. 2021. An ecosystem service perspective on urban nature, physical activity, and health. Proceedings of the National Academy of Sciences, 118 (22): e2018472118.

Retka J, Jepson P, Ladle R J, et al. 2019. Assessing cultural ecosystem services of a large marine protected area through social media photographs. Ocean & Coastal Management. 176: 40-48.

Richards D R, Friess D A. 2015. A rapid indicator of cultural ecosystem service usage at a fine spatial scale:

Content analysis of social media photographs. Ecological Indicators, 53: 187-195.

Richards D R, Tunçer B. 2018. Using image recognition to automate assessment of cultural ecosystem services from social media photographs. Ecosystem Services, 31: 318-325.

Riechers M, Noack E M, Tscharntke T. 2017. Experts 'versus laypersons' perception of urban cultural ecosystem services. Urban Ecosystems, 20 (3): 715-727.

Rojas-Rueda D, Nieuwenhuijsen M J, Gascon M, et al. 2019. Green spaces and mortality: A systematic review and meta-analysis of cohort studies. Lancet Planetary Health, 3 (11): E469-E477.

Rook G A, Raison C L, Lowry C A. 2014. Microbial 'old friends', immunoregulation and socioeconomic status. Clinical and Experimental Immunology, 177 (1): 1-12.

Rook G A. 2013. Regulation of the immune system by biodiversity from the natural environment: An ecosystem service essential to health. Proceedings of the National Academy of Sciences, 110 (46): 18360-18367.

Rutledge A J. 1981. A Visual Approach to Park Design. New York: Garland STPM Press.

Saadi D, Schnell I, Tirosh E. 2021. Ethnic differences in environmental restoration: Arab and Jewish women in Israel. International Journal of Environmental Research and Public Health, 18 (23): 788.

Sallis J F, Bauman A, Pratt M. 1998. Environmental and policy interventions to promote physical activity. American Journal of Preventive Medicine, 15 (4): 379-397.

Sallis J F, Nader P R, Broyles S L, et al. 1993. Correlates of physical activity at home in Mexican-American and Anglo-American preschool children. Health Psychology, 12 (5): 390-398.

Sanders T, Feng X, Fahey P P, et al. 2015. Greener neighbourhoods, slimmer children? Evidence from 4423 participants aged 6 to 13 years in the Longitudinal Study of Australian children. International Journal of Obesity, 39 (8): 1224-1229.

Santos-Lozada A R. 2022. A general pattern of health erosion in the United States? An examination of self-reported health status from 1997-2018. SSM-Population Health, 18: 101095.

Schiefer D, van der Noll J. 2017. The essentials of social cohesion: A literature review. Social Indicators Research. 132 (2): 579-603.

Schipperijn J, Bentsen P, Troelsen J, et al. 2013. Associations between physical activity and characteristics of urban green space. Urban Forestry & Urban Greening, 12 (1): 109-116.

Selmi W, Weber C, Rivière E, et al. 2016. Air pollution removal by trees in public green spaces in Strasbourg city, France. Urban Forestry & Urban Greening, 17: 192-201.

Shan X. 2014. The socio-demographic and spatial dynamics of green space use in Guangzhou, China. Applied Geography, 51: 26-34.

Shanahan D F, Astell Burt T, Barber E, et al. 2019. Nature-based interventions for improving health and wellbeing: The purpose, the people and the outcomes. Sports, 7 (6): 141.

Shanahan D F, Bush R, Gaston K J, et al. 2016. Health benefits from nature experiences depend on dose. Scientific Reports, 6 (1): 28551.

Shanahan D F, Fuller R A, Bush R, et al. 2015a. The health benefits of urban nature: How much do we need?. Bioscience, 65 (5): 476-485.

Shanahan D F, Lin B B, Gaston K J, et al. 2015b. What is the role of trees and remnant vegetation in attracting people to urban parks?. Landscape Ecology, 30 (1): 153-165.

Sheldon L S, Cohen H E. 2009. Exposure as part of a systems approach for assessing risk. Environmental Health Perspectives, 117 (8): 119-1194.

Shen M, Yang M, Yan J, et al. 2015. Beijing Area Study-1995. Peking University Open Research Data Platform.

Shepley M, Sachs N, Sadatsafavi H, et al. 2019. The impact of green space on violent crime in urban environments: An evidence synthesis. International Journal of Environmental Research and Public Health, 16 (24): 5119.

Sherrouse B C, Semmens D J, Ancona Z H. 2022. Social Values for Ecosystem Services (SolVES): Open-source spatial modeling of cultural services. Environmental Modelling & Software, 148: 105259.

Sister C, Wolch J, Wilson J. 2010. Got green? Addressing environmental justice in park provision. Geojournal, 75 (3): 229-248.

Sodoudi S, Zhang H, Chi X, et al. 2018. The influence of spatial configuration of green areas on microclimate and thermal comfort. Urban Forestry & Urban Greening, 34: 85-96.

Soga M, Evans M J, Tsuchiya K, et al. 2021. A room with a green view: The importance of nearby nature for mental health during the COVID-19 pandemic. Ecological Applications, 31 (2): e2248.

Soga M, Gaston K J. 2016. Extinction of experience: The loss of human-nature interactions. Frontiers in Ecology and the Environment, 14 (2): 94-101.

Song X P, Richards D R, He P, et al. 2020. Does geo-located social media reflect the visit frequency of urban parks? A city-wide analysis using the count and content of photographs. Landscape and Urban Planning, 203: 103908.

Southerland V A, Brauer M, Mohegh A, et al. 2022. Global urban temporal trends in fine particulate matter ($PM_{2.5}$) and attributable health burdens: estimates from global datasets. The Lancet Planetary Health, 6 (2): e139-e146.

Stark J H, Neckerman K, Lovasi G S, et al. 2014. The impact of neighborhood park access and quality on body mass index among adults in New York City. Preventive Medicine, 64: 63-68.

Stas M, Aerts R, Hendrickx M, et al. 2021. Exposure to green space and pollen allergy symptom severity: A case-crossover study in Belgium. Science of the Total Environment, 781: 146682.

Steiner F R. 2000. The Living Landscape: An Ecological Approach to Landscape Planning. New York: McGraw Hill.

Stevens H R, Graham P L, Beggs P J, et al. 2024. Associations between violent crime inside and outside, air temperature, urban heat island magnitude and urban green space. International Journal of Biometeorology, 63: 747-762.

Stigsdotter U K, Ekholm O, Schipperijn J, et al. 2010. Health promoting outdoor environments- Associations between green space, and health, health-related quality of life and stress based on a Danish national representative survey. Scandinavian Journal of Public Health, 38 (4): 411-417.

Stigsdotter U K, Ulrik S. 2020. Keeping promises: How to attain the goal of designing health supporting urban green space. Landscape Architecture Frontiers, 8 (3): 78-89.

Strachan D P. 1989. Hay fever, hygiene, and household size. Bmj- British Medical Journal, 299 (6710): 1259-1260.

Sugiyama T, Francis J, Middleton N J, et al. 2010. Associations between recreational walking and attractiveness, size, and proximity of neighborhood open spaces. American Journal of Public Health, 100 (9): 1752-1757.

Sugiyama T, Leslie E, Giles-Corti, B, et al. 2008. Associations of neighbourhood greenness with physical and mental health: Do walking, social coherence and local social interaction explain the relationships? . Journal of Epidemiology and Community Health, 62 (5): e9.

Sun P J, Lu W. 2022. Environmental inequity in hilly neighborhood using multi-source data from a health promotion view. Environmental Research, 204: 111983.

Suppakittpaisarn P, Lu Y, Jiang B, et al. 2022. How do computers see landscapes? comparisons of eye-level greenery assessments between computer and human perceptions. Landscape and Urban Planning, 227: 104547.

Tamosiunas A, Grazuleviciene R, Luksiene D, et al. 2014. Accessibility and use of urban green spaces, and cardiovascular health: findings from a Kaunas cohort study. Environmental Health, 13 (1): 20.

Tawatsupa B, Yiengprugsawan V, Kjellstrom T, et al. 2012. Heat stress, health and well-being: Findings from a large national cohort of Thai adults. BMJ Open, 2: e001396.

Taylor A F, Kuo F E, Sullivan W C. 2002. Views of nature and self-discipline: Evidence from inner city children. Journal of Environmental Psychology, 22 (1): 49-63.

Thiagarajah J, Wong S K M, Richards D R, et al. 2015. Historical and contemporary cultural ecosystem service values in the rapidly urbanizing city state of Singapore. Ambio, 44 (7): 666-677.

Thompson C W. 2011. Linking landscape and health: The recurring theme. Landscape and Urban Planning, 99 (3-4): 187-195.

Toivonen T, Heikinheimo V, Fink C, et al. 2019. Social media data for conservation science: A methodological overview. Biological Conservation, 233: 298-315.

Triguero-Mas M, Dadvand P, Cirach M, et al. 2015. Natural outdoor environments and mental and physical health: Relationships and mechanisms. Environment International, 77: 35-41.

Turner W R, Nakamura T, Dinetti M. 2004. Global uranization and the separation of humans from nature. Bioscience, 54 (6): 585-590.

Tzoulas K, Korpela K, Venn S, et al. 2007. Promoting ecosystem and human health in urban areas using Green Infrastructure: A literature review. Landscape and Urban Planning, 81 (3): 167-178.

Ulrich R S, Simons R F, Losito B D, et al. 1991. Stress recovery during exposure to natural and urban environments. Journal of Environmental Psychology, 11 (3): 201-230.

Ulrich R S. 1984. View through a window may influence recovery from surgery. Science, 224 (4647): 420-421.

United Nations (UN). 2019. Department of Economic and Social Affairs, Population Division. World Urbanization Prospects: The 2018 Revision. United Nations, New York.

van den Berg A E, Jorgensen A, Wilson E R. 2014. Evaluating restoration in urban green spaces: Does setting type make a difference?. Landscape and Urban Planning, 127: 173-181.

van den Berg A M, Wendel-Vos W, van Poppel M, et al. 2015. Health benefits of green spaces in the living environment: A systematic review of epidemiological studies. Urban Forestry & Urban Greening, 14 (4): 806-816.

van den Bosch M, Sang A O. 2017. Urban natural environments as nature-based solutions for improved public health: A systematic review of reviews. Environmental Research, 158: 373-384.

van Leeuwen J A, Waltner-Toews D, Abernathy T, et al. 1999. Evolving models of human health toward an ecosystem context. Ecosystem Health, 5 (3): 204-219.

Veitch J, Ball K, Rivera E, et al. 2022. What entices older adults to parks? Identification of park features that encourage park visitation, physical activity, and social interaction. Landscape and Urban Planning, 217: 104254.

Villanueva K, Badland H, Hooper P, et al. 2015. Developing indicators of public open space to promote health and wellbeing in communities. Applied Geography, 57: 112-119.

Wang F L, Wang D G. 2016. Place, geographical context and subjective well-being: State of art and future directions//Wang D, He S. Mobility, Sociability and Well-being of Urban Living. Springer Berlin Heidelberg. Berlin: Heidelberg.

Wang H, Dai X L, Wu J L, et al. 2019. Influence of urban green open space on residents physical activity in China. BMC Public Health. 19 (1): 1093.

Wang P W, Zhou B, Han L R, et al. 2021a. The motivation and factors influencing visits to small urban parks in Shanghai, China. Urban Forestry & Urban Greening, 60: 127086.

Wang Y A, Chang Q, Fan P, et al. 2022. From urban greenspace to health behaviors: An ecosystem services-mediated perspective. Environmental Research, 213: 113664.

Wang Y A, Chang Q, Li X Y. 2021c. Promoting sustainable carbon sequestration of plants in urban greenspace by planting design: A case study in parks of Beijing. Urban Forestry & Urban Greening. 64: 127291.

Wang Z F, Miao Y L, Xu M, et al. 2021b. Revealing the differences of urban parks' services to human wellbeing based upon social media data. Urban Forestry & Urban Greening, 63: 127233.

Warburton D E R, Bredin S. 2017. Health benefits of physical activity: A systematic review of current systematic reviews. Current Opinion in Cardiology, 32 (5): 541-556.

Warburton D E R. 2006. Health benefits of physical activity: The evidence. Canadian Medical Association Journal, 174 (6): 801-809.

Ward T C. 2011. Linking landscape and health: The recurring theme. Landscape and Urban Planning, 99 (3-4): 187-195.

Ware D, Landy D C, Rabil A, et al. 2022. Interrelationships between self reported physical health and health behaviors among healthy US adults: From the NHANES 2009-2016. Public Health in Practice, 4: 100277.

Wei J, Huang W, Li Z Q, et al. 2019. Estimating 1-km-resolution $PM_{2.5}$ concentrations across China using the space-time random forest approach. Remote Sensing of Environment, 231: 111221.

Weimann H, Rylander L, Albin M, et al. 2015. Effects of changing exposure to neighbourhood greenness on general and mental health: A longitudinal study. Health & Place, 33: 48-56.

Wen Z, Marsh H W, Hau K. 2010. Structural equation models of latent interactions: An appropriate standardized solution and its scale-free properties. Structural Equation Modeling: A Multidisciplinary Journal, 17 (1): 1-22.

White M P, Alcock I, Wheeler B W, et al. 2013. Would you be happier living in a greener urban area? A fixed-effects analysis of panel data. Psychological Science, 24 (6): 920-928.

Wilkie S, Clements H. 2018. Further exploration of environment preference and environment type congruence on restoration and perceived restoration potential. Landscape and Urban Planning, 170: 314-319.

Wilkie S, Clouston L. 2015. Environment preference and environment type congruence: Effects on perceived restoration potential and restoration outcomes. Urban Forestry & Urban Greening, 14 (2): 368-376.

Wilson E O. 1984. Biophilia. Cambridge, MA: Harvard University Press.

Wolch J R, Byrne J, Newell J P. 2014. Urban green space, public health, and environmental justice: The challenge of making cities 'just green enough'. Landscape and Urban Planning, 125: 234-244.

Wood E, Harsant A, Dallimer M, et al. 2018. Not all green space is created equal: Biodiversity predicts psychological restorative benefits from urban green space. Frontiers in Psychology, 9: 02320.

World Health Organization (WHO). 2016. Urban green spaces and health. Copenhagen: The WHO Regional Office for Europe.

World Health Organization (WHO). 2017. Urban green spaces: a brief for action. Copenhagen: The WHO Regional Office for Europe.

World Health Organization (WHO). 2020. WHO guidelines on physical activity and sedentary behaviour. World Health Organization, Geneva.

Wu L, Kim S K. 2021. Health outcomes of urban green space in China: Evidence from Beijing. Sustainable Cities and Society, 65: 102604.

Xiao Y, Wang Z, Li Z G, et al. 2017. An assessment of urban park access in Shanghai-Implications for the social equity in urban China. Landscape and Urban Planning, 157: 383-393.

Xie M M, Chen J, Zhang Q Y, et al. 2020. Dominant landscape indicators and their dominant areas influencing urban thermal environment based on structural equation model. Ecological Indicators, 111: 105992.

Xu M, Hong B, Jiang R S, et al. 2019. Outdoor thermal comfort of shaded spaces in an urban park in the cold region of China. Building and Environment, 155: 408-420.

Yang J, Siri J G, Remais J V, et al. 2018. The Tsinghua-lancet commission on healthy cities in China: Unlocking the power of cities for a healthy China. Lancet, 391 (10135): 2140-2184.

Yang J, Zhou J. 2007. The failure and success of greenbelt program in Beijing. Urban Forestry & Urban Greening, 6 (4): 287-296.

Yang M, Dijst M, Faber J, et al. 2020. Using structural equation modeling to examine pathways between perceived residential green space and mental health among internal migrants in China. Environmental Research, 183: 36-54.

Yang Y, Lu Y, Jiang B. 2022. Population-weighted exposure to green spaces tied to lower COVID-19 mortality rates: A nationwide dose-response study in the USA. Science of the Total Environment, 851: 158333.

Yao Y, Liang Z T, Yuan Z H, et al. 2019. A human-machine adversarial scoring framework for urban perception assessment using street-view images. International Journal of Geographical Information Science, 33 (12): 2363-2384.

Yao Y, Wang J, Hong Y, et al. 2021. Discovering the homogeneous geographic domain of human perceptions from street view images. Landscape and Urban Planning, 212: 104125.

Ye Y, Richards D, Lu Y, et al. 2019. Measuring daily accessed street greenery: A human-scale approach for informing better urban planning practices. Landscape and Urban Planning. 191: 103434.

Yigitcanlar T, Kamruzzaman M, Teimouri R, et al. 2020. Association between park visits and mental health in a developing country context: The case of Tabriz, Iran. Landscape and Urban Planning, 199: 103805.

Yoo E, Roberts J E, Eum Y, et al. 2022. Exposure to urban green space may both promote and harm mental health in socially vulnerable neighborhoods: A neighborhood-scale analysis in New York City. Environmental Research, 204: 112292.

Younan D, Tuvblad C, Li L, et al. 2016. Environmental determinants of aggression in adolescents: Role of urban neighborhood greenspace. Journal of the American Academy of Child and Adolescent Psychiatry, 55 (7): 591-601.

Yu L, Li T, Yang Z, et al. 2022. Long-term exposure to residential surrounding greenness and incidence of diabetes: A prospective cohort study. Environmental Pollution, 310: 119821.

Zhai Y J, Li D Y, Wu C Z, et al. 2021. Urban park facility use and intensity of seniors' physical activity: An examination combining accelerometer and GPS tracking. Landscape and Urban Planning, 205: 103950.

Zhang C, Li J, Zhou Z X. 2022c. Ecosystem service cascade: Concept, review, application and prospect. Ecological Indicators, 137: 108766.

Zhang J G, Liu Y, Zhou S, et al. 2022b. Do various dimensions of exposure metrics affect biopsychosocial pathways linking green spaces to mental health? A cross-sectional study in Nanjing, China. Landscape and Urban Planning, 226: 104494.

Zhang J G, Yu Z W, Cheng Y Y, et al. 2022a. A novel hierarchical framework to evaluate residential exposure to green spaces. Landscape Ecology, 37 (3): 895-911.

Zhang J M, Yue W Z, Fan P L, et al. 2021b. Measuring the accessibility of public green spaces in urban areas using web map services. Applied Geography, 126: 102381.

Zhang L, Tan P Y, Diehl J A. 2017. A conceptual framework for studying urban green spaces effects on health. Journal of Urban Ecology, 3 (1): 1-13.

Zhang L, Tan P Y, Gan D R Y, et al. 2022d. Assessment of mediators in the associations between urban green spaces and self-reported health. Landscape and Urban Planning, 226: 104503.

Zhang L, Tan P Y, Richards D. 2021a. Relative importance of quantitative and qualitative aspects of urban green spaces in promoting health. Landscape and Urban Planning, 213: 104131.

Zhang R, Wulff H, Duan Y P, et al. 2019. Associations between the physical environment and park-based physical activity: A systematic review. Journal of Sport and Health Science, 8 (5): 412-421.

Zhou H L, Wang J, Wilson K. 2022. Impacts of perceived safety and beauty of park environments on time spent in parks: Examining the potential of street view imagery and phone-based GPS data. International Journal of Applied Earth Observation and Geoinformation, 115: 103078.

附 录

附录 A 研究区街道名称、公园绿地分类标准及名录

（1）街道名称及空间分布

图 A-1 研究区街道名称及空间分布

（2）公园绿地分类标准

公园绿地类型		功能定位	主要属性及特征	服务对象
综合公园		功能完善，设施齐全，内容丰富，适合开展游览、休憩、科普、文化、健身、儿童游戏等多种活动	适合不同人群开展户外活动。一道绿化隔离地区及北京城市副中心城区游憩环上功能完善的大型公园可按综合公园确定。规模宜≥10hm²，最低≥5hm²	市区居民 周边社区居民 外来游客
社区公园		为一定居住用地范围内的居民就近开展日常休闲活动服务，侧重开展儿童游乐、老人休憩健身活动	毗邻居住组团，满足周边社区居民日常休闲游憩及健身需求。活动场地和配套设施较为完善。规模宜≥1hm²，最低≥0.5hm²	周边社区居民
历史名园		以保护古典园林格局、文化资源及自然资源为主导功能，兼顾休闲游憩等功能	首都历史文化名城重要遗产，历史、文化、生态及科学价值突出	市区居民 周边社区居民 外来游客
专类公园	动物园	以特色主题为核心内容或具有突出的历史社会文化价值，具有相应的游憩和服务设施，侧重满足特色主题塑造和特定服务内容，兼具其他功能	野生动物人工饲养、异地保护、繁殖、展示	市区居民 周边社区居民 外来游客
	植物园		植物科学研究、引种驯化、展览展示	
	纪念性公园		依托重要历史遗迹纪念主题突出	
	游乐公园		具有大型游乐设施的主题公园	
	城市森林公园		以乡土树种为特色，模拟和形成自然森林区域结构的公园	
	其他公园		具有雕塑展示、儿童娱乐、体育健身、文化宣传等特定主题	
游园		方便周边居民和工作人群就近使用，兼具塑造城市景观风貌	用地独立，规模较小，开放式管理，具有休闲游憩功能和简单游憩服务设施	周边社区居民 周边工作人群
生态公园	郊野公园	以原生态或低人为干扰的自然环境为特色，侧重满足市民自然体验和郊野休闲游憩，兼具其他功能	主要位于绿化隔离地区，兼具日常游憩健身功能和生态服务功能，满足市民自然体验与郊野休闲	市区居民
	森林公园	以森林和野生动植物资源及其外部物质环境为依托，以生态保护为目的大尺度公园	以自然风景优美的森林自然景观为特色，以生态功能为主，兼具景观、游憩、科普、康养、自然体验等功能	市区居民 外来游客
	湿地公园	以保护湿地生态系统、合理利用湿地资源、湿地宣传教育和科学研究为目的，兼具休闲游览功能	以天然的湿地景观为主体，配置相应的服务设施，具有湿地生态系统和生物多样性保护、景观、文化科普、休闲游览功能	
	风景名胜区	自然景观、人文景观比较集中，环境优美，可供游览或科学文化活动区域	风景名胜资源集中、自然环境优美、具有一定规模和游览条件，具有生态、文科普、观光等功能	

（3）公园绿地名录

编号	名称	面积/hm²	行政区	街道	类型	面积等级	社会文化功能得分		
							美学	社交	游憩
1	安贞社区公园	1.75	朝阳区	安贞街道	社区公园	小于2hm²	3	8	4
2	涌溪公园	0.93	朝阳区	安贞街道	游园	小于2hm²	1	10	3
3	仰山公园	48.72	朝阳区	奥运村街道	社区公园	10~50hm²	5	6	5
4	北辰绿色中央公园	4.48	朝阳区	奥运村街道	社区公园	2~10hm²	4	7	3
5	碧玉公园	8.26	朝阳区	奥运村街道	社区公园	2~10hm²	4	7	3
6	龙祥社区休闲公园	1.06	朝阳区	奥运村街道	社区公园	小于2hm²	3	8	4
7	绿影园	0.56	朝阳区	奥运村街道	游园	小于2hm²	1	10	3
8	景藏健康公园	19.14	朝阳区	奥运村街道	专类公园	10~50hm²	6	5	7
9	奥林匹克公园	303.80	朝阳区	奥运村街道	专类公园	大于100hm²	6	1	5
10	奥林匹克森林公园	698.81	朝阳区	奥运村街道	综合公园	大于100hm²	10	5	6
11	八里庄绿无限公园	1.06	朝阳区	八里庄街道	社区公园	小于2hm²	3	8	4
12	十北公园	0.48	朝阳区	八里庄街道	游园	小于2hm²	1	10	3
13	常营保利公园	4.00	朝阳区	常营乡	社区公园	2~10hm²	4	7	3
14	五里桥公园	8.70	朝阳区	常营乡	生态公园	2~10hm²	3	4	6
15	常营公园	72.74	朝阳区	常营乡	生态公园	50~100hm²	5	2	9
16	常营体育公园	13.46	朝阳区	常营乡	专类公园	10~50hm²	6	5	7
17	日坛公园	21.58	朝阳区	朝外街道	历史名园	10~50hm²	7	4	6
18	萃清园	1.45	朝阳区	崔各庄乡	社区公园	小于2hm²	3	8	4
19	马南里公园	1.86	朝阳区	崔各庄乡	社区公园	小于2hm²	3	8	4
20	何各庄湿地公园	15.60	朝阳区	崔各庄乡	生态公园	10~50hm²	4	3	8
21	何里栖地公园	36.91	朝阳区	崔各庄乡	生态公园	10~50hm²	4	3	8
22	奶东公园	9.68	朝阳区	崔各庄乡	生态公园	2~10hm²	3	4	6
23	朝来森林公园北区	78.99	朝阳区	崔各庄乡	生态公园	50~100hm²	5	2	9
24	昆泰休闲公园	5.80	朝阳区	崔各庄乡	游园	2~10hm²	2	9	2
25	宏昌竣体育公园	17.91	朝阳区	崔各庄乡	专类公园	10~50hm²	6	5	7
26	大望京公园	37.99	朝阳区	崔各庄乡	综合公园	10~50hm²	8	7	9
27	望京公园	16.92	朝阳区	崔各庄乡	综合公园	10~50hm²	8	7	9
28	华汇紫薇公园	4.59	朝阳区	大屯街道	社区公园	2~10hm²	4	7	3
29	民怡园	0.32	朝阳区	大屯街道	社区公园	小于2hm²	3	8	4
30	黄草湾郊野公园	32.67	朝阳区	大屯街道	生态公园	10~50hm²	4	3	8
31	会议中心休闲园	10.76	朝阳区	大屯街道	游园	10~50hm²	3	4	4
32	大屯阳光休闲园	2.98	朝阳区	大屯街道	游园	2~10hm²	2	9	2
33	北苑公园	1.39	朝阳区	大屯街道	游园	小于2hm²	1	10	3
34	坝河休闲公园	18.81	朝阳区	东坝乡	社区公园	10~50hm²	5	6	5

编号	名称	面积/hm²	行政区	街道	类型	面积等级	社会文化功能得分		
							美学	社交	游憩
35	东坝千亩湖公园	25.62	朝阳区	东坝乡	生态公园	10~50hm²	4	3	8
36	京城体育郊野公园	46.17	朝阳区	东坝乡	生态公园	10~50hm²	4	3	8
37	圣隆体育公园	13.53	朝阳区	东坝乡	生态公园	10~50hm²	4	3	8
38	东风公园	55.30	朝阳区	东坝乡	生态公园	50~100hm²	5	2	9
39	京城槐园郊野公园	76.82	朝阳区	东坝乡	生态公园	50~100hm²	5	2	9
40	东坝郊野公园	226.84	朝阳区	东坝乡	生态公园	大于100hm²	6	1	5
41	北京世纪国际艺术园	14.31	朝阳区	东坝乡	专类公园	10~50hm²	6	5	7
42	红领巾公园	41.74	朝阳区	东风乡	综合公园	10~50hm²	8	7	9
43	坝桥金色小游园	0.38	朝阳区	东直门街道	游园	小于2hm²	1	10	3
44	富力又一城公园	12.06	朝阳区	豆各庄乡	社区公园	10~50hm²	5	6	5
45	白鹿郊野公园	31.93	朝阳区	豆各庄乡	生态公园	10~50hm²	4	3	8
46	杜仲公园	45.97	朝阳区	豆各庄乡	生态公园	10~50hm²	4	3	8
47	金田郊野公园	45.83	朝阳区	豆各庄乡	生态公园	10~50hm²	4	3	8
48	绿丰休闲公园	23.19	朝阳区	豆各庄乡	生态公园	10~50hm²	4	3	8
49	原乡公园	9.74	朝阳区	豆各庄乡	生态公园	2~10hm²	3	4	6
50	金田郊野公园	54.01	朝阳区	豆各庄乡	生态公园	50~100hm²	5	2	9
51	马家湾湿地公园	85.02	朝阳区	豆各庄乡	生态公园	50~100hm²	5	2	9
52	翠城公园	3.30	朝阳区	垡头街道	社区公园	2~10hm²	4	7	3
53	个园	4.42	朝阳区	垡头街道	社区公园	2~10hm²	4	7	3
54	垡头科普文化公园	0.47	朝阳区	垡头街道	社区公园	小于2hm²	3	8	3
55	同心园党建主题公园	0.75	朝阳区	高碑店乡	社区公园	小于2hm²	3	8	3
56	百花郊野公园	17.15	朝阳区	高碑店乡	生态公园	10~50hm²	4	3	8
57	惠水湾森林公园	12.86	朝阳区	高碑店乡	生态公园	10~50hm²	4	3	8
58	平房公园	24.10	朝阳区	高碑店乡	生态公园	10~50hm²	4	3	8
59	紫檀休闲园	3.38	朝阳区	高碑店乡	游园	2~10hm²	2	9	2
60	四惠东站小游园	0.46	朝阳区	高碑店乡	游园	小于2hm²	1	10	3
61	水谷再生水湿地公园	5.69	朝阳区	高碑店乡	专类公园	2~10hm²	5	6	5
62	兴隆郊野公园	46.63	朝阳区	高碑店乡	综合公园	10~50hm²	8	7	9
63	东一处公园	8.75	朝阳区	管庄乡	社区公园	2~10hm²	4	7	3
64	八里桥公园	20.66	朝阳区	管庄乡	生态公园	10~50hm²	4	3	8
65	西会公园	25.24	朝阳区	管庄乡	生态公园	10~50hm²	4	3	8
66	和平街公园	2.86	朝阳区	和平街道	社区公园	2~10hm²	4	7	3
67	青年沟公园	0.12	朝阳区	和平街道	游园	小于2hm²	1	10	3
68	暖山生态公园	16.10	朝阳区	黑户庄乡	社区公园	10~50hm²	5	6	5

编号	名称	面积/hm²	行政区	街道	类型	面积等级	社会文化功能得分		
							美学	社交	游憩
69	郎各庄村休闲公园	2.04	朝阳区	黑户庄乡	社区公园	2~10hm²	4	7	3
70	双树北村休闲公园	0.69	朝阳区	黑户庄乡	社区公园	小于2hm²	3	8	4
71	红军公园	20.14	朝阳区	黑户庄乡	生态公园	10~50hm²	4	3	8
72	四合公园	108.99	朝阳区	黑户庄乡	生态公园	大于100hm²	6	1	5
73	呼家楼社区公园	0.65	朝阳区	呼家楼街道	社区公园	小于2hm²	3	8	4
74	CBD历史文化公园	2.51	朝阳区	呼家楼街道	专类公园	2~10hm²	5	6	5
75	元大都城垣遗址公园	104.69	朝阳区	花园路街道	专类公园	大于100hm²	6	1	5
76	CBD城市森林公园	1.83	朝阳区	建外街道	专类公园	小于2hm²	4	7	6
77	庆丰公园	17.09	朝阳区	建外街道	综合公园	10~50hm²	8	7	9
78	将台滨河公园	4.27	朝阳区	将台街道	社区公园	2~10hm²	4	7	3
79	丽都公园	4.85	朝阳区	将台街道	社区公园	2~10hm²	4	7	3
80	上东双上东公园	1.69	朝阳区	将台街道	社区公园	小于2hm²	3	8	4
81	丁香园	5.30	朝阳区	将台街道	游园	2~10hm²	2	9	2
82	石林广场	2.55	朝阳区	将台街道	游园	2~10hm²	2	9	2
83	驼房营公园	3.15	朝阳区	将台街道	游园	2~10hm²	2	9	2
84	四得公园	23.72	朝阳区	将台街道	综合公园	10~50hm²	8	7	9
85	朝阳公园	285.99	朝阳区	将台街道	综合公园	大于100hm²	10	5	6
86	将府公园	106.52	朝阳区	将台街道	综合公园	大于100hm²	10	5	6
87	朝阳丽泽公园	0.87	朝阳区	金盏乡	游园	小于2hm²	1	10	3
88	劲松五区公园	0.67	朝阳区	劲松街道	社区公园	小于2hm²	3	8	4
89	劲松百环休闲园	0.60	朝阳区	劲松街道	游园	小于2hm²	1	10	3
90	首城国际休闲园	1.96	朝阳区	劲松街道	游园	小于2hm²	1	10	3
91	立水桥公园	10.93	朝阳区	来广营乡	社区公园	10~50hm²	5	6	5
92	望湖公园	15.51	朝阳区	来广营乡	社区公园	10~50hm²	5	6	5
93	瑞竹园	7.35	朝阳区	来广营乡	社区公园	2~10hm²	4	7	3
94	润泽公园	7.82	朝阳区	来广营乡	社区公园	2~10hm²	4	7	3
95	十友园	2.70	朝阳区	来广营乡	社区公园	2~10hm²	4	7	3
96	纬景园	2.06	朝阳区	来广营乡	社区公园	2~10hm²	4	7	3
97	林荫公园	1.60	朝阳区	来广营乡	社区公园	小于2hm²	3	8	4
98	朝来森林公园	49.19	朝阳区	来广营乡	生态公园	10~50hm²	4	3	8
99	清河营郊野公园	17.26	朝阳区	来广营乡	生态公园	10~50hm²	4	3	8
100	清河营郊野公园	39.64	朝阳区	来广营乡	生态公园	10~50hm²	4	3	8
101	勇士营郊野公园	25.82	朝阳区	来广营乡	生态公园	10~50hm²	4	3	8
102	华茂绿线休闲园	5.79	朝阳区	来广营乡	游园	2~10hm²	2	9	2

编号	名称	面积/hm²	行政区	街道	类型	面积等级	社会文化功能得分		
							美学	社交	游憩
103	东湖利泽西街小公园	0.58	朝阳区	来广营乡	游园	小于2hm²	1	10	3
104	北小河公园	23.50	朝阳区	来广营乡	综合公园	10~50hm²	8	7	9
105	望和公园（北区）	13.89	朝阳区	来广营乡	综合公园	10~50hm²	8	7	9
106	万科公园	3.12	朝阳区	六里屯街道	社区公园	2~10hm²	4	7	3
107	百子湾园	6.44	朝阳区	南磨房街道	社区公园	2~10hm²	4	7	3
108	窑洼湖公园	4.37	朝阳区	南磨房街道	社区公园	2~10hm²	4	7	3
109	石门休闲公园	1.11	朝阳区	南磨房街道	社区公园	小于2hm²	3	8	4
110	双龙公园	0.63	朝阳区	南磨房街道	社区公园	小于2hm²	3	8	4
111	运动公园	1.82	朝阳区	南磨房街道	社区公园	小于2hm²	3	8	4
112	小武基公园	16.74	朝阳区	南磨房街道	生态公园	10~50hm²	4	3	8
113	松榆里公园	1.21	朝阳区	潘家园街道	社区公园	小于2hm²	3	8	4
114	儿童主题公园	3.46	朝阳区	平房乡	社区公园	2~10hm²	4	7	3
115	姚家园公园	4.79	朝阳区	平房乡	社区公园	2~10hm²	4	7	3
116	京城森林郊野公园	44.17	朝阳区	平房乡	生态公园	10~50hm²	4	3	8
117	石各庄公园	14.48	朝阳区	平房乡	生态公园	10~50hm²	4	3	8
118	星河湾生态公园	12.03	朝阳区	平房乡	生态公园	10~50hm²	4	3	8
119	黄渠公园	6.74	朝阳区	平房乡	生态公园	2~10hm²	3	4	6
120	京城梨园郊野公园	81.93	朝阳区	平房乡	生态公园	50~100hm²	5	2	9
121	北焦公园	2.60	朝阳区	十八里店乡	社区公园	2~10hm²	4	7	3
122	弘善城市休闲公园	5.23	朝阳区	十八里店乡	社区公园	2~10hm²	4	7	3
123	西直河休闲健康园	4.92	朝阳区	十八里店乡	社区公园	2~10hm²	4	7	3
124	海棠郊野公园	31.34	朝阳区	十八里店乡	生态公园	10~50hm²	4	3	8
125	镇海寺郊野公园	30.70	朝阳区	十八里店乡	生态公园	10~50hm²	4	3	8
126	老君堂郊野公园	72.37	朝阳区	十八里店乡	生态公园	50~100hm²	5	2	9
127	孙河郊野公园	17.11	朝阳区	孙河乡	生态公园	10~50hm²	4	3	8
128	榆悦湾公园	7.05	朝阳区	孙河乡	生态公园	2~10hm²	3	4	6
129	馨艺美园公园	0.22	朝阳区	孙河乡	游园	小于2hm²	1	10	3
130	温榆河公园	193.84	朝阳区	孙河乡	综合公园	大于100hm²	10	5	6
131	太阳宫花园	21.52	朝阳区	太阳宫街道	社区公园	10~50hm²	5	6	5
132	坝河常庆花园	5.28	朝阳区	太阳宫街道	社区公园	2~10hm²	4	7	3
133	牛王庙村休闲公园	1.09	朝阳区	太阳宫街道	社区公园	小于2hm²	3	8	4
134	太阳宫体育休闲公园	35.53	朝阳区	太阳宫街道	生态公园	10~50hm²	4	3	8
135	太阳宫公园	54.28	朝阳区	太阳宫街道	生态公园	50~100hm²	5	2	9
136	裘马都休闲园	5.07	朝阳区	太阳宫街道	游园	2~10hm²	2	9	2

编号	名称	面积/hm²	行政区	街道	类型	面积等级	社会文化功能得分		
							美学	社交	游憩
137	团结湖公园	11.21	朝阳区	团结湖街道	综合公园	10~50hm²	8	7	9
138	官庄公园	6.27	朝阳区	王四营乡	生态公园	2~10hm²	3	4	6
139	古塔公园	56.51	朝阳区	王四营乡	综合公园	50~100hm²	9	6	10
140	金隅南湖公园	11.66	朝阳区	望京街道	社区公园	10~50hm²	5	6	5
141	万和桐城公园	6.44	朝阳区	望京街道	社区公园	2~10hm²	4	7	3
142	望承公园	2.67	朝阳区	望京街道	社区公园	2~10hm²	4	7	3
143	望京SOHO和趣园	3.34	朝阳区	望京街道	社区公园	2~10hm²	4	7	3
144	望京伯爵城中央公园	7.69	朝阳区	望京街道	社区公园	2~10hm²	4	7	3
145	望京体育公园	1.67	朝阳区	望京街道	社区公园	小于2hm²	3	8	4
146	利星行休闲园	2.08	朝阳区	望京街道	游园	2~10hm²	2	9	2
147	家乐福休闲园	1.27	朝阳区	望京街道	游园	小于2hm²	1	10	3
148	金隅南湖体育公园	2.57	朝阳区	望京街道	专类公园	2~10hm²	5	6	5
149	望和公园	20.00	朝阳区	望京街道	综合公园	10~50hm²	8	7	9
150	芳沁园	0.98	朝阳区	香河园街道	社区公园	小于2hm²	3	8	4
151	小关奥林匹克游园	0.72	朝阳区	小关街道	游园	小于2hm²	1	10	3
152	博大水库公园	20.12	朝阳区	小红门乡	生态公园	10~50hm²	4	3	8
153	鸿博郊野公园	80.95	朝阳区	小红门乡	生态公园	50~100hm²	5	2	9
154	旺兴湖郊野公园北区	64.26	朝阳区	小红门乡	生态公园	50~100hm²	5	2	9
155	小红门芳林园	8.88	朝阳区	小红门乡	游园	2~10hm²	2	9	2
156	中华民族园	33.48	朝阳区	亚运村街道	专类公园	10~50hm²	6	5	7
157	香河园公园	8.38	朝阳区	左家庄街道	社区公园	2~10hm²	4	7	3
158	左家庄科普廉政文化园	2.89	朝阳区	左家庄街道	游园	2~10hm²	2	9	2
159	夏园	1.05	朝阳区	左家庄街道	游园	小于2hm²	1	10	3
160	北二环城市公园	1.86	东城区	安定门街道	社区公园	小于2hm²	3	8	4
161	安贞桥西南角小游园	0.13	东城区	安贞街道	游园	小于2hm²	1	10	3
162	中轴路小游园	0.33	东城区	安贞街道	游园	小于2hm²	1	10	3
163	柳荫公园	14.40	东城区	安贞街道	综合公园	10~50hm²	8	7	9
164	南馆公园	2.84	东城区	北新桥街道	社区公园	2~10hm²	4	7	3
165	东四法治公园	0.34	东城区	北新桥街道	社区公园	小于2hm²	3	8	4
166	东四十条桥西北小游园	0.98	东城区	北新桥街道	游园	小于2hm²	1	10	3
167	东直门桥西北侧小游园	1.46	东城区	北新桥街道	游园	小于2hm²	1	10	3

编号	名称	面积/hm²	行政区	街道	类型	面积等级	社会文化功能得分		
							美学	社交	游憩
168	朝阳门桥西南侧小游园	1.17	东城区	朝外街道	游园	小于2hm²	1	10	3
169	灯市口小游园	0.21	东城区	朝阳门街道	游园	小于2hm²	1	10	3
170	蟠桃宫游园	3.85	东城区	崇文门街道	游园	2～10hm²	2	9	2
171	都市馨园休闲广场	0.62	东城区	崇文门街道	游园	小于2hm²	1	10	3
172	祈年大街小游园	0.68	东城区	崇文门街道	游园	小于2hm²	1	10	3
173	珠市口东大街休闲广场	1.29	东城区	崇文门街道	游园	小于2hm²	1	10	3
174	明城墙遗址社区公园	11.20	东城区	东花市街道	社区公园	10～50hm²	5	6	5
175	大通滨河公园	0.98	东城区	东花市街道	社区公园	小于2hm²	3	8	4
176	广渠门小游园	0.27	东城区	东花市街道	游园	小于2hm²	1	10	3
177	广渠秋韵游园	0.66	东城区	东花市街道	游园	小于2hm²	1	10	3
178	领行国际游园	0.40	东城区	东花市街道	游园	小于2hm²	1	10	3
179	同心园（东城）	0.47	东城区	东花市街道	游园	小于2hm²	1	10	3
180	北京市劳动人民文化宫	11.76	东城区	东华门街道	历史名园	10～50hm²	7	4	6
181	中山公园	20.09	东城区	东华门街道	历史名园	10～50hm²	7	4	6
182	菖蒲河公园	4.22	东城区	东华门街道	社区公园	2～10hm²	4	7	3
183	东单公园	4.42	东城区	东华门街道	社区公园	2～10hm²	4	7	3
184	正义路小游园	2.11	东城区	东华门街道	游园	2～10hm²	2	9	2
185	天安门东南角小游园	0.11	东城区	东华门街道	游园	小于2hm²	1	10	3
186	校尉胡同小游园	0.42	东城区	东华门街道	游园	小于2hm²	1	10	3
187	皇城根遗址公园	7.14	东城区	东华门街道	专类公园	2～10hm²	5	6	5
188	东四奥林匹克社区公园	1.84	东城区	东四街道	社区公园	小于2hm²	3	8	4
189	朝阳门桥西北侧小游园	2.12	东城区	东四街道	游园	2～10hm²	2	9	2
190	怡心公园	1.05	东城区	东铁匠营街道	社区公园	小于2hm²	3	8	4
191	亮马河公园	6.33	东城区	东直门街道	社区公园	2～10hm²	4	7	3
192	新中街城市森林公园	1.33	东城区	东直门街道	社区公园	小于2hm²	3	8	4
193	百花深处小游园	0.46	东城区	东直门街道	游园	小于2hm²	1	10	3
194	清水苑小游园	1.05	东城区	东直门街道	游园	小于2hm²	1	10	3
195	万国公寓小游园	0.68	东城区	东直门街道	游园	小于2hm²	1	10	3
196	玉蜓公园	7.34	东城区	方庄街道	社区公园	2～10hm²	4	7	3

编号	名称	面积/hm²	行政区	街道	类型	面积等级	社会文化功能得分		
							美学	社交	游憩
197	左安西里游园	0.30	东城区	方庄街道	游园	小于2hm²	1	10	3
198	地坛公园	31.87	东城区	和平里街道	历史名园	10~50hm²	7	4	6
199	安德城市森林公园	0.57	东城区	和平里街道	社区公园	小于2hm²	3	8	4
200	地坛园外园	1.27	东城区	和平里街道	社区公园	小于2hm²	3	8	4
201	安定门健身乐园	1.60	东城区	和平里街道	游园	小于2hm²	1	10	3
202	青年湖公园	19.19	东城区	和平里街道	综合公园	10~50hm²	8	7	9
203	建国门西北角社区公园	0.80	东城区	建国门街道	社区公园	小于2hm²	3	8	4
204	检察院外侧小游园	1.37	东城区	建国门街道	游园	小于2hm²	1	10	3
205	建国门健身乐园	0.83	东城区	建国门街道	游园	小于2hm²	1	10	3
206	农总行小游园	1.13	东城区	建国门街道	游园	小于2hm²	1	10	3
207	玉河公园	0.35	东城区	交道口街道	社区公园	小于2hm²	3	8	4
208	护城河休闲公园	0.52	东城区	龙潭街道	社区公园	小于2hm²	3	8	4
209	华城公园	0.77	东城区	龙潭街道	社区公园	小于2hm²	3	8	4
210	华城小游园	1.17	东城区	龙潭街道	游园	小于2hm²	1	10	3
211	龙潭东路游园	1.02	东城区	龙潭街道	游园	小于2hm²	1	10	3
212	龙潭公园	40.29	东城区	龙潭街道	综合公园	10~50hm²	8	7	9
213	龙潭中湖公园	8.09	东城区	龙潭街道	综合公园	2~10hm²	7	8	7
214	龙潭西湖公园	50.16	东城区	龙潭街道	综合公园	50~100hm²	9	6	10
215	前门公园	0.65	东城区	前门街道	社区公园	小于2hm²	3	8	4
216	前门东路北部花园	0.08	东城区	前门街道	游园	小于2hm²	1	10	3
217	三里河公园	0.49	东城区	前门街道	游园	小于2hm²	1	10	3
218	工体小游园	1.12	东城区	三里屯街道	游园	小于2hm²	1	10	3
219	天坛公园	193.69	东城区	体育馆路街道	历史名园	大于100hm²	9	2	3
220	四块玉游园	0.85	东城区	体育馆路街道	游园	小于2hm²	1	10	3
221	天坛北路街心花园	0.43	东城区	体育馆路街道	游园	小于2hm²	1	10	3
222	永定门公园	16.30	东城区	天桥街道	综合公园	10~50hm²	8	7	9
223	二十四节气公园	3.18	东城区	天坛街道	社区公园	2~10hm²	4	7	3
224	金鱼池小游园	0.17	东城区	天坛街道	游园	小于2hm²	1	10	3
225	天坛西小游园	1.36	东城区	天坛街道	游园	小于2hm²	1	10	3
226	自然博物馆公园	1.59	东城区	天坛街道	游园	小于2hm²	1	10	3
227	西革新里城市休闲公园	4.57	东城区	永定门街道	社区公园	2~10hm²	4	7	3
228	松林里公园	1.48	东城区	永定门街道	社区公园	小于2hm²	3	8	4

编号	名称	面积/hm²	行政区	街道	类型	面积等级	社会文化功能得分		
							美学	社交	游憩
229	桃园社区休闲文化公园	0.04	东城区	永定门街道	社区公园	小于2hm²	3	8	4
230	景泰公园	0.92	东城区	永定门街道	游园	小于2hm²	1	10	3
231	景泰公园东园	0.39	东城区	永定门街道	游园	小于2hm²	1	10	3
232	燕墩遗址游园	0.06	东城区	永定门街道	游园	小于2hm²	1	10	3
233	绿洲家园小游园	0.66	丰台区	八宝山街道	游园	小于2hm²	1	10	3
234	南厢大绿地游园	0.64	丰台区	白纸坊街道	游园	小于2hm²	1	10	3
235	石榴庄公园	15.02	丰台区	大红门街道	社区公园	10~50hm²	5	6	5
236	南垣秋实公园	6.42	丰台区	大红门街道	社区公园	2~10hm²	4	7	3
237	石榴庄城市休闲公园	3.19	丰台区	大红门街道	社区公园	2~10hm²	4	7	3
238	福海公园	3.71	丰台区	大红门街道	游园	2~10hm²	2	9	3
239	花飞蝶舞公园	2.32	丰台区	大红门街道	游园	2~10hm²	2	9	2
240	榴彩公园	2.44	丰台区	大红门街道	游园	2~10hm²	2	9	3
241	桮林叠翠公园	0.32	丰台区	大红门街道	游园	小于2hm²	1	10	3
242	顶秀公园	0.77	丰台区	大红门街道	游园	小于2hm²	1	10	3
243	红门佳荫公园	1.78	丰台区	大红门街道	游园	小于2hm²	1	10	3
244	红门霞栖公园	0.65	丰台区	大红门街道	游园	小于2hm²	1	10	3
245	角门小游园	0.50	丰台区	大红门街道	游园	小于2hm²	1	10	3
246	沃丹园	0.98	丰台区	大红门街道	游园	小于2hm²	1	10	3
247	三营门公园	4.27	丰台区	东高地街道	社区公园	2~10hm²	4	7	3
248	桃园公园	1.33	丰台区	东高地街道	社区公园	小于2hm²	3	8	4
249	东高地公园	6.49	丰台区	东高地街道	综合公园	2~10hm²	7	8	7
250	成寿寺公园	1.65	丰台区	东铁匠营街道	游园	小于2hm²	1		3
251	清风园公园	0.38	丰台区	东铁匠营街道	游园	小于2hm²	1	10	3
252	百米芳华园	14.88	丰台区	方庄街道	社区公园	10~50hm²	5	6	5
253	芳城园社区公园	1.94	丰台区	方庄街道	社区公园	小于2hm²	3	8	4
254	群乐园	0.97	丰台区	方庄街道	游园	小于2hm²	1	10	3
255	同乐园	0.07	丰台区	方庄街道	游园	小于2hm²	1	10	3
256	方庄体育公园	8.35	丰台区	方庄街道	专类公园	2~10hm²	5	6	5
257	丰益公园	10.08	丰台区	丰台街道	社区公园	10~50hm²	5	6	5
258	庄怡公园	3.31	丰台区	丰台街道	社区公园	2~10hm²	4	7	3
259	彩虹家园小游园	0.69	丰台区	丰台街道	游园	小于2hm²	1	10	3
260	东管头小游园	1.14	丰台区	丰台街道	游园	小于2hm²	1	10	3
261	福顺里小游园	0.27	丰台区	丰台街道	游园	小于2hm²	1	10	3

续表

编号	名称	面积/hm²	行政区	街道	类型	面积等级	社会文化功能得分		
							美学	社交	游憩
262	正阳桥东侧小游园	0.60	丰台区	丰台街道	游园	小于2hm²	1	10	3
263	正阳桥西侧小游园	0.76	丰台区	丰台街道	游园	小于2hm²	1	10	3
264	丰台花园	8.11	丰台区	丰台街道	综合公园	2～10hm²	7	8	7
265	北京园博园	515.25	丰台区	古城街道	专类公园	大于100hm²	6	1	5
266	和义公园	21.02	丰台区	和义街道	生态公园	10～50hm²	4	3	8
267	和义郊野公园	4.92	丰台区	和义街道	生态公园	2～10hm²	3	4	6
268	龙河春绯公园	0.72	丰台区	和义街道	游园	小于2hm²	1	10	3
269	南苑公园	10.26	丰台区	和义街道	综合公园	10～50hm²	8	7	9
270	西局玉璞园	18.57	丰台区	卢沟桥街道	社区公园	10～50hm²	5	6	5
271	岳各庄城市森林公园	18.74	丰台区	卢沟桥街道	社区公园	10～50hm²	5	6	5
272	郑常庄公园	12.15	丰台区	卢沟桥街道	社区公园	10～50hm²	5	6	5
273	华凯花园	3.43	丰台区	卢沟桥街道	社区公园	2～10hm²	4	7	3
274	六里桥城市森林公园	3.25	丰台区	卢沟桥街道	社区公园	2～10hm²	4	7	3
275	生态公园	2.90	丰台区	卢沟桥街道	社区公园	2～10hm²	4	7	3
276	瓦林苑小游园	6.87	丰台区	卢沟桥街道	社区公园	2～10hm²	4	7	3
277	小瓦窑公园	1.95	丰台区	卢沟桥街道	社区公园	小于2hm²	3	8	4
278	经仪公园	20.93	丰台区	卢沟桥街道	生态公园	10～50hm²	4	3	8
279	天元郊野公园	28.66	丰台区	卢沟桥街道	生态公园	10～50hm²	4	3	8
280	万丰郊野公园	25.76	丰台区	卢沟桥街道	生态公园	10～50hm²	4	3	8
281	大瓦窑郊野公园	2.27	丰台区	卢沟桥街道	生态公园	2～10hm²	3	4	6
282	郭庄子休闲森林公园	8.23	丰台区	卢沟桥街道	游园	2～10hm²	2	9	2
283	岳各庄小游园	3.15	丰台区	卢沟桥街道	游园	2～10hm²	2	9	2
284	丰台芳菲园	0.14	丰台区	卢沟桥街道	游园	小于2hm²	1	10	3
285	青塔街心公园	0.85	丰台区	卢沟桥街道	游园	小于2hm²	1	10	3
286	太平花园	1.08	丰台区	卢沟桥街道	游园	小于2hm²	1	10	3
287	同健园	0.35	丰台区	卢沟桥街道	游园	小于2hm²	1	10	3
288	炫彩园	0.95	丰台区	卢沟桥街道	游园	小于2hm²	1	10	3
289	绿源公园	15.19	丰台区	卢沟桥街道	专类公园	10～50hm²	6	5	7
290	足球公园	5.44	丰台区	卢沟桥街道	专类公园	2～10hm²	5	6	5
291	嘉囿城市休闲公园	6.35	丰台区	马家堡街道	社区公园	2～10hm²	4	7	3
292	嘉园三里公园	3.76	丰台区	马家堡街道	社区公园	2～10hm²	4	7	3
293	林木家园公园	3.47	丰台区	马家堡街道	社区公园	2～10hm²	4	7	3
294	槐新郊野公园	108.12	丰台区	马家堡街道	生态公园	大于100hm²	6	1	5
295	嘉河公园	4.41	丰台区	马家堡街道	游园	2～10hm²	2	9	2

编号	名称	面积/hm²	行政区	街道	类型	面积等级	社会文化功能得分		
							美学	社交	游憩
296	林枫园	1.61	丰台区	马家堡街道	游园	小于2hm²	1	10	3
297	马家堡休闲公园	6.16	丰台区	南苑街道	社区公园	2~10hm²	4	7	3
298	海子郊野公园	28.31	丰台区	南苑街道	生态公园	10~50hm²	4	3	8
299	槐房公园	30.88	丰台区	南苑街道	生态公园	10~50hm²	4	3	8
300	桃苑郊野公园	12.43	丰台区	南苑街道	生态公园	10~50hm²	4	3	8
301	玉兰香雪公园	6.88	丰台区	南苑街道	游园	2~10hm²	2	9	2
302	南庭新苑公园	0.87	丰台区	南苑街道	游园	小于2hm²	1	10	3
303	怡馨花园	0.41	丰台区	南苑街道	游园	小于2hm²	1	10	3
304	莲花池公园	46.05	丰台区	太平桥街道	历史名园	10~50hm²	7	4	6
305	丽泽旺泉公园	3.08	丰台区	太平桥街道	游园	2~10hm²	2	9	2
306	广安路南侧小游园	0.39	丰台区	太平桥街道	游园	小于2hm²	1	10	3
307	精图小游园	0.67	丰台区	太平桥街道	游园	小于2hm²	1	10	3
308	丽泽城市休闲公园	1.81	丰台区	太平桥街道	游园	小于2hm²	1	10	3
309	人口文化园	0.78	丰台区	太平桥街道	游园	小于2hm²	1	10	3
310	宛平苑公园	0.73	丰台区	宛平城街道	社区公园	小于2hm²	3	8	4
311	北天堂郊野公园	15.01	丰台区	宛平城街道	生态公园	10~50hm²	4	3	8
312	绿堤郊野公园	31.80	丰台区	宛平城街道	生态公园	10~50hm²	4	3	8
313	晓月郊野公园	87.77	丰台区	宛平城街道	生态公园	50~100hm²	5	2	9
314	世纪森林公园	149.70	丰台区	宛平城街道	生态公园	大于100hm²	6	1	5
315	宛平小游园	3.60	丰台区	宛平城街道	游园	2~10hm²	2	9	2
316	抗日战争纪念雕塑园	16.50	丰台区	宛平城街道	专类公园	10~50hm²	6	5	7
317	翡翠山休闲公园	2.91	丰台区	王佐镇	社区公园	2~10hm²	4	7	3
318	王佐休闲公园	7.33	丰台区	王佐镇	社区公园	2~10hm²	4	7	3
319	青龙湖公园	45.37	丰台区	王佐镇	生态公园	10~50hm²	4	3	8
320	千灵山公园	262.60	丰台区	王佐镇	生态公园	大于100hm²	6	1	5
321	云岗森林公园	101.14	丰台区	王佐镇	生态公园	大于100hm²	6	1	5
322	南宫世界地热博览园	26.14	丰台区	王佐镇	专类公园	10~50hm²	6	5	5
323	南宫体育公园	7.12	丰台区	王佐镇	专类公园	2~10hm²	5	6	5
324	凉水河小游园	0.78	丰台区	西罗园街道	游园	小于2hm²	1	10	3
325	祥和园	1.39	丰台区	西罗园街道	游园	小于2hm²	1	10	3
326	洋桥小游园	0.42	丰台区	西罗园街道	游园	小于2hm²	1	10	3
327	万芳亭公园	12.76	丰台区	西罗园街道	综合公园	10~50hm²	8	7	9
328	花乡特色花卉公园	17.81	丰台区	新村街道	社区公园	10~50hm²	5	6	5
329	科技园生态主题公园	5.88	丰台区	新村街道	社区公园	2~10hm²	4	7	3

编号	名称	面积/hm²	行政区	街道	类型	面积等级	社会文化功能得分		
							美学	社交	游憩
330	银地休闲公园	5.80	丰台区	新村街道	社区公园	2～10hm²	4	7	3
331	青秀城休闲公园	1.29	丰台区	新村街道	社区公园	小于2hm²	3	8	4
332	高鑫郊野公园	40.99	丰台区	新村街道	生态公园	10～50hm²	4	3	8
333	看丹郊野公园	22.07	丰台区	新村街道	生态公园	10～50hm²	4	3	8
334	榆树庄郊野公园	15.82	丰台区	新村街道	生态公园	10～50hm²	4	3	8
335	御康郊野公园	26.17	丰台区	新村街道	生态公园	10～50hm²	4	3	8
336	白盆窑公园	7.54	丰台区	新村街道	生态公园	2～10hm²	3	4	6
337	纪家庙游园	4.94	丰台区	新村街道	游园	2～10hm²	2	9	2
338	科丰桥游园	3.94	丰台区	新村街道	游园	2～10hm²	2	9	2
339	诺德中心小游园	2.20	丰台区	新村街道	游园	2～10hm²	2	9	2
340	郁芳城市休闲公园	2.38	丰台区	新村街道	游园	2～10hm²	2	9	2
341	高立庄公园	0.49	丰台区	新村街道	游园	小于2hm²	1	10	3
342	郭公庄公园	0.89	丰台区	新村街道	游园	小于2hm²	1	10	3
343	康润城市森林公园	0.75	丰台区	新村街道	游园	小于2hm²	1	10	3
344	南粤园	0.82	丰台区	新村街道	游园	小于2hm²	1	10	3
345	青秀城小游园	1.92	丰台区	新村街道	游园	小于2hm²	1	10	3
346	天伦锦城小游园	1.68	丰台区	新村街道	游园	小于2hm²	1	10	3
347	万柳小游园	1.82	丰台区	新村街道	游园	小于2hm²	1	10	3
348	小公园	0.65	丰台区	新村街道	游园	小于2hm²	1	10	3
349	北京世界公园	42.88	丰台区	新村街道	专类公园	10～50hm²	6	5	7
350	世界花卉大观园	40.75	丰台区	新村街道	专类公园	10～50hm²	6	5	7
351	怡心园	0.24	丰台区	新街口街道	游园	小于2hm²	1	10	3
352	翠林万米小游园	1.86	丰台区	右安门街道	游园	小于2hm²	1	10	3
353	开阳桥小游园	1.09	丰台区	右安门街道	游园	小于2hm²	1	10	3
354	右外街心花园	0.21	丰台区	右安门街道	游园	小于2hm²	1	10	3
355	玉林小游园	1.42	丰台区	右安门街道	游园	小于2hm²	1	10	3
356	塔西公园	0.19	丰台区	云岗街道	社区公园	小于2hm²	3	8	4
357	北宫国家森林公园	117.72	丰台区	云岗街道	生态公园	大于100hm²	6	1	5
358	园博府休闲公园	4.85	丰台区	长辛店街道	社区公园	2～10hm²	4	7	3
359	张家坟静欣苑公园	2.91	丰台区	长辛店街道	社区公园	2～10hm²	4	7	3
360	长体城市休闲公园	2.69	丰台区	长辛店街道	社区公园	2～10hm²	4	7	3
361	长辛店城市森林公园	2.96	丰台区	长辛店街道	社区公园	2～10hm²	4	7	3
362	长辛店二七公园	5.99	丰台区	长辛店街道	社区公园	2～10hm²	4	7	3
363	中心公园	0.84	丰台区	长辛店街道	社区公园	小于2hm²	3	8	4

编号	名称	面积/hm²	行政区	街道	类型	面积等级	社会文化功能得分		
							美学	社交	游憩
364	张郭庄休闲公园	12.59	丰台区	长辛店街道	生态公园	10～50hm²	4	3	8
365	枫林杏苑公园	3.73	丰台区	长辛店街道	生态公园	2～10hm²	3	4	6
366	叠翠公园	2.68	丰台区	长辛店街道	游园	2～10hm²	2	9	2
367	南营公园	1.13	丰台区	长辛店街道	游园	小于2hm²	1	10	3
368	朱南社区公园	0.57	丰台区	长辛店街道	游园	小于2hm²	1	10	3
369	田村城市休闲公园	7.97	海淀区	八角街道	社区公园	2～10hm²	4	7	3
370	定慧公园	6.57	海淀区	八里庄街道	社区公园	2～10hm²	4	7	3
371	美丽园小区公园	1.20	海淀区	八里庄街道	社区公园	小于2hm²	3	8	4
372	秀慧园	3.51	海淀区	八里庄街道	游园	2～10hm²	2	9	2
373	双紫花园	1.01	海淀区	八里庄街道	游园	小于2hm²	1	10	3
374	京门铁路主题公园	1.06	海淀区	八里庄街道	游园	小于2hm²	1	10	3
375	玲珑公园	8.11	海淀区	八里庄街道	综合公园	2～10hm²	7	8	7
376	西土城遗址公园	17.71	海淀区	北太平庄街道	专类公园	10～50hm²	6	5	7
377	芳华园	0.83	海淀区	北下关街道	社区公园	小于2hm²	3	8	4
378	积秀园	0.30	海淀区	北下关街道	社区公园	小于2hm²	3	8	4
379	华宇园	0.60	海淀区	北下关街道	游园	小于2hm²	1	10	3
380	农影园	0.44	海淀区	北下关街道	游园	小于2hm²	1	10	3
381	躺碑庙公园	0.06	海淀区	北下关街道	游园	小于2hm²	1	10	3
382	东升文体公园	6.27	海淀区	东升地区	社区公园	2～10hm²	4	7	3
383	小营公园	1.86	海淀区	东升地区	社区公园	小于2hm²	3	8	4
384	永泰绿色生态园	14.36	海淀区	东升地区	生态公园	10～50hm²	4	3	8
385	八家郊野公园	83.11	海淀区	东升地区	生态公园	50～100hm²	5	2	9
386	八家休闲公园	1.98	海淀区	东升地区	生态公园	小于2hm²	2	5	7
387	荷清园公园	13.34	海淀区	东升地区	综合公园	10～50hm²	8	7	9
388	西小口公园	24.09	海淀区	东升地区	综合公园	10～50hm²	8	7	9
389	玉渊潭公园	112.00	海淀区	甘家口街道	历史名园	大于100hm²	9	2	3
390	中央电视塔公园	5.27	海淀区	甘家口街道	社区公园	2～10hm²	4	7	3
391	中华世纪坛公园	16.36	海淀区	甘家口街道	专类公园	10～50hm²	6	5	7
392	百家园	0.68	海淀区	海淀街道	社区公园	小于2hm²	3	8	4
393	巴沟山水园北园	2.86	海淀区	海淀街道	游园	2～10hm²	2	9	2
394	海淀南路带状花园	5.97	海淀区	海淀街道	游园	2～10hm²	2	9	2
395	哲学公园	3.13	海淀区	海淀街道	游园	2～10hm²	2	9	2
396	中关村广场	4.80	海淀区	海淀街道	游园	2～10hm²	2	9	2
397	长春健身园	12.05	海淀区	海淀街道	综合公园	10～50hm²	8	7	9

编号	名称	面积/hm²	行政区	街道	类型	面积等级	社会文化功能得分		
							美学	社交	游憩
398	巴沟山水园	7.96	海淀区	海淀街道	综合公园	2～10hm²	7	8	7
399	北极寺公园	4.51	海淀区	花园路街道	社区公园	2～10hm²	4	7	3
400	马甸公园	7.88	海淀区	花园路街道	综合公园	2～10hm²	7	8	7
401	阳光星期八公园	5.95	海淀区	老山街道	社区公园	2～10hm²	4	7	3
402	百旺家苑公园	4.62	海淀区	马连洼街道	社区公园	2～10hm²	4	7	3
403	百旺茉莉园	7.57	海淀区	马连洼街道	社区公园	2～10hm²	4	7	3
404	中银公园	2.59	海淀区	马连洼街道	社区公园	2～10hm²	4	7	3
405	大有北里滨河园	8.19	海淀区	马连洼街道	游园	2～10hm²	2	9	2
406	德馨园	0.87	海淀区	马连洼街道	游园	小于2hm²	1	10	3
407	马莲园	0.48	海淀区	马连洼街道	游园	小于2hm²	1	10	3
408	百旺公园	2.11	海淀区	马连洼街道	综合公园	2～10hm²	7	8	7
409	西山国家森林公园	407.18	海淀区	苹果园街道	生态公园	大于100hm²	6	1	5
410	颐和园	299.73	海淀区	青龙桥街道	历史名园	大于100hm²	9	2	3
411	圆明园遗址公园	368.93	海淀区	青龙桥街道	历史名园	大于100hm²	9	2	3
412	两山公园	77.09	海淀区	青龙桥街道	生态公园	50～100hm²	5	2	9
413	百望山森林公园	234.27	海淀区	青龙桥街道	生态公园	大于100hm²	6	1	5
414	亮丽园公园	1.16	海淀区	青龙桥街道	游园	小于2hm²	1	10	3
415	碧水风荷公园	3.59	海淀区	清河街道	社区公园	2～10hm²	4	7	3
416	燕清体育公园	2.18	海淀区	清河街道	社区公园	2～10hm²	4	7	3
417	燕清文化公园	3.39	海淀区	清河街道	社区公园	2～10hm²	4	7	3
418	快乐家庭人口文化园	1.43	海淀区	清河街道	社区公园	小于2hm²	3	8	4
419	美和园公园	1.30	海淀区	清河街道	社区公园	小于2hm²	3	8	4
420	清河翠谷公园	1.69	海淀区	清河街道	社区公园	小于2hm²	3	8	4
421	清河培黎公园	1.24	海淀区	清河街道	生态公园	小于2hm²	2	5	7
422	安宁庄游园	0.76	海淀区	清河街道	游园	小于2hm²	1	10	3
423	毛纺路游园	0.54	海淀区	清河街道	游园	小于2hm²	1	10	3
424	上地爱之园	0.75	海淀区	清河街道	游园	小于2hm²	1	10	3
425	上地公园	1.70	海淀区	上地街道	社区公园	小于2hm²	3	8	4
426	厢黄旗公园	0.98	海淀区	上地街道	社区公园	小于2hm²	3	8	4
427	幸福花园	1.78	海淀区	上地街道	社区公园	小于2hm²	3	8	4
428	树村郊野公园	24.00	海淀区	上地街道	生态公园	10～50hm²	4	3	8
429	皂甲屯休闲公园	2.44	海淀区	上庄地区	社区公园	2～10hm²	4	7	3
430	东马坊健身公园	0.46	海淀区	上庄地区	社区公园	小于2hm²	3	8	4
431	东小营公园	0.76	海淀区	上庄地区	社区公园	小于2hm²	3	8	4

编号	名称	面积/hm²	行政区	街道	类型	面积等级	社会文化功能得分		
							美学	社交	游憩
432	西闸村公园	1.70	海淀区	上庄地区	社区公园	小于2hm²	3	8	4
433	永泰庄纳兰文化公园	0.47	海淀区	上庄地区	社区公园	小于2hm²	3	8	4
434	南沙河滨水公园	23.85	海淀区	上庄地区	生态公园	10~50hm²	4	3	8
435	东马坊村公园	9.89	海淀区	上庄地区	生态公园	2~10hm²	3	4	6
436	翠北园	2.29	海淀区	上庄地区	游园	2~10hm²	2	9	2
437	翠湖国家湿地公园	164.68	海淀区	上庄地区	专类公园	大于100hm²	6	1	5
438	曙光防灾教育公园	10.94	海淀区	曙光街道	社区公园	10~50hm²	5	6	5
439	车道沟公园	4.28	海淀区	曙光街道	社区公园	2~10hm²	4	7	3
440	金源娱乐园	7.16	海淀区	曙光街道	社区公园	2~10hm²	4	7	3
441	蓝靛厂公园	7.56	海淀区	曙光街道	社区公园	2~10hm²	4	7	3
442	融乐公园	1.60	海淀区	曙光街道	社区公园	小于2hm²	3	8	4
443	四季曙光公园	3.37	海淀区	曙光街道	游园	2~10hm²	2	9	2
444	怡丽北园怡乐园	1.65	海淀区	曙光街道	游园	小于2hm²	1	10	3
445	黑塔公园	4.49	海淀区	四季青地区	社区公园	2~10hm²	4	7	3
446	闵庄公园	4.42	海淀区	四季青地区	社区公园	2~10hm²	4	7	3
447	西冉城市生态公园	2.22	海淀区	四季青地区	社区公园	2~10hm²	4	7	3
448	西山公园	3.61	海淀区	四季青地区	社区公园	2~10hm²	4	7	3
449	永泰·自在香山公园	7.27	海淀区	四季青地区	社区公园	2~10hm²	4	7	3
450	茶棚公园	19.92	海淀区	四季青地区	生态公园	10~50hm²	4	3	8
451	船营公园	20.96	海淀区	四季青地区	生态公园	10~50hm²	4	3	8
452	丹青圃郊野公园	16.08	海淀区	四季青地区	生态公园	10~50hm²	4	3	8
453	平庄郊野公园	24.34	海淀区	四季青地区	生态公园	10~50hm²	4	3	8
454	影湖楼公园	10.48	海淀区	四季青地区	生态公园	10~50hm²	4	3	8
455	玉泉公园	28.83	海淀区	四季青地区	生态公园	10~50hm²	4	3	8
456	中坞公园	29.02	海淀区	四季青地区	生态公园	10~50hm²	4	3	8
457	南旱河公园	10.00	海淀区	四季青地区	生态公园	2~10hm²	3	4	6
458	茶棚公园北园	3.95	海淀区	四季青地区	游园	2~10hm²	2	9	2
459	妙云寺公园	20.20	海淀区	四季青地区	专类公园	10~50hm²	6	5	7
460	中科院北京植物园	41.08	海淀区	四季青地区	专类公园	10~50hm²	6	5	7
461	田村体育文化广场	4.92	海淀区	四季青地区	专类公园	2~10hm²	5	6	5
462	北坞公园	40.72	海淀区	四季青地区	综合公园	10~50hm²	8	7	9
463	齐物潭	4.73	海淀区	苏家坨地区	社区公园	2~10hm²	4	7	3
464	同泽春园	2.68	海淀区	苏家坨地区	社区公园	2~10hm²	4	7	3
465	同泽秋园	4.18	海淀区	苏家坨地区	社区公园	2~10hm²	4	7	3

编号	名称	面积/hm²	行政区	街道	类型	面积等级	社会文化功能得分		
							美学	社交	游憩
466	稻香湖公园	4.82	海淀区	苏家坨地区	生态公园	2～10hm²	3	4	6
467	北京凤凰岭自然风景区	360.14	海淀区	苏家坨地区	生态公园	大于100hm²	6	1	5
468	鹫峰国家森林公园	1127.8	海淀区	苏家坨地区	生态公园	大于100hm²	6	1	5
469	阳台山自然风景区	387.27	海淀区	苏家坨地区	生态公园	大于100hm²	6	1	5
470	安河园	1.98	海淀区	苏家坨地区	游园	小于2hm²	1	10	3
471	凤仪佳苑游园	0.97	海淀区	苏家坨地区	游园	小于2hm²	1	10	3
472	前沙涧游园	1.18	海淀区	苏家坨地区	游园	小于2hm²	1	10	3
473	光合公园	2.88	海淀区	苏家坨地区	专类公园	2～10hm²	5	6	5
474	阜玉园	5.12	海淀区	田村路街道	游园	2～10hm²	2	9	2
475	田村山体育公园	1.12	海淀区	田村路街道	游园	小于2hm²	1	10	3
476	西木休闲公园	0.59	海淀区	田村路街道	游园	小于2hm²	1	10	3
477	畅春新园体育休闲广场	5.59	海淀区	万柳地区	社区公园	2～10hm²	4	7	3
478	功德寺公园	1.07	海淀区	万柳地区	生态公园	小于2hm²	2	5	7
479	万泉亭	0.67	海淀区	万柳地区	游园	小于2hm²	1	10	3
480	海淀公园	32.69	海淀区	万柳地区	综合公园	10～50hm²	8	7	9
481	五棵松奥林匹克公园	14.29	海淀区	万寿路街道	社区公园	10～50hm²	5	6	5
482	朱各庄街心花园	0.60	海淀区	万寿路街道	游园	小于2hm²	1	10	3
483	温泉村党建主题公园	10.07	海淀区	温泉地区	社区公园	10～50hm²	5	6	5
484	白家疃公园	2.74	海淀区	温泉地区	社区公园	2～10hm²	4	7	3
485	温泉体育中心公园	1.73	海淀区	温泉地区	社区公园	小于2hm²	3	8	4
486	太舟坞公园	26.09	海淀区	温泉地区	生态公园	10～50hm²	4	3	8
487	杨家庄村公园	0.69	海淀区	温泉地区	生态公园	小于2hm²	2	5	7
488	林语园	13.50	海淀区	温泉地区	游园	10～50hm²	3	8	4
489	白家疃游园	0.74	海淀区	温泉地区	游园	小于2hm²	1	10	3
490	东埠头沟公园	0.70	海淀区	温泉地区	游园	小于2hm²	1	10	3
491	温泉公园	10.50	海淀区	温泉地区	综合公园	10～50hm²	8	7	9
492	香山公园	169.28	海淀区	五里坨街道	历史名园	大于100hm²	9	2	3
493	悦康公园	5.26	海淀区	西北旺地区	社区公园	2～10hm²	4	7	3
494	科技绿心公园	0.82	海淀区	西北旺地区	社区公园	小于2hm²	3	8	4
495	唐家岭社区公园	0.90	海淀区	西北旺地区	社区公园	小于2hm²	3	8	4
496	小关村公园	33.78	海淀区	西北旺地区	生态公园	10～50hm²	4	3	8
497	中关村森林公园东区	25.68	海淀区	西北旺地区	生态公园	10～50hm²	4	3	8

编号	名称	面积/hm²	行政区	街道	类型	面积等级	社会文化功能得分		
							美学	社交	游憩
498	中关村森林公园	80.61	海淀区	西北旺地区	生态公园	50～100hm²	5	2	9
499	丰滢公园	5.06	海淀区	西北旺地区	游园	2～10hm²	2	9	2
500	永丰公园	3.46	海淀区	西北旺地区	游园	2～10hm²	2	9	2
501	用友园	5.15	海淀区	西北旺地区	游园	2～10hm²	2	9	2
502	集成电路花园	0.75	海淀区	西北旺地区	游园	小于2hm²	1	10	3
503	辛店家园游园	0.96	海淀区	西北旺地区	游园	小于2hm²	1	10	3
504	航天湖公园	6.58	海淀区	西北旺地区	专类公园	2～10hm²	5	6	5
505	中关村公园	23.00	海淀区	西北旺地区	综合公园	10～50hm²	8	7	9
506	翡丽公园	0.52	海淀区	西三旗街道	社区公园	小于2hm²	3	8	4
507	西三旗公园	1.43	海淀区	西三旗街道	社区公园	小于2hm²	3	8	4
508	西三旗绿色海岸	1.28	海淀区	西三旗街道	社区公园	小于2hm²	3	8	4
509	旗颂健康公园	0.61	海淀区	西三旗街道	游园	小于2hm²	1	10	3
510	旗舞广场公园	0.62	海淀区	西三旗街道	游园	小于2hm²	1	10	3
511	永泰社区公园	0.59	海淀区	西三旗街道	游园	小于2hm²	1	10	3
512	永泰庄街心公园	0.61	海淀区	西三旗街道	游园	小于2hm²	1	10	3
513	香山革命纪念馆公园	4.67	海淀区	香山街道	专类公园	2～10hm²	5	6	5
514	国家植物园	117.03	海淀区	香山街道	专类公园	大于100hm²	6	1	5
515	王庄公园	1.04	海淀区	学院路街道	社区公园	小于2hm²	3	8	4
516	塔院城市森林公园	23.70	海淀区	学院路街道	生态公园	10～50hm²	4	3	8
517	京张绿廊铁路遗址公园	0.20	海淀区	学院路街道	游园	小于2hm²	1	10	3
518	清华东路带状公园	0.64	海淀区	学院路街道	游园	小于2hm²	1	10	3
519	翠微烟雨公园	3.19	海淀区	羊坊店街道	社区公园	2～10hm²	4	7	3
520	会城门公园	2.36	海淀区	羊坊店街道	社区公园	2～10hm²	4	7	3
521	小天鹅公园	1.13	海淀区	羊坊店街道	社区公园	小于2hm²	3	8	4
522	双榆树公园	0.79	海淀区	中关村街道	游园	小于2hm²	1	10	3
523	顺馨园	0.82	海淀区	中关村街道	游园	小于2hm²	1	10	3
524	院士公园	0.57	海淀区	中关村街道	游园	小于2hm²	1	10	3
525	知春公园	0.59	海淀区	中关村街道	游园	小于2hm²	1	10	3
526	紫竹院公园	44.91	海淀区	紫竹院街道	历史名园	10～50hm²	7	4	6
527	南长河公园	10.97	海淀区	紫竹院街道	社区公园	10～50hm²	5	6	5
528	民院游园	0.79	海淀区	紫竹院街道	游园	小于2hm²	1	10	3
529	世纪之翼	1.54	海淀区	紫竹院街道	游园	小于2hm²	1	10	3
530	旺景公园	11.33	石景山区	八宝山街道	社区公园	10～50hm²	5	6	5

编号	名称	面积/hm²	行政区	街道	类型	面积等级	社会文化功能得分		
							美学	社交	游憩
531	黄庄绿地公园	2.21	石景山区	八宝山街道	社区公园	2～10hm²	4	7	3
532	重聚园社区公园	2.15	石景山区	八宝山街道	社区公园	2～10hm²	4	7	3
533	衍青园	1.49	石景山区	八宝山街道	社区公园	小于2hm²	3	8	4
534	北京国际雕塑公园	45.10	石景山区	八宝山街道	专类公园	10～50hm²	6	5	7
535	古城公园	2.28	石景山区	八角街道	社区公园	2～10hm²	4	7	3
536	晋元纤红园	2.69	石景山区	八角街道	社区公园	2～10hm²	4	7	3
537	休闲健身广场	4.02	石景山区	八角街道	社区公园	2～10hm²	4	7	3
538	茂华公园	1.18	石景山区	八角街道	社区公园	小于2hm²	3	8	4
539	奈伦熙府社区公园	1.03	石景山区	八角街道	社区公园	小于2hm²	3	8	4
540	融景绿波公园	1.36	石景山区	八角街道	社区公园	小于2hm²	3	8	4
541	松林公园	20.42	石景山区	八角街道	生态公园	10～50hm²	4	3	8
542	落樱绿屿滨河游园	6.74	石景山区	八角街道	游园	2～10hm²	2	9	2
543	杨北社区休闲公园	2.62	石景山区	八角街道	游园	2～10hm²	2	9	2
544	游乐园南绿轴锦绣公园	3.69	石景山区	八角街道	游园	2～10hm²	2	9	2
545	老年青松健身园	1.02	石景山区	八角街道	游园	小于2hm²	1	10	3
546	香茗拾景园	1.25	石景山区	八角街道	游园	小于2hm²	1	10	3
547	石景山游乐园	32.77	石景山区	八角街道	专类公园	10～50hm²	6	5	7
548	石景山雕塑公园	3.32	石景山区	八角街道	专类公园	2～10hm²	5	6	5
549	京西商务中心社区公园	5.90	石景山区	古城街道	社区公园	2～10hm²	4	7	3
550	西现代城社区公园	2.61	石景山区	古城街道	社区公园	2～10hm²	4	7	3
551	石景山公园	24.01	石景山区	古城街道	生态公园	10～50hm²	4	3	8
552	永定河休闲森林公园	119.80	石景山区	古城街道	生态公园	大于100hm²	6	1	5
553	复兴花园	3.82	石景山区	古城街道	游园	2～10hm²	2	9	2
554	新安公园	16.61	石景山区	古城街道	综合公园	10～50hm²	8	7	9
555	高井公园	1.44	石景山区	广宁街道	社区公园	小于2hm²	3	8	4
556	广宁路小微公园	0.40	石景山区	广宁街道	游园	小于2hm²	1	10	3
557	麻峪北柳林公园	0.21	石景山区	广宁街道	游园	小于2hm²	1	10	3
558	金顶山公园	3.05	石景山区	金顶街街道	社区公园	2～10hm²	4	7	3
559	法海寺森林公园	87.13	石景山区	金顶街街道	生态公园	50～100hm²	5	2	9
560	模式口公园	1.57	石景山区	金顶街街道	游园	小于2hm²	1	10	3
561	芳菲园	0.67	石景山区	老山街道	社区公园	小于2hm²	3	8	4

编号	名称	面积/hm²	行政区	街道	类型	面积等级	社会文化功能得分		
							美学	社交	游憩
562	老山城市休闲公园	81.34	石景山区	老山街道	生态公园	50~100hm²	5	2	9
563	云林花谷园	1.40	石景山区	老山街道	游园	小于2hm²	1	10	3
564	半月园公园	4.05	石景山区	鲁谷街道	社区公园	2~10hm²	4	7	3
565	槐香园	3.32	石景山区	鲁谷街道	社区公园	2~10hm²	4	7	3
566	北重北游园	2.13	石景山区	鲁谷街道	游园	2~10hm²	2	9	2
567	莲石路游园	3.08	石景山区	鲁谷街道	游园	2~10hm²	2	9	2
568	莲花池快速路游园	1.00	石景山区	鲁谷街道	游园	小于2hm²	1	10	3
569	八大处公园	312.07	石景山区	苹果园街道	历史名园	大于100hm²	9	2	3
570	高科技园区社区公园	3.11	石景山区	苹果园街道	社区公园	2~10hm²	4	7	3
571	金顶画枫社区公园	3.12	石景山区	苹果园街道	社区公园	2~10hm²	4	7	3
572	青年林公园	4.25	石景山区	苹果园街道	社区公园	2~10hm²	4	7	3
573	希望公园	8.72	石景山区	苹果园街道	社区公园	2~10hm²	4	7	3
574	余山微塘园	0.81	石景山区	苹果园街道	社区公园	小于2hm²	3	8	4
575	永引渠刘娘府公园	13.54	石景山区	苹果园街道	游园	10~50hm²	3	8	4
576	永引叠翠公园	3.75	石景山区	苹果园街道	游园	2~10hm²	2	9	2
577	永引渠水闸公园	4.89	石景山区	苹果园街道	游园	2~10hm²	2	9	2
578	永引寻芳公园	3.94	石景山区	苹果园街道	游园	2~10hm²	2	9	2
579	八大处小白楼游园	1.09	石景山区	苹果园街道	游园	小于2hm²	1	10	3
580	陆军总部游园	1.34	石景山区	苹果园街道	游园	小于2hm²	1	10	3
581	平坡草树城市森林公园	0.80	石景山区	苹果园街道	游园	小于2hm²	1	10	3
582	苹果园公园	0.91	石景山区	苹果园街道	游园	小于2hm²	1	10	3
583	海特体育休闲公园	1.83	石景山区	苹果园街道	专类公园	小于2hm²	4	7	6
584	田村山社区公园	10.27	石景山区	田村路街道	社区公园	10~50hm²	5	6	5
585	郎园	2.50	石景山区	田村路街道	游园	2~10hm²	2	9	2
586	阜石路花语公园	1.49	石景山区	田村路街道	游园	小于2hm²	1	10	3
587	锦绣公园	0.81	石景山区	五里坨街道	社区公园	小于2hm²	3	8	4
588	小青山公园	2.17	石景山区	五里坨街道	综合公园	2~10hm²	7	8	7
589	黄寺大街游园	0.42	西城区	安贞街道	游园	小于2hm²	1	10	3
590	人定湖北巷游园	0.23	西城区	安贞街道	游园	小于2hm²	1	10	3

续表

编号	名称	面积/hm²	行政区	街道	类型	面积等级	社会文化功能得分		
							美学	社交	游憩
591	营城建都滨水绿道	8.40	西城区	白纸坊街道	社区公园	2~10hm²	4	7	3
592	广顺苑	2.87	西城区	白纸坊街道	游园	2~10hm²	2	9	2
593	白广路游园	0.10	西城区	白纸坊街道	游园	小于2hm²	1	10	3
594	白纸坊西街游园	0.28	西城区	白纸坊街道	游园	小于2hm²	1	10	3
595	右安闻莺游园	1.36	西城区	白纸坊街道	游园	小于2hm²	1	10	3
596	右内大街游园	0.37	西城区	白纸坊街道	游园	小于2hm²	1	10	3
597	北京大观园	10.44	西城区	白纸坊街道	专类公园	10~50hm²	6	5	7
598	金中都公园	4.05	西城区	白纸坊街道	综合公园	2~10hm²	7	8	7
599	万寿公园	3.73	西城区	白纸坊街道	综合公园	2~10hm²	7	8	7
600	潭西胜境公园	2.51	西城区	北太平庄街道	社区公园	2~10hm²	4	7	3
601	北京动物园	67.99	西城区	北下关街道	历史名园	50~100hm²	8	3	7
602	棉花片游园	2.43	西城区	椿树街道	游园	2~10hm²	2	9	2
603	百花园	0.04	西城区	大栅栏街道	游园	小于2hm²	1	10	3
604	京韵园	1.11	西城区	大栅栏街道	游园	小于2hm²	1	10	3
605	南新华街游园	0.26	西城区	大栅栏街道	游园	小于2hm²	1	10	3
606	月亮湾公园	0.08	西城区	大栅栏街道	游园	小于2hm²	1	10	3
607	玫瑰公园	3.86	西城区	德胜街道	社区公园	2~10hm²	4	7	3
608	德胜苑	0.36	西城区	德胜街道	社区公园	小于2hm²	3	8	4
609	教场口街游园	0.60	西城区	德胜街道	游园	小于2hm²	1	10	3
610	北滨河公园	6.16	西城区	德胜街道	综合公园	2~10hm²	7	8	7
611	人定湖公园	8.15	西城区	德胜街道	综合公园	2~10hm²	7	8	7
612	双秀公园	6.36	西城区	德胜街道	综合公园	2~10hm²	7	8	7
613	北京滨河公园	8.19	西城区	广安门内街道	社区公园	2~10hm²	4	7	3
614	翠芳园	1.19	西城区	广安门内街道	社区公园	小于2hm²	3	8	4
615	广宁公园	1.25	西城区	广安门内街道	社区公园	小于2hm²	3	8	4
616	长椿苑公园	1.24	西城区	广安门内街道	社区公园	小于2hm²	3	8	4
617	青年游园	0.58	西城区	广安门内街道	游园	小于2hm²	1	10	3
618	沈家本故居游园	0.18	西城区	广安门内街道	游园	小于2hm²	1	10	3
619	天宁寺休闲游园	1.06	西城区	广安门内街道	游园	小于2hm²	1	10	3
620	广阳谷城市森林公园	2.88	西城区	广安门内街道	专类公园	2~10hm²	5	6	5

编号	名称	面积/hm²	行政区	街道	类型	面积等级	社会文化功能得分		
							美学	社交	游憩
621	西便门城墙遗址公园	0.55	西城区	广安门内街道	专类公园	小于2hm²	4	7	6
622	宣武艺园	7.27	西城区	广安门内街道	综合公园	2~10hm²	7	8	7
623	小马厂社区公园	3.55	西城区	广安门外街道	社区公园	2~10hm²	4	7	3
624	宣武区人口文化园	2.11	西城区	广安门外街道	社区公园	2~10hm²	4	7	3
625	莲花河城市休闲公园	0.70	西城区	广安门外街道	社区公园	小于2hm²	3	8	4
626	逸骏园	1.25	西城区	广安门外街道	社区公园	小于2hm²	3	8	4
627	茶马街游园	1.75	西城区	广安门外街道	游园	小于2hm²	1	10	3
628	广外湾子路口游园	0.38	西城区	广安门外街道	游园	小于2hm²	1	10	3
629	红山游园	0.58	西城区	广安门外街道	游园	小于2hm²	1	10	3
630	手帕口桥南游园	0.76	西城区	广安门外街道	游园	小于2hm²	1	10	3
631	天宁塔影游园	0.24	西城区	广安门外街道	游园	小于2hm²	1	10	3
632	常乐坊城市森林公园	0.87	西城区	广安门外街道	专类公园	小于2hm²	4	7	6
633	逸清园城市森林公园	0.49	西城区	广安门外街道	专类公园	小于2hm²	4	7	6
634	地安门内大街游园	0.89	西城区	交道口街道	游园	小于2hm²	1	10	3
635	金融街中心公园	1.96	西城区	金融街街道	社区公园	小于2hm²	3	8	4
636	都城隍庙游园	2.02	西城区	金融街街道	游园	2~10hm²	2	9	2
637	西便门小公园	3.14	西城区	金融街街道	游园	2~10hm²	2	9	2
638	景山公园	25.91	西城区	景山街道	历史名园	10~50hm²	7	4	6
639	景山游园	0.76	西城区	景山街道	游园	小于2hm²	1	10	3
640	教子胡同游园	0.83	西城区	牛街街道	游园	小于2hm²	1	10	3
641	南线阁街游园	0.85	西城区	牛街街道	游园	小于2hm²	1	10	3
642	牛街游园	0.74	西城区	牛街街道	游园	小于2hm²	1	10	4
643	北海公园	69.31	西城区	什刹海街道	历史名园	50~100hm²	8	3	7
644	什刹海公园	66.76	西城区	什刹海街道	历史名园	50~100hm²	8	3	7
645	德胜公园	1.13	西城区	什刹海街道	社区公园	小于2hm²	3	8	4
646	北大医院游园	0.22	西城区	什刹海街道	游园	小于2hm²	1	10	3
647	大红罗游园	0.36	西城区	什刹海街道	游园	小于2hm²	1	10	3
648	东福寿里游园	0.11	西城区	什刹海街道	游园	小于2hm²	1	10	3
649	东官房游园	0.03	西城区	什刹海街道	游园	小于2hm²	1	10	3
650	后海公园	0.97	西城区	什刹海街道	游园	小于2hm²	1	10	3

编号	名称	面积/hm²	行政区	街道	类型	面积等级	社会文化功能得分		
							美学	社交	游憩
651	龙头井游园	0.27	西城区	什刹海街道	游园	小于2hm²	1	10	3
652	平安里游园	0.14	西城区	什刹海街道	游园	小于2hm²	1	10	3
653	陶然亭公园	52.85	西城区	陶然亭街道	历史名园	50~100hm²	8	3	7
654	虎坊路游园	1.29	西城区	陶然亭街道	游园	小于2hm²	1	10	3
655	蜡烛园	0.36	西城区	天桥街道	游园	小于2hm²	1	10	3
656	先农坛神仓游园	0.93	西城区	天桥街道	游园	小于2hm²	1	10	3
657	先农坛西路游园	0.09	西城区	天桥街道	游园	小于2hm²	1	10	3
658	珠市口西大街社区公园	1.06	西城区	天桥街道	游园	小于2hm²	1	10	3
659	天桥南大街游园	2.48	西城区	天坛街道	社区公园	2~10hm²	4	7	3
660	和平门游园	1.98	西城区	西长安街街道	游园	小于2hm²	1	10	3
661	南堂游园	0.48	西城区	西长安街街道	游园	小于2hm²	1	10	3
662	西单口袋公园	0.04	西城区	西长安街街道	游园	小于2hm²	1	10	3
663	官园公园	1.74	西城区	新街口街道	社区公园	小于2hm²	3	8	4
664	顺城公园	0.46	西城区	新街口街道	社区公园	小于2hm²	3	8	4
665	西章胡同游园	0.91	西城区	新街口街道	游园	小于2hm²	1	10	3
666	西直门内大街游园	0.55	西城区	新街口街道	游园	小于2hm²	1	10	3
667	玉桃园文化园	0.18	西城区	新街口街道	游园	小于2hm²	1	10	3
668	新街口城市森林公园	0.85	西城区	新街口街道	专类公园	小于2hm²	4	7	6
669	月坛公园	7.34	西城区	月坛街道	历史名园	2~10hm²	6	5	4
670	南礼士路公园	2.21	西城区	月坛街道	社区公园	2~10hm²	4	7	3
671	白云观游园	0.04	西城区	月坛街道	游园	小于2hm²	1	10	3
672	复兴门桥西北角游园	1.48	西城区	月坛街道	游园	小于2hm²	1	10	3
673	复兴门游园	1.64	西城区	月坛街道	游园	小于2hm²	1	10	3
674	蓟丘游园	0.62	西城区	月坛街道	游园	小于2hm²	1	10	3
675	南礼士路游园	0.95	西城区	月坛街道	游园	小于2hm²	1	10	3
676	白云公园	1.05	西城区	月坛街道	综合公园	小于2hm²	4	7	6
677	北展后湖社区公园	0.47	西城区	展览路街道	社区公园	小于2hm²	3	8	4
678	二里沟游园	0.54	西城区	展览路街道	游园	小于2hm²	1	10	3
679	建成园	0.97	西城区	展览路街道	游园	小于2hm²	1	10	3
680	五栋大楼游园	0.77	西城区	展览路街道	游园	小于2hm²	1	10	3
681	车公庄大街党校游园	0.46	西城区	展览路街道	游园	小于2hm²	1	10	3
682	北营房城市森林公园	1.24	西城区	展览路街道	专类公园	小于2hm²	4	7	6

附录 B　公园绿地社会文化功能评估相关数据

（1）社会文化功能类型调查问卷

依据千年生态系统评估，社会文化功能是指生态系统提供通过精神满足、认知发展、思考、娱乐和美学体验而使人类从生态系统获得的非物质收益的能力，具体包括以下十个类型：

社会文化功能类型	特征
文化多样性	生态系统多样性是影响文化多样性的因素之一
精神与宗教价值	赋予生态系统或生态系统要素的宗教精神与宗教价值
知识系统	生态系统可以影响不同文化背景的知识系统类型
教育价值	生态系统及其要素和过程为正式和非正式教育提供基本素材
灵感	生态系统为艺术、民俗、国家象征、建筑、广告等提供灵感
美学价值	生态系统的不同方面所具有美景和美学价值
社会关系	生态系统可以影响建立于不同文化背景下的社会关系类型
地方感	地方感与对所处环境要素的认知和对生态系统的感受有关
文化遗产价值	维持历史景观（文化景观）或具有重要社会文化价值的物种
游憩和生态旅游	休闲游憩去处的选择取决于特定地域的自然或人工景观特征

以下是通过户外社交媒体上提取的居民在公园绿地内部拍摄的照片，请从下拉框中选择照片中的公园绿地要素特征最能够反映哪种社会文化功能类型。

＊以下部分仅展示问卷中投票的照片样本，未显示每张照片分别对应的选择下拉框

4		14		24		34	
5		15		25		35	
6		16		26		36	
7		17		27		37	
8		18		28		38	
9		19		29		39	
10		20		30		40	

（2）基于社交媒体数据的社会文化价值热点

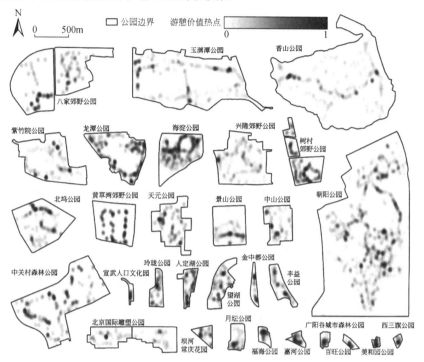

图 B-1　基于社交媒体数据的游憩价值热点空间分布

图 B-2　基于社交媒体数据的社交价值热点空间分布

图 B-3　基于社交媒体数据的美学价值热点空间分布

（3）公园绿地要素特征指标及空间分布

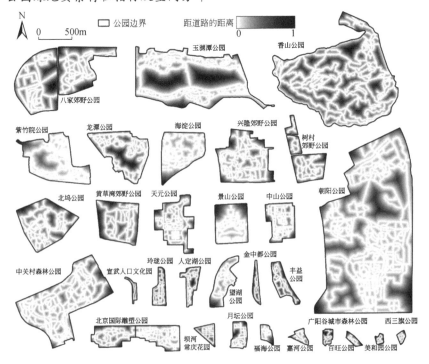

图 B-4　距公园道路的距离

图 B-5　距出入口的距离

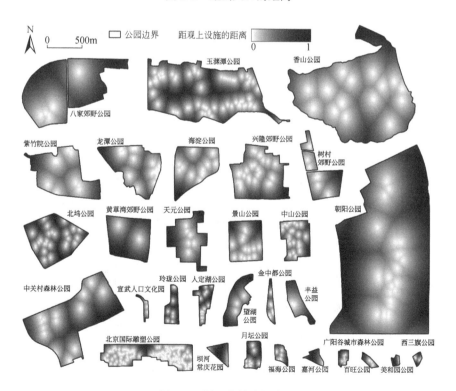

图 B-6　距观赏设施的密度

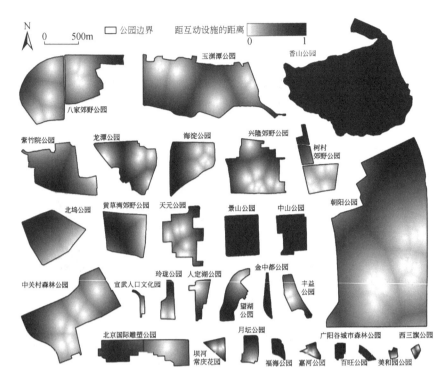

图 B-7　距互动设施的距离

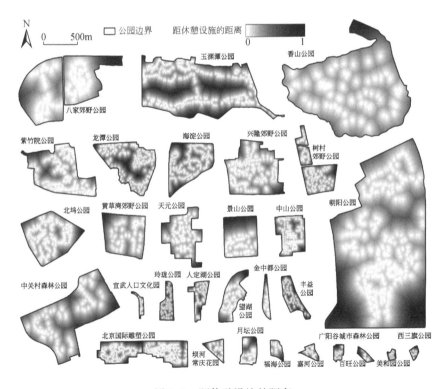

图 B-8　距休憩设施的距离

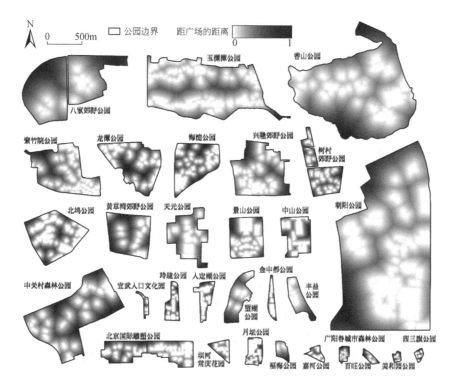

图 B-9　距广场的距离

图 B-10　距建筑的距离

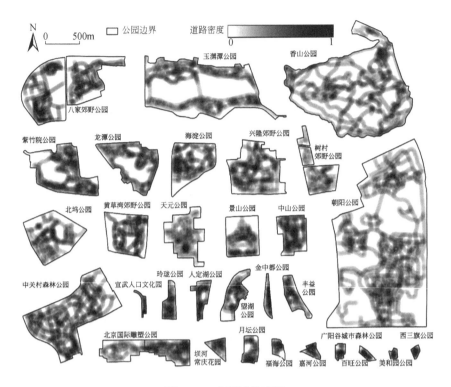

图 B-11 公园道路密度

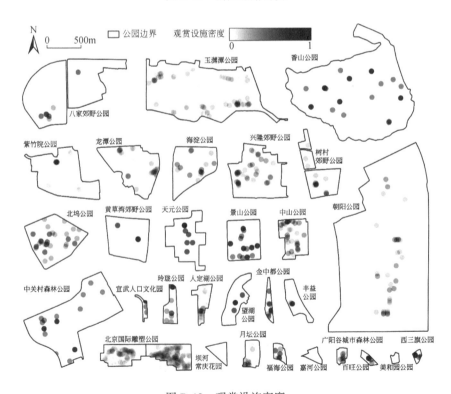

图 B-12 观赏设施密度

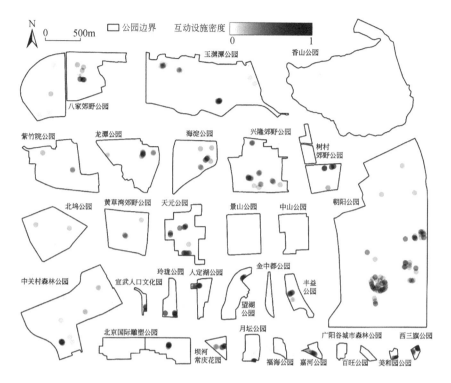

图 B-13　互动设施密度

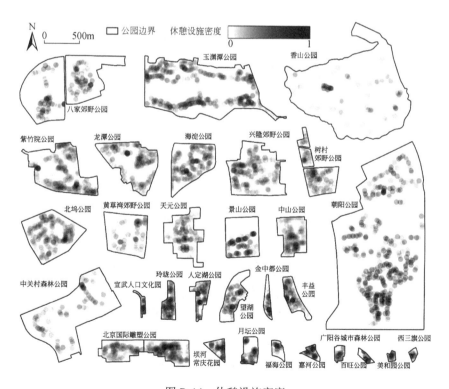

图 B-14　休憩设施密度

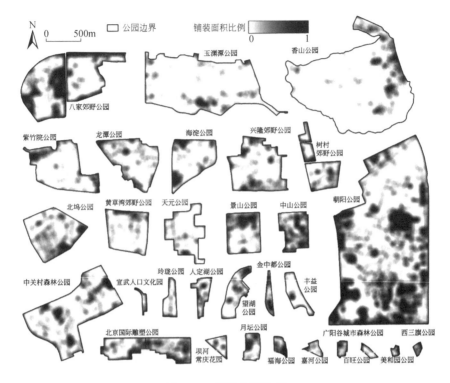

图 B-15　铺装面积比例

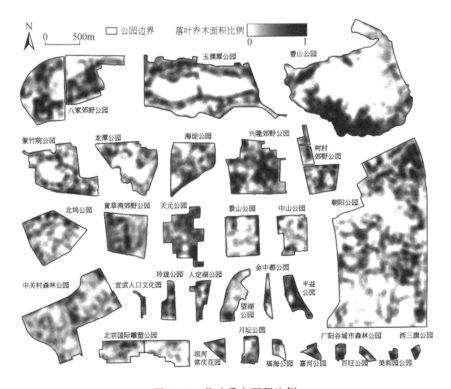

图 B-16　落叶乔木面积比例

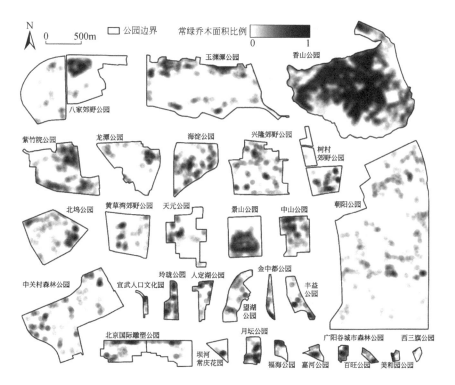

图 B-17 常绿乔木面积比例

图 B-18 草地面积比例

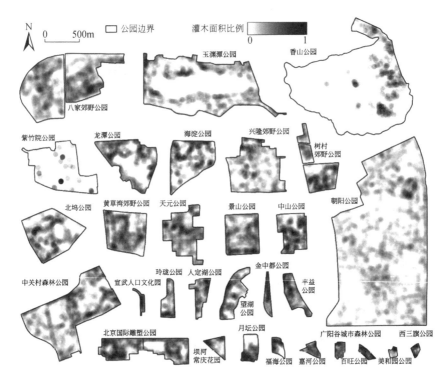

图 B-19　灌木面积比例

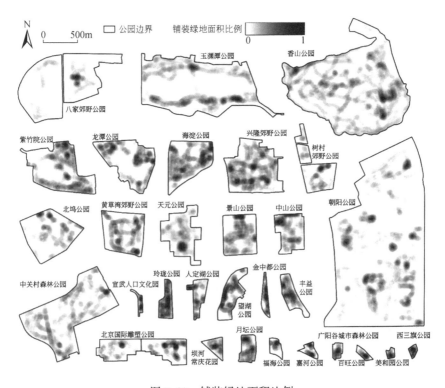

图 B-20　铺装绿地面积比例

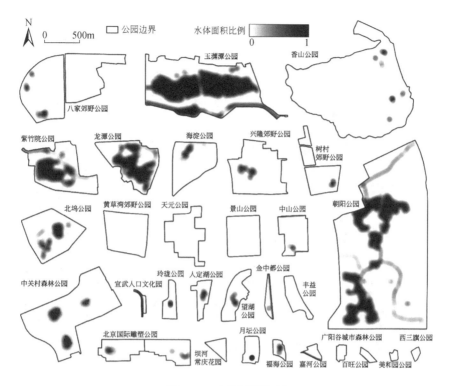

图 B-21　水体面积比例

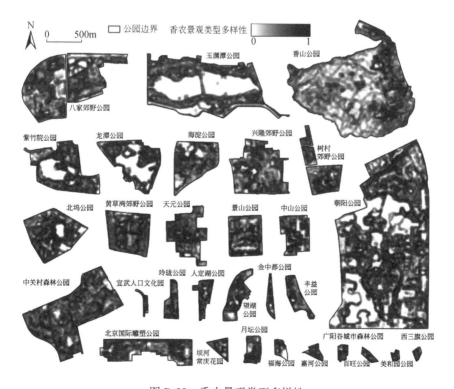

图 B-22　香农景观类型多样性

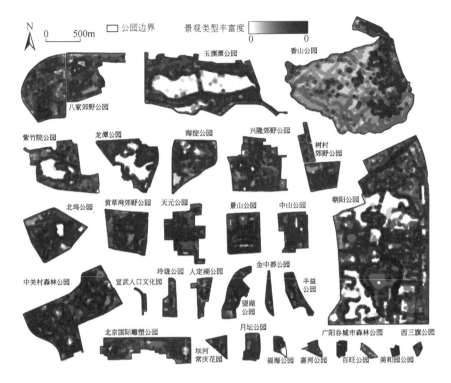

图 B-23 景观类型的丰富度指数

附录 C　主要符号表

NDVI	归一化植被指数（Normalized difference vegetation index）
LAI	叶面积指数（Leaf area index）
PA	街道及周边范围人均公园绿地面积（Per capita urban park area within the subdistrict）
PN	街道及周边范围每万人拥有的公园绿地数量（The number of urban parks per 10,000people within the sub-district）
PD	街道及周边范围公园绿地密度（Density of urban parks within the subdistrict）
PAP	街道及周边范围公园绿地面积比（Area proportion of urban parks within the subdistrict）
PDR	居住区周边范围公园绿地密度（Density of urban parks within the neighborhood）
PAR	居住区周边范围公园绿地面积比（Area proportion of urban parks within the neighborhood）
PSW	公园绿地步行服务区覆盖的街道面积比（Area ratio of urban park walking service area within the subdistrict）
PSW2	大于$2hm^2$公园绿地步行服务区覆盖的街道面积比（Area ratio of urban park walking service area larger than $2hm^2$ within the subdistrict）
PSWR	公园绿地步行服务区覆盖的居住区数量比（Proportion of residential areas covered by the walking service area of urban parks）
PSWR2	大于$2hm^2$公园绿地步行服务区覆盖的居住区数量比（Proportion of residential areas covered by walking service area of urban parks larger than $2hm^2$）
PRW	从街道内各居住区步行到达公园绿地的平均最短时间（Average minimum walking time from residential areas to urban parks）
PRW2	从街道内各居住区步行到达大于$2hm^2$公园绿地的平均最短时间（Average minimum walking time from residential areas to urban parks larger than $2hm^2$）
PSD	公园绿地车行服务区覆盖的街道面积比（Area ratio of urban park driving service area within the subdistrict）
PSD2	大于$2hm^2$公园绿地车行服务区覆盖的街道面积比（Area ratio of urban park driving service area larger than $2hm^2$ within the subdistrict）
PSDR	公园绿地车行服务区覆盖的居住区数量比（Proportion of residential areas covered by the driving service area of urban parks）
PSDR2	大于$2hm^2$公园绿地车行服务区覆盖的居住区数量比（Proportion of residential areas covered by the driving service area of urban parks larger than $2hm^2$）
PRD	从街道内各居住区车行到达公园绿地的平均最短时间（Average minimum driving time from residential areas to urban parks）
PRD2	从街道内各居住区车行到达大于$2hm^2$公园绿地的平均最短时间（Average minimum driving time from residential areas to urban parks larger than $2hm^2$）
PSP	公园绿地公交服务区覆盖的街道面积比（Area ratio of urban park public-transporting service area within the subdistrict）

PSP2	大于2hm²公园绿地公交服务区覆盖的街道面积比（Area ratio of urban park publictransporting service area larger than 2hm² within the subdistrict）
PSPR	公园绿地公交服务区覆盖的居住区数量比（Proportion of residential areas covered by the public-transporting service area of urban parks）
PSPR2	大于2hm²公园绿地公交服务区覆盖的居住区数量比（Proportion of residential areas covered by public-transporting service area of urban parks larger than 2hm²）
PRP	从街道内各居住区公交到达公园绿地的平均最短时间（Average minimum publictransporting time from residential areas to urban parks）
PRP2	从街道内各居住区公交到达大于2hm²公园绿地的平均最短时间（Average minimum public-transporting time from residential areas to urban parks larger than 2hm²）
NT	街道及周边范围公园绿地的平均社交媒体轨迹数量（Average number of tracks in urban parks from social media platform）
NP	街道及周边范围公园绿地的平均社交媒体照片数量（Average number of images in urban parks from social media platform）
REF	街道及周边范围公园绿地的平均生态调节功能水平（Average regulating functions of urban parks within the subdistrict）
CEFS	街道及周边范围公园绿地的平均社交功能评分（Average social functions of urban parks within the subdistrict）
CEFR	街道及周边范围公园绿地的平均游憩功能评分（Average recreation functions of urban parks within the subdistrict）
CEFA	街道及周边范围公园绿地的平均美学功能评分（Average aesthetic functions of urban parks within the subdistrict）
PPD	街道人口密度（Population density within the subdistrict）
GDP	经济发展水平（Gross domestic product）
NLI	夜间灯光指数（Nightlight index）
EPD	其他娱乐场所密度（Density of other entertainment places）
DG	街道绿化率（Vegetation coverage within the subdistrict）
RG	居住区绿化率（Vegetation coverage within the residential areas）
PM	空气污染水平（Air pollution represented by the $PM_{2.5}$ concentration）
ST	夏季地表温度（Surface temperature in summer）